线 性 代 数

（少学时）

（修订版）

林华铁　张乃一　编

天 津 大 学 出 版 社

内容提要

本书根据工科数学课程教学基本要求中线性代数部分的要求编写而成.内容包括行列式、矩阵、向量空间、线性方程组、矩阵的相似对角形和二次型共6章,所需学时为30学时.

本书可作为高等工科院校各专业的教学用书和教学参考书,也可作为大学专科及高等职业院校的教学用书及自学用书.

图书在版编目(CIP)数据

线性代数:少学时/林华铁,张乃一编.—2版.—天津:天津大学出版社,2001.8(2019.1重印)

ISBN 978-7-5618-1459-8

Ⅰ.线… Ⅱ.①林… ②张… Ⅲ.线性代数 —高等学校—教材 Ⅳ.0151.2

中国版本图书馆CIP数据核字(2007)第014793号

出版发行 天津大学出版社
地　　址 天津市卫津路92号天津大学内(邮编:300072)
网　　址 publish.tju.edu.cn
电　　话 发行部:022-27403647
印　　刷 廊坊市海涛印刷有限公司
经　　销 新华书店天津发行所
开　　本 148mm×210mm
印　　张 6.625
字　　数 198千
版　　次 2001年8月第1版 2004年6月第2版
印　　次 2019年1月第12次
定　　价 18.00元

再版前言

本书自出版发行以来,作为线性代数课程中少学时的教材受到高等学校广大读者的欢迎.

这次修订是在保持本书的整体结构(即内容和编排顺序)的基础上,吸取使用本书的同行们所提出的宝贵意见,对本书中的一些错误与不妥之处进行修改与增删.

这次修订工作得到天津大学出版社的大力支持与帮助,在此表示感谢.

编者

2004年5月

前　言

近年来对工科数学教学改革的要求是在学生掌握本课程的基本内容和基本方法前提下减少学时，这就需要有一本使学生便于自学且能牢固地掌握知识的教材．本书就是基于这个指导思想，在天津大学进行多次教学改革实践的基础上，编者总结经验并根据全国工科数学课程教学指导委员会制定的《线性代数教学基本要求》编写而成．

在本书的编写过程中，我们努力做到由浅入深、循序渐进．在内容的讲述和一些结论的证明过程中力求简单明了，便于自学，每章内容之后除了附有部分习题，用以复习和巩固本章内容，还有本章小结，以帮助读者对本章内容有个总体的了解，并可将所学内容连贯起来．

本书所需学时为 30～36 学时，可满足一般高等学校工科各专业线性代数课程的基本要求．

本书第 1、第 2、第 5、第 6 章由林华铁编写，第 3、第 4 章由张乃一编写．由于编者的水平所限，不妥之处在所难免，恳请读者批评指正．本书的出版得到天津大学数学系、天津大学教务处及天津大学出版社的大力支持，徐绥教授仔细地审阅了全书，并提出了许多宝贵意见，在此一并表示感谢．

编者

2001 年 5 月

目　录

第1章 行 列 式

线性方程组是线性代数中的一个重要基础部分，而行列式是研究线性方程组和矩阵的一个有力工具，同时在许多理论和实际应用问题中也起着重要的作用.

1.1 排列与逆序

引例 用1,2,3三个数字，可以组成多少没有重复数字的3位数？

解 这个问题是说，把三个数字分别放在百位、十位与个位上有几种不同的放法？显然，百位上可以从1,2,3三个数字中任选一个，有3种选法；十位上只能从剩下的两个数字中选一个，有2种选法；而个位上只能放最后剩下的一个数字，只有1种选法.因此，共有

$$3\times2\times1=3!\ =6 \text{ 种选法}.$$

这6个不同的3位数是

$$123,\quad 132,\quad 213,\quad 231,\quad 312,\quad 321.$$

定义1.1 由 n 个数 $1,2,\cdots,n$ 组成的一个有序数组称为这 n 个数的一个 n 阶全排列，简称为 n 阶排列，记为 $i_1i_2\cdots i_n$.

由 n 个数组成的 n 阶排列共有 $n!$ 个.

按数字由小到大的自然顺序排列的 n 阶排列 $1\ 2\cdots n$ 称为标准排列.

定义1.2 在一个 n 阶排列 $i_1i_2\cdots i_n$ 中，若某个较大的数排在某个较小的数前面，则称这两个数构成一个逆序，在一个排列中所有逆序的总数称为这个排列的逆序数，记为 $\tau(i_1i_2\cdots i_n)$.

例 求排列3 2 5 4 1的逆序数.

解 在排列3 2 5 4 1中，1的前面比1大的有4个数与1构成逆

序;2 的前面比 2 大的有 1 个数与 2 构成逆序;3 排在最前面,与其他的数不构成逆序;4 的前面比 4 大的有 1 个数与 4 构成逆序;5 是最大的数,与它前面的数不构成逆序.所以

$$\tau(3\ 2\ 5\ 4\ 1)=4+1+0+1+0=6.$$

同样有

$$\tau(4\ 3\ 1\ 2)=2+2+1+0=5,$$
$$\tau(1\ 2\ \cdots\ n)=0.$$

逆序数是奇数的排列称为奇排列;逆序数是偶数的排列称为偶排列.标准排列为偶排列.

排列具有下列性质.

性质 1 对换一个排列中的任意两个数,则排列改变奇偶性.

证明 (1)对换相邻的两个数,设给定的排列为

$$\overset{A}{\cdots}\ ij\ \overset{B}{\cdots}$$

其中 A 与 B 表示若干个保持不动的数,经过 i 与 j 的对换后得到

$$\overset{A}{\cdots}\ ji\ \overset{B}{\cdots}$$

显然,在对换前后的两个排列中,属于 A 或 B 的数的位置没有改变,因此,这些数所构成的逆序总数没有改变;同时 i,j 与 A 或 B 中的数所构成的逆序总数也没有改变,而当 $i<j$ 时,对换后,i 与 j 构成一个逆序,则对换后的排列的逆序数增加 1;当 $i>j$ 时,对换后,排列的逆序数减少 1.因此,不论是哪一种情形,排列的奇偶性都有改变.

(2)对换不相邻的两个数,假定 i 与 j 之间有 m 个数,用 $k_1,k_2,\cdots,k_m$ 代表,这时给定的排列为

$$\cdots ik_1k_2\cdots k_mj\cdots \tag{1}$$

经过 i 与 j 的对换后得到

$$\cdots jk_1k_2\cdots k_mi\cdots \tag{2}$$

在排列(1)中,先将 i 依次与 $k_1,k_2,\cdots,k_m$ 对换,这样经过 m 次相邻两数的对换后,(1)变成

$$\cdots k_1k_2\cdots k_mij\cdots$$

再将 j 依次与 $i,k_m,\cdots,k_2,k_1$ 对换，这样经过 $m+1$ 次相邻两数的对换后得到

$$\cdots jk_1k_2\cdots k_mi\cdots$$

这正是对排列(1)经过 i 与 j 的对换后得到的排列(2). 因此，对排列(1)经过 i 与 j 的对换相当于连续经过 $2m+1$ 次相邻两数的对换，而每一次相邻两数的对换都改变排列的奇偶性，所以奇数次相邻两数的对换也改变排列的奇偶性.

例如，排列 3 2 5 4 1 经过 3 与 4 对换后得到排列 4 2 5 3 1，则

$$\tau(3\ 2\ 5\ 4\ 1)=6,\tau(4\ 2\ 5\ 3\ 1)=7.$$

性质 2　任一 n 阶排列 $i_1i_2\cdots i_n$ 与标准排列 $1\ 2\ \cdots\ n$ 都可经过一系列对换互变，且所做对换的次数与排列 $i_1i_2\cdots i_n$ 具有相同的奇偶性.

证明　对排列的阶数进行数学归纳证明.

对于 2 阶排列，结论显然成立.

假设对于 $n-1$ 阶排列，结论成立，现在证明对于 n 阶排列，结论也成立.

若 $i_n=n$，则由归纳假设知 $i_1i_2\cdots i_{n-1}$ 是 $n-1$ 阶排列，可经过一系列对换变成 $1\ 2\ \cdots\ (n-1)$，于是这一系列对换就把 $i_1i_2\cdots i_n$ 变成 $1\ 2\ \cdots\ n$，由归纳假设，结论成立. 若 $i_n\neq n$，则先经过 i_n 与 n 的对换，使之变成 $i_1i_2\cdots i_{n-1}n$，这就归结成上面的情形，所以结论成立. 相仿地，$1\ 2\ \cdots\ n$ 也可经过一系列对换变成 $i_1i_2\cdots i_n$. 因此结论成立.

因为 $1\ 2\ \cdots\ n$ 是偶排列，由性质 1 可知，当 $i_1i_2\cdots i_n$ 是奇(偶)排列时，必须经过奇(偶)数次的对换才能变成偶排列，所以，所做对换的次数与排列 $i_1i_2\cdots i_n$ 具有相同的奇偶性.

1.2　行列式的定义

为了定义 n 阶行列式，我们先引入 2 阶、3 阶行列式.

用消元法求解下列二元一次方程组：

$$\begin{cases}a_{11}x_1+a_{12}x_2=b_1,\\a_{21}x_1+a_{22}x_2=b_2.\end{cases}\tag{1}$$

用 a_{22}乘第 1 个方程,用 $-a_{12}$乘第 2 个方程得到与原方程组同解的方程组

$$\begin{cases}\quad a_{11}a_{22}x_1+a_{12}a_{22}x_2=b_1a_{22},\\-a_{12}a_{21}x_1-a_{12}a_{22}x_2=-a_{12}b_2.\end{cases}$$

再将这两个方程相加便消去 x_2,得到

$$(a_{11}a_{22}-a_{12}a_{21})x_1=b_1a_{22}-a_{12}b_2.\tag{2}$$

用类似的办法可消去 x_1,得到

$$(a_{11}a_{22}-a_{12}a_{21})x_2=a_{11}b_2-b_1a_{21}.\tag{3}$$

为了便于记忆,我们引入符号:

$$\begin{vmatrix}a_{11}&a_{12}\\a_{21}&a_{22}\end{vmatrix}=a_{11}a_{22}-a_{12}a_{21},$$

称 $\begin{vmatrix}a_{11}&a_{12}\\a_{21}&a_{22}\end{vmatrix}$为 2 阶行列式,并用 D 表示,称之为二元线性方程组(1)的系数行列式,数 $a_{11},a_{12},a_{21},a_{22}$为这个行列式的元素.

同样

$$D_1=\begin{vmatrix}b_1&a_{12}\\b_2&a_{22}\end{vmatrix}=b_1a_{22}-a_{12}b_2,$$

$$D_2=\begin{vmatrix}a_{11}&b_1\\a_{21}&b_2\end{vmatrix}=a_{11}b_2-b_1a_{21},$$

也是 2 阶行列式.

因而方程(2),(3)可写成

$$Dx_1=D_1,\quad Dx_2=D_2.$$

当 $D\neq0$ 时,由方程(2),(3)可以得到线性方程组(1)的解

$$x_1=\frac{D_1}{D},\quad x_2=\frac{D_2}{D}.$$

用同样的方法可以定义 3 阶行列式

$$D=\begin{vmatrix} a_{11} & a_{12} & a_{13} \\ a_{21} & a_{22} & a_{23} \\ a_{31} & a_{32} & a_{33} \end{vmatrix}=a_{11}a_{22}a_{33}+a_{12}a_{23}a_{31}+a_{13}a_{21}a_{32}$$
$$-a_{11}a_{23}a_{32}-a_{12}a_{21}a_{33}-a_{13}a_{22}a_{31}.$$

根据上述定义,给出3阶行列式的计算法则:

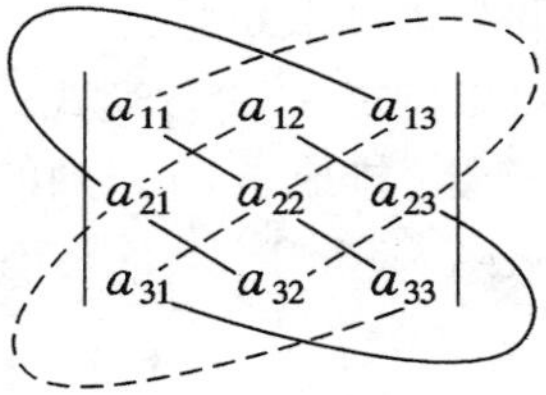

在实线上的3个元素的乘积取正号,共3项:

$$+a_{11}a_{22}a_{33}+a_{12}a_{23}a_{31}+a_{13}a_{21}a_{32};$$

在虚线上的3个元素的乘积取负号,共3项:

$$-a_{11}a_{23}a_{32}-a_{12}a_{21}a_{33}-a_{13}a_{22}a_{31}.$$

这6项的代数和就是3阶行列式 D 的值.

例如,3阶行列式

$$\begin{aligned} D &= \begin{vmatrix} 3 & 4 & -1 \\ 1 & 2 & 5 \\ -2 & -3 & 4 \end{vmatrix} \\ &= 3\times2\times4+4\times5\times(-2)+(-1)\times1\times(-3) \\ &\quad -3\times5\times(-3)-4\times1\times4-(-1)\times2\times(-2) \\ &= 24-40+3+45-16-4 \\ &= 12. \end{aligned}$$

注意 这种计算方法只适用于2阶、3阶行列式.

由3阶行列式的定义不难看出3阶行列式有如下特点:

(1)3阶行列式的每一项都是位于不同行不同列的3个元素的乘积.

(2)每一项的各元素都带有两个下标,第一个下标表示这个元素所在的行的序数(行标),第二个下标表示这个元素所在的列的序数(列标),当每一项中各元素的行标是按照自然顺序排列时,其列标都是1,2,3的一个排列,并且每一个3阶排列都对应着3阶行列式的一项,所以,3阶行列式是3! =6项的代数和.

(3)当各元素的行标按照自然顺序排列时,每一项的符号由列标所组成的3阶排列的奇偶性所决定:列标的排列为偶排列时,该项取正号;列标的排列为奇排列时,该项取负号.

我们根据这个规律可以定义 n 阶行列式.

定义1.3 设有 n^2 个数,排成 n 行 n 列的表

$$\begin{matrix} a_{11} & a_{12} & \cdots & a_{1n} \\ a_{21} & a_{22} & \cdots & a_{2n} \\ \vdots & \vdots & & \vdots \\ a_{n1} & a_{n2} & \cdots & a_{nn} \end{matrix}$$

做出表中位于不同行不同列的 n 个元素的乘积 $a_{1j_1}a_{2j_2}\cdots a_{nj_n}$,其中 $j_1j_2\cdots j_n$ 是 $1,2,\cdots,n$ 的任一个 n 阶排列,项 $a_{1j_1}a_{2j_2}\cdots a_{nj_n}$ 的符号为 $(-1)^{\tau(j_1j_2\cdots j_n)}$,这样的项共有 $n!$ 项,所有这 $n!$ 项的代数和称为 n 阶行列式,用符号

$$\begin{vmatrix} a_{11} & a_{12} & \cdots & a_{1n} \\ a_{21} & a_{22} & \cdots & a_{2n} \\ \vdots & \vdots & & \vdots \\ a_{n1} & a_{n2} & \cdots & a_{nn} \end{vmatrix}$$

表示,即

$$\begin{vmatrix} a_{11} & a_{12} & \cdots & a_{1n} \\ a_{21} & a_{22} & \cdots & a_{2n} \\ \vdots & \vdots & & \vdots \\ a_{n1} & a_{n2} & \cdots & a_{nn} \end{vmatrix} = \sum_{j_1j_2\cdots j_n} (-1)^{\tau(j_1j_2\cdots j_n)} a_{1j_1}a_{2j_2}\cdots a_{nj_n}.$$

当 $n=1$ 时,$|a|=a$,注意不要与绝对值记号相混淆.当 $n=2,3$ 时,就是2阶、3阶行列式.

n 阶行列式中从左上角元素 a_{11} 到右下角元素 a_{nn} 这条对角线称为 n 阶行列式的主对角线.

例　用行列式的定义计算上三角行列式(主对角线以下的元素都为零的行列式,叫上三角行列式):

$$D=\begin{vmatrix} a_{11} & a_{12} & \cdots & a_{1n} \\ 0 & a_{22} & \cdots & a_{2n} \\ \vdots & \vdots & & \vdots \\ 0 & 0 & \cdots & a_{nn} \end{vmatrix}.$$

解　由 n 阶行列式的定义可知,展开式中的一般项形式为

$$a_{1j_1}a_{2j_2}\cdots a_{nj_n}.$$

由于 D 中有许多元素是零,所以只需求出上述一切项中不为零的项即可.在第 n 行中除 a_{nn} 外,其他元素都是零,这就是说,j_n 只能取 n,即 $j_n=n$;在第 $n-1$ 行中除 $a_{n-1,n-1}$,$a_{n-1,n}$ 外,其他元素也都是零,因此 j_{n-1} 也只有取 $n-1$ 和 n 这两种可能,又由于 a_{nn},$a_{n-1,n}$ 位于同一列,所以只能取 $j_n=n-1$.这样逐步往上推可得 $j_2=2,j_1=1$.从而可知在展开式中只有 $a_{11}a_{22}\cdots a_{nn}$ 一项不等于零,而这项的列标所组成的排列是一个标准排列,应取正号.因此,由行列式定义有

$$D=\begin{vmatrix} a_{11} & a_{12} & \cdots & a_{1n} \\ 0 & a_{22} & \cdots & a_{2n} \\ \vdots & \vdots & & \vdots \\ 0 & 0 & \cdots & a_{nn} \end{vmatrix}=a_{11}a_{22}\cdots a_{nn}.$$

即上三角行列式的值等于主对角线上各元素的乘积.

同理可求得下三角行列式(主对角线以上的元素都是零的行列式,叫下三角行列式):

$$D=\begin{vmatrix} a_{11} & 0 & \cdots & 0 \\ a_{21} & a_{22} & \cdots & 0 \\ \vdots & \vdots & & \vdots \\ a_{n1} & a_{n2} & \cdots & a_{nn} \end{vmatrix}=a_{11}a_{22}\cdots a_{nn}.$$

特别地,

$$D=\begin{vmatrix} a_{11} & 0 & \cdots & 0 \\ 0 & a_{22} & \cdots & 0 \\ \vdots & \vdots & & \vdots \\ 0 & 0 & \cdots & a_{nn} \end{vmatrix}=a_{11}a_{22}\cdots a_{nn}.$$

此行列式称为对角行列式.

在 n 阶行列式的定义中,为了讨论方便而把每一项的 n 个元素的行标写成标准排列,设

$$(-1)^{\tau(j_1j_2\cdots j_n)}a_{1j_1}a_{2j_2}\cdots a_{nj_n}$$

是 n 阶行列式的任意一项,则由乘法的可交换性,可把该项的列标所组成的排列 $j_1j_2\cdots j_n$ 经过 t 次对换变成标准排列 $1\ 2\ \cdots\ n$,与此同时,相应的行标所组成的标准排列 $1\ 2\ \cdots\ n$ 经过 t 次对换变成排列 $i_1i_2\cdots i_n$,即有

$$a_{1j_1}a_{2j_2}\cdots a_{nj_n}=a_{i_11}a_{i_22}\cdots a_{i_nn}.$$

根据排列的性质 2 可知,t 与 $\tau(j_1j_2\cdots j_n)$具有相同的奇偶性,t 与 $\tau(i_1i_2\cdots i_n)$也具有相同的奇偶性.从而知 $\tau(j_1j_2\cdots j_n)$与 $\tau(i_1i_2\cdots i_n)$也具有相同的奇偶性,所以

$$(-1)^{\tau(j_1j_2\cdots j_n)}a_{1j_1}a_{2j_2}\cdots a_{nj_n}=(-1)^{\tau(i_1i_2\cdots i_n)}a_{i_11}a_{i_22}\cdots a_{i_nn},$$

因此可以得到行列式的等价定义:

$$D=\sum_{i_1i_2\cdots i_n}(-1)^{\tau(i_1i_2\cdots i_n)}a_{i_11}a_{i_22}\cdots a_{i_nn}.$$

1.3 行列式的性质

直接根据定义计算 n 阶行列式是非常麻烦的,特别是当 n 较大时,计算量会相当大.在本节中,我们将介绍行列式的性质,并利用这些性质把复杂的行列式转化为较简单的行列式(如上三角行列式等)来计算.

设

$$D=\begin{vmatrix} a_{11} & a_{12} & \cdots & a_{1n} \\ a_{21} & a_{22} & \cdots & a_{2n} \\ \vdots & \vdots & & \vdots \\ a_{n1} & a_{n2} & \cdots & a_{nn} \end{vmatrix}, \quad D'=\begin{vmatrix} a_{11} & a_{21} & \cdots & a_{n1} \\ a_{12} & a_{22} & \cdots & a_{n2} \\ \vdots & \vdots & & \vdots \\ a_{1n} & a_{2n} & \cdots & a_{nn} \end{vmatrix},$$

称 D' 为 D 的转置行列式.

性质1 行列式与它的转置行列式相等,即 $D=D'$.

证明 设 D 的转置行列式为

$$D'=\begin{vmatrix} b_{11} & b_{12} & \cdots & b_{1n} \\ b_{21} & b_{22} & \cdots & b_{2n} \\ \vdots & \vdots & & \vdots \\ b_{n1} & b_{n2} & \cdots & b_{nn} \end{vmatrix},$$

其中 $b_{ij}=a_{ji}(i,j=1,2,\cdots,n)$,根据行列式的等价定义有

$$\begin{aligned} D' &= \sum_{j_1j_2\cdots j_n}(-1)^{\tau(j_1j_2\cdots j_n)}b_{j_11}b_{j_22}\cdots b_{j_nn} \\ &= \sum_{j_1j_2\cdots j_n}(-1)^{\tau(j_1j_2\cdots j_n)}a_{1j_1}a_{2j_2}\cdots a_{nj_n} \\ &= D. \end{aligned}$$

此性质说明,行列式中的行与列具有同等的地位,因此凡是对行成立的性质对列也同样成立,反之亦然.所以下面的性质,只对行加以证明.

性质2 交换行列式的任意两行(列),行列式改变符号.

证明 设行列式

$$D=\begin{vmatrix} a_{11} & a_{12} & \cdots & a_{1n} \\ \vdots & \vdots & & \vdots \\ a_{i1} & a_{i2} & \cdots & a_{in} \\ \vdots & \vdots & & \vdots \\ a_{j1} & a_{j2} & \cdots & a_{jn} \\ \vdots & \vdots & & \vdots \\ a_{n1} & a_{n2} & \cdots & a_{nn} \end{vmatrix},$$

交换 D 的第 i 行与第 j 行得到

$$D_1=\begin{vmatrix} a_{11} & a_{12} & \cdots & a_{1n} \\ \vdots & \vdots & & \vdots \\ a_{j1} & a_{j2} & \cdots & a_{jn} \\ \vdots & \vdots & & \vdots \\ a_{i1} & a_{i2} & \cdots & a_{in} \\ \vdots & \vdots & & \vdots \\ a_{n1} & a_{n2} & \cdots & a_{nn} \end{vmatrix}=\begin{vmatrix} b_{11} & b_{12} & \cdots & b_{1n} \\ \vdots & \vdots & & \vdots \\ b_{i1} & b_{i2} & \cdots & b_{in} \\ \vdots & \vdots & & \vdots \\ b_{j1} & b_{j2} & \cdots & b_{jn} \\ \vdots & \vdots & & \vdots \\ b_{n1} & b_{n2} & \cdots & b_{nn} \end{vmatrix},$$

其中 $b_{kl}=a_{kl}(k\neq i,j)$，$b_{il}=a_{jl}$，$b_{jl}=a_{il}(l=1,2,\cdots,n)$，由行列式的定义有

$$\begin{aligned} D_1 &= \sum_{k_1k_2\cdots k_n}(-1)^{\tau(k_1\cdots k_i\cdots k_j\cdots k_n)}b_{1k_1}\cdots b_{ik_i}\cdots b_{jk_j}\cdots b_{nk_n} \\ &= \sum_{k_1k_2\cdots k_n}(-1)^{\tau(k_1\cdots k_i\cdots k_j\cdots k_n)}a_{1k_1}\cdots a_{jk_i}\cdots a_{ik_j}\cdots a_{nk_n} \\ &= \sum_{k_1k_2\cdots k_n}(-1)^{\tau(k_1\cdots k_j\cdots k_i\cdots k_n)+1}a_{1k_1}\cdots a_{ik_j}\cdots a_{jk_i}\cdots a_{nk_n} \\ &= -\sum_{k_1k_2\cdots k_n}(-1)^{\tau(k_1\cdots k_j\cdots k_i\cdots k_n)}a_{1k_1}\cdots a_{ik_j}\cdots a_{jk_i}\cdots a_{nk_n} \\ &= -D. \end{aligned}$$

性质 3 若行列式 D 中有两行(列)元素对应相等，则这个行列式等于零.

证明 设行列式 D 的第 i 行与第 j 行($i\neq j$)元素对应相等，一方面由性质 2 可知，交换这两行后，行列式改变符号，所以新的行列式等于 $-D$；而另一方面，交换元素对应相等的两行后，行列式并没有改变，仍为 D，因此有

$$D=-D,$$

即

$$D=0.$$

性质 4 把行列式 D 中某一行(列)的所有元素同乘以某一个数 k，等于用数 k 乘此行列式 D.

证明 设把行列式 D 的第 i 行元素 $a_{i1},a_{i2},\cdots,a_{in}$ 乘以 k 得到行列式 D_1，即

$$D_1 = \begin{vmatrix} a_{11} & a_{12} & \cdots & a_{1n} \\ \vdots & \vdots & & \vdots \\ ka_{i1} & ka_{i2} & \cdots & ka_{in} \\ \vdots & \vdots & & \vdots \\ a_{n1} & a_{n2} & \cdots & ka_{nn} \end{vmatrix}.$$

由行列式定义有

$$\begin{aligned} D_1 &= \sum_{j_1 j_2 \cdots j_n} (-1)^{\tau(j_1 j_2 \cdots j_n)} a_{1j_1} a_{2j_2} \cdots (ka_{ij_i}) \cdots a_{nj_n} \\ &= k \sum_{j_1 j_2 \cdots j_n} (-1)^{\tau(j_1 j_2 \cdots j_n)} a_{1j_1} a_{2j_2} \cdots a_{ij_i} \cdots a_{nj_n} \\ &= kD. \end{aligned}$$

推论 1 行列式中某一行(列)所有元素的公因子可以提到行列式符号的外面.

推论 2 若行列式中有某一行(列)的元素全是零,则这个行列式等于零.

性质 5 若行列式 D 中有两行(列)元素对应成比例,则这个行列式等于零.

证明 设行列式 D 的第 i 行与第 j 行($i \neq j$)的元素对应成比例,即

$$a_{i1} = ka_{j1}, a_{i2} = ka_{j2}, \cdots, a_{in} = ka_{jn},$$

因此

$$D = \begin{vmatrix} a_{11} & a_{12} & \cdots & a_{1n} \\ \vdots & \vdots & & \vdots \\ a_{i1} & a_{i2} & \cdots & a_{in} \\ \vdots & \vdots & & \vdots \\ a_{j1} & a_{j2} & \cdots & a_{jn} \\ \vdots & \vdots & & \vdots \\ a_{n1} & a_{n2} & \cdots & a_{nn} \end{vmatrix} = \begin{vmatrix} a_{11} & a_{12} & \cdots & a_{1n} \\ \vdots & \vdots & & \vdots \\ ka_{j1} & ka_{j2} & \cdots & ka_{jn} \\ \vdots & \vdots & & \vdots \\ a_{j1} & a_{j2} & \cdots & a_{jn} \\ \vdots & \vdots & & \vdots \\ a_{n1} & a_{n2} & \cdots & a_{nn} \end{vmatrix}$$

$$=k\begin{vmatrix} a_{11} & a_{12} & \cdots & a_{1n} \\ \vdots & \vdots & & \vdots \\ a_{j1} & a_{j2} & \cdots & a_{jn} \\ \vdots & \vdots & & \vdots \\ a_{j1} & a_{j2} & \cdots & a_{jn} \\ \vdots & \vdots & & \vdots \\ a_{n1} & a_{n2} & \cdots & a_{nn} \end{vmatrix}=0.$$

性质 6 若行列式 D 的第 i 行(列)所有元素都可表示成两个元素之和,即

$$a_{ik}=b_{ik}+c_{ik}(k=1,2,\cdots,n),$$

则行列式 D 可表示成两个行列式的和,即

$$D=\begin{vmatrix} a_{11} & a_{12} & \cdots & a_{1n} \\ \vdots & \vdots & & \vdots \\ b_{i1}+c_{i1} & b_{i2}+c_{i2} & \cdots & b_{in}+c_{in} \\ \vdots & \vdots & & \vdots \\ a_{n1} & a_{n2} & \cdots & a_{nn} \end{vmatrix}$$

$$=\begin{vmatrix} a_{11} & a_{12} & \cdots & a_{1n} \\ \vdots & \vdots & & \vdots \\ b_{i1} & b_{i2} & \cdots & b_{in} \\ \vdots & \vdots & & \vdots \\ a_{n1} & a_{o2} & \cdots & a_{nn} \end{vmatrix}+\begin{vmatrix} a_{11} & a_{12} & \cdots & a_{1n} \\ \vdots & \vdots & & \vdots \\ c_{i1} & c_{i2} & \cdots & c_{in} \\ \vdots & \vdots & & \vdots \\ a_{n1} & a_{n2} & \cdots & a_{nn} \end{vmatrix}.$$

证明 由行列式的定义有

$$\begin{aligned} D &= \sum_{j_1j_2\cdots j_n}(-1)^{\tau(j_1j_2\cdots j_n)}a_{1j_1}a_{2j_2}\cdots(b_{ij_i}+c_{ij_i})\cdots a_{nj_n} \\ &= \sum_{j_1j_2\cdots j_n}(-1)^{\tau(j_1j_2\cdots j_n)}a_{1j_1}a_{2j_2}\cdots b_{ij_i}\cdots a_{nj_n}+ \\ &\quad \sum_{j_1j_2\cdots j_n}(-1)^{\tau(j_1j_2\cdots j_n)}a_{1j_1}a_{2j_2}\cdots c_{ij_i}\cdots a_{nj_n} \end{aligned}$$

$$=\begin{vmatrix} a_{11} & a_{12} & \cdots & a_{1n} \\ \vdots & \vdots & & \vdots \\ b_{i1} & b_{i2} & \cdots & b_{in} \\ \vdots & \vdots & & \vdots \\ a_{n1} & a_{n2} & \cdots & a_{nn} \end{vmatrix} + \begin{vmatrix} a_{11} & a_{12} & \cdots & a_{1n} \\ \vdots & \vdots & & \vdots \\ c_{i1} & c_{i2} & \cdots & c_{in} \\ \vdots & \vdots & & \vdots \\ a_{n1} & a_{n2} & \cdots & a_{nn} \end{vmatrix}.$$

性质 7　把行列式 D 的某一行(列)元素乘以同一数 k 后加到另一行(列)对应元素上,行列式的值不变.

证明　设行列式

$$D=\begin{vmatrix} a_{11} & a_{12} & \cdots & a_{1n} \\ \vdots & \vdots & & \vdots \\ a_{i1} & a_{i2} & \cdots & a_{in} \\ \vdots & \vdots & & \vdots \\ a_{j1} & a_{j2} & \cdots & a_{jn} \\ \vdots & \vdots & & \vdots \\ a_{n1} & a_{n2} & \cdots & a_{nn} \end{vmatrix},$$

把 D 的第 i 行元素乘以 k 后加到第 j 行上,得到

$$D_1=\begin{vmatrix} a_{11} & a_{12} & \cdots & a_{1n} \\ \vdots & \vdots & & \vdots \\ a_{i1} & a_{i2} & \cdots & a_{in} \\ \vdots & \vdots & & \vdots \\ a_{j1}+ka_{i1} & a_{j2}+ka_{i2} & \cdots & a_{jn}+ka_{in} \\ \vdots & \vdots & & \vdots \\ a_{n1} & a_{n2} & \cdots & a_{nn} \end{vmatrix}$$

$$= \begin{vmatrix} a_{11} & a_{12} & \cdots & a_{1n} \\ \vdots & \vdots & & \vdots \\ a_{i1} & a_{i2} & \cdots & a_{in} \\ \vdots & \vdots & & \vdots \\ a_{j1} & a_{j2} & \cdots & a_{jn} \\ \vdots & \vdots & & \vdots \\ a_{n1} & a_{n2} & \cdots & a_{nn} \end{vmatrix} + \begin{vmatrix} a_{11} & a_{12} & \cdots & a_{1n} \\ \vdots & \vdots & & \vdots \\ a_{i1} & a_{i2} & \cdots & a_{in} \\ \vdots & \vdots & & \vdots \\ ka_{i1} & ka_{i2} & \cdots & ka_{in} \\ \vdots & \vdots & & \vdots \\ a_{n1} & a_{n2} & \cdots & a_{nn} \end{vmatrix}$$

$$= \begin{vmatrix} a_{11} & a_{12} & \cdots & a_{1n} \\ \vdots & \vdots & & \vdots \\ a_{i1} & a_{i2} & \cdots & a_{in} \\ \vdots & \vdots & & \vdots \\ a_{j1} & a_{j2} & \cdots & a_{jn} \\ \vdots & \vdots & & \vdots \\ a_{n1} & a_{n2} & \cdots & a_{nn} \end{vmatrix} + 0 = D.$$

例 1 计算行列式

$$D = \begin{vmatrix} 3 & 1 & -1 & 2 \\ -5 & 1 & 3 & -4 \\ 2 & 0 & 1 & -1 \\ 1 & -5 & 3 & -3 \end{vmatrix}.$$

解 利用行列式的性质，把行列式 D 转化为上三角行列式来计算. 将 D 的第 1、第 2 两列交换位置得到

$$D = -\begin{vmatrix} 1 & 3 & -1 & 2 \\ 1 & -5 & 3 & -4 \\ 0 & 2 & 1 & -1 \\ -5 & 1 & 3 & -3 \end{vmatrix},$$

将此行列式的第 1 行元素分别乘以 -1，5 后依次加到第 2、第 4 行上，得到

$$D=-\begin{vmatrix}1&3&-1&2\\0&-8&4&-6\\0&2&1&-1\\0&16&-2&7\end{vmatrix},$$

再将所得行列式的第2、第3两行交换位置,将所得行列式的第2行元素分别乘以4, -8后依次加到第3、第4行上,得到

$$D=\begin{vmatrix}1&3&-1&2\\0&2&1&-1\\0&0&8&-10\\0&0&-10&15\end{vmatrix},$$

最后将此行列式的第3行元素乘以$\frac{5}{4}$后加到第4行上,便得到

$$D=\begin{vmatrix}1&3&-1&2\\0&2&1&-1\\0&0&8&-10\\0&0&0&\frac{5}{2}\end{vmatrix}=1\times2\times8\times\frac{5}{2}=40.$$

例2 计算行列式

$$D=\begin{vmatrix}a&b&c&d\\a&d&c&b\\c&d&a&b\\c&b&a&d\end{vmatrix}.$$

解 注意到第1、第3列及第2、第4列元素的特点,把第1列加到第3列上,第2列加到第4列上,得到

$$D=\begin{vmatrix}a&b&a+c&b+d\\a&d&a+c&b+d\\c&d&a+c&b+d\\c&b&a+c&b+d\end{vmatrix}=(a+c)(b+d)\begin{vmatrix}a&b&1&1\\a&d&1&1\\c&d&1&1\\c&b&1&1\end{vmatrix}$$

$$=0.$$

例 3 计算 n 阶行列式

$$D_n=\begin{vmatrix} x-a & a & a & \cdots & a \\ a & x-a & a & \cdots & a \\ a & a & x-a & \cdots & a \\ \vdots & \vdots & \vdots & & \vdots \\ a & a & a & \cdots & x-a \end{vmatrix}.$$

解 这个行列式的特点是各列(行)元素之和都是 $x+(n-2)a$，为此，将第 2、第 3、…、第 n 行都加到第一行上，得

$$D_n=\begin{vmatrix} x+(n-2)a & x+(n-2)a & x+(n-2)a & \cdots & x+(n-2)a \\ a & x-a & a & \cdots & a \\ a & a & x-a & \cdots & a \\ \vdots & \vdots & \vdots & & \vdots \\ a & a & a & \cdots & x-a \end{vmatrix},$$

提出第一行的公因子 $x+(n-2)a$，得

$$D_n=[x+(n-2)a]\begin{vmatrix} 1 & 1 & 1 & \cdots & 1 \\ a & x-a & a & \cdots & a \\ a & a & x-a & \cdots & a \\ \vdots & \vdots & \vdots & & \vdots \\ a & a & a & \cdots & x-a \end{vmatrix},$$

第 1 行乘以 $-a$ 后，依次加到第 2、第 3、…、第 n 行上，得到

$$D_n=[x+(n-2)a]\begin{vmatrix} 1 & 1 & 1 & \cdots & 1 \\ 0 & x-2a & 0 & \cdots & 0 \\ 0 & 0 & x-2a & \cdots & 0 \\ \vdots & \vdots & \vdots & & \vdots \\ 0 & 0 & 0 & \cdots & x-2a \end{vmatrix}$$

$$=[x+(n-2)a](x-2a)^{n-1}.$$

例4 计算 n 阶行列式

$$D_n=\begin{vmatrix}1+a_1 & 1 & 1 & \cdots & 1\\ 1 & 1+a_2 & 1 & \cdots & 1\\ 1 & 1 & 1+a_3 & \cdots & 1\\ \vdots & \vdots & \vdots & & \vdots\\ 1 & 1 & 1 & \cdots & 1+a_n\end{vmatrix},$$

其中 $a_1a_2\cdots a_n\neq 0$.

解 将 D_n 的第1行元素乘以 -1 后,依次加到第2、第3、…、第 n 行上得

$$D_n=\begin{vmatrix}1+a_1 & 1 & 1 & \cdots & 1\\ -a_1 & a_2 & 0 & \cdots & 0\\ -a_1 & 0 & a_3 & \cdots & 0\\ \vdots & \vdots & \vdots & & \vdots\\ -a_1 & 0 & 0 & \cdots & a_n\end{vmatrix},$$

再从第1列提出公因子 a_1,从第2列提出 a_2,…,从第 n 列提出 a_n,得到

$$D_n=a_1a_2\cdots a_n\begin{vmatrix}\frac{1+a_1}{a_1} & \frac{1}{a_2} & \frac{1}{a_3} & \cdots & \frac{1}{a_n}\\ -1 & 1 & 0 & \cdots & 0\\ -1 & 0 & 1 & \cdots & 0\\ \vdots & \vdots & \vdots & & \vdots\\ -1 & 0 & 0 & \cdots & 1\end{vmatrix},$$

由于 $\frac{1+a_1}{a_1}=1+\frac{1}{a_1}$,把第2、第3、…、第 n 列都加到第1列上,得到

$$D_n=a_1a_2\cdots a_n\begin{vmatrix}1+\sum_{i=1}^{n}\frac{1}{a_i} & \frac{1}{a_2} & \frac{1}{a_3} & \cdots & \frac{1}{a_n}\\ 0 & 1 & 0 & \cdots & 0\\ 0 & 0 & 1 & \cdots & 0\\ \vdots & \vdots & \vdots & & \vdots\\ 0 & 0 & 0 & \cdots & 1\end{vmatrix}$$

$$=a_1a_2\cdots a_n\left(1+\sum_{i=1}^{n}\frac{1}{a_i}\right).$$

1.4 行列式的展开

定义 1.4 在 n 阶行列式

$$D=\begin{vmatrix}a_{11} & a_{12} & \cdots & a_{1n}\\ a_{21} & a_{22} & \cdots & a_{2n}\\ \vdots & \vdots & & \vdots\\ a_{n1} & a_{n2} & \cdots & a_{nn}\end{vmatrix}$$

中,任意取定 k 行 k 列,将位于这些行、列相交处的元素按原来的相对位置排成一个 k 阶行列式 N,称 N 为 D 的一个 k 阶子式;把 N 所在的行、列划去,剩下的元素按原来的相对位置构成一个 $n-k$ 阶行列式 M,称 M 为 N 的余子式(显然,N 也是 M 的余子式);若子式 N 所在的行、列分别是 $i_1,i_2,\cdots,i_k$ 及 $j_1,j_2,\cdots,j_k$,则称

$$A=(-1)^{i_1+i_2+\cdots+i_k+j_1+j_2+\cdots+j_k}M$$

为 N 的代数余子式.

例如在 5 阶行列式

$$D=\begin{vmatrix}1 & 2 & -1 & 4 & 5\\ 3 & 0 & -2 & 1 & 7\\ 1 & -2 & 0 & 3 & 6\\ -2 & -4 & 1 & 6 & 8\\ 1 & 4 & 5 & 3 & 10\end{vmatrix}$$

中,取 $k=2$,并取定第 1、第 2 行,第 1、第 3 列,得到一个 2 阶子式

$$N=\begin{vmatrix}1 & -1\\ 3 & -2\end{vmatrix},$$

N 的余子式为

$$M=\begin{vmatrix}-2 & 3 & 6\\ -4 & 6 & 8\\ 4 & 3 & 10\end{vmatrix},$$

N 的代数余子式为

$$A=(-1)^{1+2+1+3}M=-\begin{vmatrix}-2 & 3 & 6\\ -4 & 6 & 8\\ 4 & 3 & 10\end{vmatrix}.$$

当 $k=1$ 时就得到元素 a_{ij} 的余子式和代数余子式的概念,即在 n 阶行列式 D 中,把元素 a_{ij} 所在的第 i 行和第 j 列划去后,剩下的元素按原来的相对位置构成的 $n-1$ 阶行列式 M_{ij},称为元素 a_{ij} 的余子式,$A_{ij}=(-1)^{i+j}M_{ij}$ 称为元素 a_{ij} 的代数余子式.

在上面的5阶行列式中,元素 $a_{32}=-2$ 的余子式、代数余子式分别为

$$M_{32}=\begin{vmatrix}1 & -1 & 4 & 5\\ 3 & -2 & 1 & 7\\ -2 & 1 & 6 & 8\\ 1 & 5 & 3 & 10\end{vmatrix},$$

$$A_{32}=(-1)^{3+2}M_{32}=-\begin{vmatrix}1 & -1 & 4 & 5\\ 3 & -2 & 1 & 7\\ -2 & 1 & 6 & 8\\ 1 & 5 & 3 & 10\end{vmatrix}.$$

引理 n 阶行列式 D 的任一个 k 阶子式 N 与它的代数余子式 A 的乘积中的每一项都是行列式 D 中的一项,而且符号一致.

证明 (1)先证明 N 位于行列式 D 的左上角的情形,设

$$D=\left|\begin{array}{cccc:ccc} a_{11} & a_{12} & \cdots & a_{1k} & a_{1\,k+1} & \cdots & a_{1n} \\ \vdots & \vdots & & \vdots & \vdots & & \vdots \\ a_{k1} & a_{k2} & \cdots & a_{kk} & a_{k\;k+1} & \cdots & a_{kn} \\ \hdashline a_{k+1\,1} & a_{k+1\,2} & \cdots & a_{k+1\;k} & a_{k+1\;k+1} & \cdots & a_{k+1\;n} \\ \vdots & \vdots & & & \vdots & & \vdots \\ a_{n1} & a_{n2} & \cdots & a_{nn} & a_{n\;k+1} & \cdots & a_{nn} \end{array}\right|,$$

其中 N 表左上角，M 表右下角，则 N 的代数余子式

$$A=(-1)^{(1+2+\cdots+k)+(1+2+\cdots+k)}M=M.$$

k 阶子式 N 的每一项都可写成

$$(-1)^{\tau(j_1j_2\cdots j_k)}a_{1j_1}a_{2j_2}\cdots a_{kj_k},$$

其中 $j_1j_2\cdots j_k$ 是 $1,2,\cdots,k$ 的一个排列.

$n-k$ 阶余子式 M 的每一项都可写成

$$(-1)^{\tau(j_{k+1}j_{k+2}\cdots j_n)}a_{k+1\;j_{k+1}}a_{k+2\;j_{k+2}}\cdots a_{nj_n},$$

其中 $j_{k+1}j_{k+2}\cdots j_n$ 是 $k+1,k+2,\cdots,n$ 的一个排列.

NM 乘积的每一项都可写成

$$(-1)^{\tau(j_1j_2\cdots j_k)+\tau(j_{k+1}j_{k+2}\cdots j_n)}a_{1j_1}a_{2j_2}\cdots a_{kj_k}a_{k+1j_{k+1}}\cdots a_{nj_n}$$
$$=(-1)^{\tau(j_1j_2\cdots j_kj_{k+1}\cdots j_n)}a_{1j_1}a_{2j_2}\cdots a_{kj_k}a_{k+1\;j_{k+1}}\cdots a_{nj_n}.$$

由行列式定义可知，该乘积是行列式 D 中的一项，而且符号相同.

(2)证明一般情形. 设 k 阶子式 N 位于行列式 D 的第 i_1 行、第 i_2 行、…、第 i_k 行，第 j_1 列、第 j_2 列、…、第 j_k 列，这里

$$i_1<i_2<\cdots<i_k,\ j_1<j_2<\cdots<j_k.$$

交换 D 中行列的次序，使子式 N 位于 D 的左上角. 为此，先把第 i_1 行依次与第 i_1-1 行、第 i_1-2 行、…、第 1 行对换，经过 i_1-1 次对换后把第 i_1 行换到第 1 行；再把第 i_2 行依次与第 i_2-1 行、第 i_2-2 行、…、第 2 行对换，经过 i_2-2 次对换后把第 i_2 行换到第 2 行. 如此继续进行下去，共经过

$$(i_1-1)+(i_2-2)+\cdots+(i_k-k)$$
$$=(i_1+i_2+\cdots+i_k)-(1+2+\cdots+k)$$

次行对换后把第 i_1 行、第 i_2 行、…、第 i_k 行依次换到第 1 行、第 2 行、…、第 k 行.

利用类似的列对换,可把 N 的列换到第 1 列、第 2 列、…、第 k 列,共经过

$$\begin{aligned}&(j_1-1)+(j_2-2)+\cdots+(j_k-k)\\=&(j_1+j_2+\cdots+j_k)-(1+2+\cdots+k)\end{aligned}$$

次列对换,把第 j_1 列、第 j_2 列、…、第 j_k 列依次换到第 1 列、第 2 列、…、第 k 列.

设经过这样的对换后所得到的新行列式为 D_1,则

$$\begin{aligned}D_1&=(-1)^{(i_1+i_2+\cdots+i_k)-(1+2+\cdots+k)+(j_1+j_2+\cdots+j_k)-(1+2+\cdots+k)}D\\&=(-1)^{i_1+i_2+\cdots+i_k+j_1+j_2+\cdots+j_k}D,\end{aligned}$$

即
$$D=(-1)^{i_1+i_2+\cdots+i_k+j_1+j_2+\cdots+j_k}D_1.$$

由此可知,D_1 与 D 中的项是一样的,只是每一项都差符号 $(-1)^{i_1+i_2+\cdots+i_k+j_1+j_2+\cdots+j_k}$.

经过对换后,k 阶子式 N 位于 D_1 的左上角,由(1)可知,NM 中的某一项都是 D_1 中的一项,而且符号一致,但是

$$NA=(-1)^{i_1+i_2+\cdots+i_k+j_1+j_2+\cdots+j_k}NM$$

因此,NA 中的每一项都与 D 中的某一项相等且符号一致.

定理 1.1(拉普拉斯定理)　设在行列式 D 中任意取定 $k(1\leqslant k\leqslant n-1)$ 行,则由这 k 行元素组成的所有的 k 阶子式与它们的代数余子式的乘积之和等于行列式 D.

证明　设行列式 D 中取定 k 行后得到的子式为 $N_1,N_2,\cdots,N_t$,它们的代数余式子分别为 $A_1,A_2,\cdots,A_t$.要证明

$$D=N_1A_1+N_2A_2+\cdots+N_tA_t. \tag{1}$$

当 $i\neq j$ 时,N_i 与 N_j 至少有一列元素不相同,所以 N_iA_i 与 N_jA_j 的展开式中的项是彼此不相同的.由引理可知,$N_iA_i(i=1,2,\cdots,t)$中的每一项都是行列式 D 中的一项,而且符号一致.因此我们只要证明等式两边的项数相等就可以了.显然,D 中共有 $n!$ 项.根据子式的取法可知

$$t=C_n^k=\frac{n!}{k!\ (n-k)!},$$

而 N_i 中有 $k!$ 项，A_i 中有 $(n-k)!$ 项，所以式(1)右边共有

$$t\cdot k!\cdot(n-k)!=\frac{n!}{k!\,(n-k)!}k!\,(n-k)!=n!$$

项，式(1)左右两边项数相等.

此时，也称行列式 D 按照取定的 k 行展开.

例 1 利用拉普拉斯定理计算 4 阶行列式

$$D=\begin{vmatrix}1 & 2 & -1 & 2\\ 3 & 0 & 1 & 5\\ 1 & -2 & 0 & 3\\ -2 & -4 & 1 & 6\end{vmatrix}.$$

解 在此行列式中取定第 1、第 2 行，共可组成 6 个 2 阶子式

$$N_1=\begin{vmatrix}1 & 2\\ 3 & 0\end{vmatrix}=-6,\quad N_2=\begin{vmatrix}1 & -1\\ 3 & 1\end{vmatrix}=4,$$

$$N_3=\begin{vmatrix}1 & 2\\ 3 & 5\end{vmatrix}=-1,\quad N_4=\begin{vmatrix}2 & -1\\ 0 & 1\end{vmatrix}=2,$$

$$N_5=\begin{vmatrix}2 & 2\\ 0 & 5\end{vmatrix}=10,\quad N_6=\begin{vmatrix}-1 & 2\\ 1 & 5\end{vmatrix}=-7.$$

它们对应的 6 个代数余子式分别为

$$A_1=(-1)^{1+2+1+2}\begin{vmatrix}0 & 3\\ 1 & 6\end{vmatrix}=-3,$$

$$A_2=(-1)^{1+2+1+3}\begin{vmatrix}-2 & 3\\ -4 & 6\end{vmatrix}=0,$$

$$A_3=(-1)^{1+2+1+4}\begin{vmatrix}-2 & 0\\ -4 & 1\end{vmatrix}=-2,$$

$$A_4=(-1)^{1+2+2+3}\begin{vmatrix}1 & 3\\ -2 & 6\end{vmatrix}=12,$$

$$A_5=(-1)^{1+2+2+4}\begin{vmatrix}1 & 0\\ -2 & 1\end{vmatrix}=-1,$$

$$A_6=(-1)^{1+2+3+4}\begin{vmatrix}1 & -2\\ -2 & -4\end{vmatrix}=-8.$$

由拉普拉斯定理有

$$\begin{aligned} D &= N_1A_1 + N_2A_2 + N_3A_3 + N_4A_4 + N_5A_5 + N_6A_6 \\ &= (-6)\times(-3)+4\times0+(-1)\times(-2)+2\times12+ \\ &\quad 10\times(-1)+(-7)\times(-8) \\ &= 90. \end{aligned}$$

例 2 计算 $2n$ 阶行列式

$$D_{2n} = \begin{vmatrix} a & & & & & b \\ & \ddots & & & \cdot^{\cdot^{\cdot}} & \\ & & a & b & & \\ & & b & a & & \\ & \cdot^{\cdot^{\cdot}} & & & \ddots & \\ b & & & & & a \end{vmatrix},$$

其中空白的地方都是零.

解 按第 n 行和第 $n+1$ 行展开,有

$$\begin{aligned} D_{2n} &= \begin{vmatrix} a & b \\ b & a \end{vmatrix} (-1)^{2(n+n+1)} \begin{vmatrix} a & & & & & b \\ & \ddots & & & \cdot^{\cdot^{\cdot}} & \\ & & a & b & & \\ & & b & a & & \\ & \cdot^{\cdot^{\cdot}} & & & \ddots & \\ b & & & & & a \end{vmatrix}_{(2n-2)} \\ &= (a^2-b^2)D_{2(n-1)}, \end{aligned}$$

其中 $D_{2(n-1)}$ 与 D_{2n} 的形式是完全相同的,只是它们的阶数不同.所以对于任意的 $n(n\geqslant2)$ 上式都成立,称 $D_{2n}=(a^2-b^2)D_{2(n-1)}$ 为行列式 D_{2n} 的递推公式.

利用此递推公式有

$$\begin{aligned} D_{2n} &= (a^2-b^2)(a^2-b^2)D_{2(n-2)} \\ &= (a^2-b^2)^2D_{2(n-2)} \\ &= \cdots \\ &= (a^2-b^2)^{(n-1)}D_2, \end{aligned}$$

其中 $D_2=\begin{vmatrix} a & b \\ b & a \end{vmatrix}=a^2-b^2$,因此得

$$D_{2n}=(a^2-b^2)^{n-1}(a^2-b^2)=(a^2-b^2)^n.$$

定理 1.2 n 阶行列式 D 等于它的任意一行(列)的所有元素与它们对应的代数余子式的乘积之和,即

$$D=a_{i1}A_{i1}+a_{i2}A_{i2}+\cdots+a_{in}A_{in}\quad(i=1,2,\cdots,n),$$

或

$$D=a_{1j}A_{1j}+a_{2j}A_{2j}+\cdots+a_{nj}A_{nj}\quad(j=1,2,\cdots,n).$$

证明 根据引理可知,$a_{il}A_{il}$ 中的每一项都是行列式 D 中的一项,而且符号一致.当 $k=1$ 时,$t=n$,取第 i 行,由定理 1.1 可得

$$D=a_{i1}A_{i1}+a_{i2}A_{i2}+\cdots+a_{in}A_{in}\quad(i=1,2,\cdots,n).$$

类似地,按列展开有

$$D=a_{1j}A_{1j}+a_{2j}A_{2j}+\cdots+a_{nj}A_{nj}\quad(j=1,2,\cdots,n).$$

这个定理就是行列式理论中著名的行列式按一行(列)展开法则.

推论 1 在 n 阶行列式 D 中,若第 i 行(或第 j 列)元素除 a_{ij} 外都是零,则这个行列式等于 a_{ij} 与它的代数余子式 A_{ij} 的乘积,即

$$D=a_{ij}A_{ij}.$$

推论 2 行列式

$$D=\begin{vmatrix} a_{11} & a_{12} & \cdots & a_{1n} \\ \vdots & \vdots & & \vdots \\ a_{i1} & a_{i2} & \cdots & a_{in} \\ \vdots & \vdots & & \vdots \\ a_{j1} & a_{j2} & \cdots & a_{jn} \\ \vdots & \vdots & & \vdots \\ a_{n1} & a_{n2} & \cdots & a_{nn} \end{vmatrix}$$

的第 i 行(列)元素与第 j 行(列)的对应元素的代数余子式的乘积之和等于零($i\neq j$).即

$$a_{i1}A_{j1}+a_{i2}A_{j2}+\cdots+a_{in}A_{jn}=0\quad(i\neq j),$$

或

$$a_{1i}A_{1j}+a_{2i}A_{2j}+\cdots+a_{ni}A_{nj}=0\quad(i\neq j).$$

证明 构造行列式

$$D_1=\begin{vmatrix} a_{11} & a_{12} & \cdots & a_{1n} \\ \vdots & \vdots & & \vdots \\ a_{i1} & a_{i2} & \cdots & a_{in} \\ \vdots & \vdots & & \vdots \\ a_{i1} & a_{i2} & \cdots & a_{in} \\ \vdots & \vdots & & \vdots \\ a_{n1} & a_{n2} & \cdots & a_{nn} \end{vmatrix} \begin{matrix} \\ \\ (\text{第 } i \text{ 行}) \\ \\ (\text{第 } j \text{ 行}) \\ \\ \\ \end{matrix},$$

其中第 i 行与第 j 行元素对应相同，由行列式的性质 3 可知，$D_1=0$. 而 D_1 与 D 仅第 j 行元素不同，从而可知，D_1 的第 j 行元素的代数余子式与 D 的第 j 行对应元素的代数余子式相同，将 D_1 按第 j 行展开

$$D_1=a_{i1}A_{j1}+a_{i2}A_{j2}+\cdots+a_{in}A_{jn},$$

因而得到

$$a_{i1}A_{j1}+a_{i2}A_{j2}+\cdots+a_{in}A_{jn}=0.$$

类似地，有

$$a_{1i}A_{1j}+a_{2i}A_{2j}+\cdots+a_{ni}A_{nj}=0.$$

综合定理 1.2 及推论 2，得

$$a_{i1}A_{j1}+a_{i2}A_{j2}+\cdots+a_{in}A_{jn}=\begin{cases} D, & i=j \text{ 时}, \\ 0, & i\neq j \text{ 时}; \end{cases}$$

$$a_{1i}A_{1j}+a_{2i}A_{2j}+\cdots+a_{ni}A_{nj}=\begin{cases} D, & i=j \text{ 时}, \\ 0, & i\neq j \text{ 时}. \end{cases}$$

例 3　计算 4 阶行列式

$$D=\begin{vmatrix} 1 & 2 & 3 & -1 \\ 1 & -1 & 0 & 2 \\ 0 & 1 & 0 & 1 \\ 3 & -4 & -1 & -2 \end{vmatrix}.$$

解　把第 2 列元素乘以 -1 后加到第 4 列上，得到

$$D=\begin{vmatrix} 1 & 2 & 3 & -3 \\ 1 & -1 & 0 & 3 \\ 0 & 1 & 0 & 0 \\ 3 & -4 & -1 & 2 \end{vmatrix},$$

按第 3 行展开

$$D=1\times(-1)^{3+2}\begin{vmatrix}1&3&-3\\1&0&3\\3&-1&2\end{vmatrix}=-\begin{vmatrix}10&0&3\\1&0&3\\3&-1&2\end{vmatrix}$$

$$=(-1)(-1)(-1)^{3+2}\begin{vmatrix}10&3\\1&3\end{vmatrix}=-(30-3)$$

$$=-27.$$

例 4 计算 n 阶行列式

$$D_n=\begin{vmatrix}1+x_1^2&x_1x_2&\cdots&x_1x_n\\x_2x_1&1+x_2^2&\cdots&x_2x_n\\\vdots&\vdots&&\vdots\\x_nx_1&x_nx_2&\cdots&1+x_n^2\end{vmatrix}.$$

解法一 根据定理 1.2 的推论 1,把行列式 D_n 适当加一行一列,即

$$D_n=D_{n+1}=\begin{vmatrix}1&x_1&x_2&\cdots&x_n\\0&1+x_1^2&x_1x_2&\cdots&x_1x_n\\0&x_2x_1&1+x_2^2&\cdots&x_2x_n\\\vdots&\vdots&\vdots&&\vdots\\0&x_nx_1&x_nx_2&\cdots&1+x_n^2\end{vmatrix}.$$

把 D_{n+1} 的第 1 行元素分别乘以 $-x_1,-x_2,\cdots,-x_n$ 后,依次加到第 2,3,…,$n+1$ 行上,得

$$D_{n+1}=\begin{vmatrix}1&x_1&x_2&\cdots&x_n\\-x_1&1&0&\cdots&0\\-x_2&0&1&\cdots&0\\\vdots&\vdots&\vdots&&\vdots\\-x_n&0&0&\cdots&1\end{vmatrix},$$

用 x_1 乘以第 2 列,x_2 乘以第 3 列,…,x_n 乘以第 $n+1$ 列后都加到第 1 列上,便得到

$$D_{n+1}=\begin{vmatrix}1+x_1^2+x_2^2+\cdots+x_n^2 & x_1 & x_2 & \cdots & x_n\\ 0 & 1 & 0 & \cdots & 0\\ 0 & 0 & 1 & \cdots & 0\\ \vdots & \vdots & \vdots & & \vdots\\ 0 & 0 & 0 & \cdots & 1\end{vmatrix}$$

$$=1+x_1^2+x_2^2+\cdots+x_n^2.$$

解法二　把第1列元素分成两个元素之和，根据行列式的性质6得

$$D_n=\begin{vmatrix}1 & x_1x_2 & x_1x_3 & \cdots & x_1x_n\\ 0 & 1+x_2^2 & x_2x_3 & \cdots & x_2x_n\\ \vdots & \vdots & \vdots & & \vdots\\ 0 & x_nx_2 & x_nx_3 & \cdots & 1+x_n^2\end{vmatrix}+$$

$$\begin{vmatrix}x_1^2 & x_1x_2 & \cdots & x_1x_n\\ x_2x_1 & 1+x_2^2 & \cdots & x_2x_n\\ \vdots & \vdots & & \vdots\\ x_nx_1 & x_nx_2 & \cdots & 1+x_n^2\end{vmatrix}$$

$$=\begin{vmatrix}1+x_2^2 & x_2x_3 & \cdots & x_2x_n\\ x_3x_2 & 1+x_3^2 & \cdots & x_3x_n\\ \vdots & \vdots & & \vdots\\ x_nx_2 & x_nx_3 & \cdots & 1+x_n^2\end{vmatrix}+$$

$$x_1^2\begin{vmatrix}1 & x_2 & x_3 & \cdots & x_n\\ x_2 & 1+x_2^2 & x_2x_3 & \cdots & x_2x_n\\ \vdots & \vdots & \vdots & & \vdots\\ x_n & x_nx_2 & x_nx_3 & \cdots & 1+x_n^2\end{vmatrix}$$

$$=D_{n-1}+x_1^2\begin{vmatrix}1 & x_2 & x_3 & \cdots & x_n\\ 0 & 1 & 0 & \cdots & 0\\ \vdots & \vdots & \vdots & & \vdots\\ 0 & 0 & 0 & \cdots & 1\end{vmatrix}$$

$$= D_{n-1} + x_1^2,$$

其中 D_{n-1} 与 D_n 的形式完全相同，只是阶数不同，所以得递推公式

$$D_n = x_1^2 + D_{n-1}.$$

利用此递推公式，得

$$\begin{aligned} D_n &= x_1^2 + (x_2^2 + D_{n-2}) \\ &= \cdots \\ &= x_1^2 + x_2^2 + \cdots + x_{n-2}^2 + D_2, \end{aligned}$$

其中

$$\begin{aligned} D_2 &= \begin{vmatrix} 1 + x_{n-1}^2 & x_{n-1}x_n \\ x_n x_{n-1} & 1 + x_n^2 \end{vmatrix} \\ &= (1 + x_{n-1}^2)(1 + x_n^2) - x_{n-1}^2 x_n^2 = 1 + x_{n-1}^2 + x_n^2. \end{aligned}$$

于是

$$D_n = 1 + x_1^2 + x_2^2 + \cdots + x_n^2.$$

例 5 证明 n 阶范德蒙行列式

$$D_n = \begin{vmatrix} 1 & 1 & 1 & \cdots & 1 \\ x_1 & x_2 & x_3 & \cdots & x_n \\ x_1^2 & x_2^2 & x_3^2 & \cdots & x_n^2 \\ \vdots & \vdots & \vdots & & \vdots \\ x_1^{n-1} & x_2^{n-1} & x_3^{n-1} & \cdots & x_n^{n-1} \end{vmatrix} = \prod_{1 \leqslant j < i \leqslant n} (x_i - x_j),$$

这里 $\prod\limits_{1 \leqslant j < i \leqslant n} (x_i - x_j) = (x_2 - x_1)(x_3 - x_1)\cdots(x_n - x_1)(x_3 - x_2)$

$$(x_4 - x_2)\cdots(x_n - x_2)\cdots(x_n - x_{n-1}).$$

证明 用数学归纳法. 因为

$$D_2 = \begin{vmatrix} 1 & 1 \\ x_1 & x_2 \end{vmatrix} = (x_2 - x_1) = \prod_{1 \leqslant j < i \leqslant 2} (x_i - x_j),$$

所以当 $n = 2$ 时，结论成立.

假设对于 $n-1$ 阶范德蒙行列式 D_{n-1} 结论成立，下面将建立 D_n 与 D_{n-1} 之间的关系，证明 n 阶范德蒙行列式结论也成立. 在 D_n 中，由最后一行开始，每一行减去它的前一行的 x_1 倍，得到

$$D_n = \begin{vmatrix} 1 & 1 & 1 & \cdots & 1 \\ 0 & x_2 - x_1 & x_3 - x_1 & \cdots & x_n - x_1 \\ 0 & x_2(x_2 - x_1) & x_3(x_3 - x_1) & \cdots & x_n(x_n - x_1) \\ \vdots & \vdots & \vdots & & \vdots \\ 0 & x_2^{n-2}(x_2 - x_1) & x_3^{n-2}(x_3 - x_1) & \cdots & x_n^{n-2}(x_n - x_1) \end{vmatrix}$$

$$= (x_2 - x_1)(x_3 - x_1)\cdots(x_n - x_1) \begin{vmatrix} 1 & 1 & \cdots & 1 \\ x_2 & x_3 & \cdots & x_n \\ x_2^2 & x_3^2 & \cdots & x_n^2 \\ \vdots & \vdots & & \vdots \\ x_2^{n-2} & x_3^{n-2} & \cdots & x_n^{n-2} \end{vmatrix},$$

上式右边的行列式是一个 $n-1$ 阶范德蒙行列式,用 D_{n-1} 表示,有

$$D_n = (x_2 - x_1)(x_3 - x_1)\cdots(x_n - x_1)D_{n-1}.$$

由归纳法假设

$$D_{n-1} = \prod_{2 \leqslant j < i \leqslant n} (x_i - x_j),$$

因此

$$\begin{aligned} D_n &= (x_2 - x_1)(x_3 - x_1)\cdots(x_n - x_1) \prod_{2 \leqslant j < i \leqslant n} (x_i - x_j) \\ &= \prod_{1 \leqslant j < i \leqslant n} (x_i - x_j). \end{aligned}$$

1.5 克拉默法则

n 阶行列式的概念是根据 2 阶、3 阶行列式的定义推广而得来的,利用 n 阶行列式可以解含有 n 个未知数,n 个方程的线性方程组,至于其他情形的线性方程组我们将在第 4 章中讨论.

定理 1.3(克拉默法则) 若线性方程组

$$\begin{cases} a_{11}x_1 + a_{12}x_2 + \cdots + a_{1n}x_n = b_1, \\ a_{21}x_1 + a_{22}x_2 + \cdots + a_{2n}x_n = b_2, \\ \quad \vdots \\ a_{n1}x_1 + a_{n2}x_2 + \cdots + a_{nn}x_n = b_n \end{cases} \tag{1}$$

的系数行列式

$$D=\begin{vmatrix} a_{11} & a_{12} & \cdots & a_{1n} \\ a_{21} & a_{22} & \cdots & a_{2n} \\ \vdots & \vdots & & \vdots \\ a_{n1} & a_{n2} & \cdots & a_{nn} \end{vmatrix} \neq 0,$$

则方程组(1)有且仅有一组解

$$x_1=\frac{D_1}{D}, x_2=\frac{D_2}{D}, \cdots, x_n=\frac{D_n}{D}, \tag{2}$$

其中 $D_j(j=1,2,\cdots,n)$ 是把 D 中第 j 列元素 $a_{1j},a_{2j},\cdots,a_{nj}$ 分别换成常数 $b_1,b_2,\cdots,b_n$ 所得到的 n 阶行列式,即

$$D_j=\begin{vmatrix} a_{11} & \cdots & a_{1j-1} & b_1 & a_{1j+1} & \cdots & a_{1n} \\ a_{21} & \cdots & a_{2j-1} & b_2 & a_{2j+1} & \cdots & a_{2n} \\ \vdots & & \vdots & \vdots & \vdots & & \vdots \\ a_{n1} & \cdots & a_{nj-1} & b_n & a_{nj+1} & \cdots & a_{nn} \end{vmatrix}.$$

证明 首先证明(2)确是线性方程组(1)的解.为此将 D_j 按第 j 列展开

$$\begin{aligned} D_j &= b_1A_{1j}+b_2A_{2j}+\cdots+b_nA_{nj} \\ &= \sum_{k=1}^{n} b_kA_{kj} \quad (j=1,2,\cdots,n). \end{aligned}$$

把(2)代入(1)的第 i 个方程,则

$$a_{i1}\frac{D_1}{D}+a_{i2}\frac{D_2}{D}+\cdots+a_{in}\frac{D_n}{D}=\sum_{j=1}^{n}a_{ij}\frac{D_j}{D}=\frac{1}{D}\sum_{j=1}^{n}a_{ij}D_j$$

$$=\frac{1}{D}\sum_{j=1}^{n}a_{ij}\sum_{k=1}^{n}b_kA_{kj}=\frac{1}{D}\sum_{k=1}^{n}(\sum_{j=1}^{n}a_{ij}A_{kj})b_k$$

$$=\frac{1}{D}(\sum_{j=1}^{n}a_{ij}A_{ij})b_i=b_i,$$

这说明(2)确实是线性方程组(1)的解.

其次证明(2)是线性方程组(1)的唯一解.设 $c_1,c_2,\cdots,c_n$ 是线性方程组(1)的任意一个解,代入方程组(1)得到 n 个恒等式

$$a_{i1}c_1+a_{i2}c_2+\cdots+a_{in}c_n=b_i \quad (i=1,2,\cdots,n).$$

用系数行列式 D 中第 j 列元素的代数余子式 $A_{1j},A_{2j},\cdots,A_{nj}$ 分别乘以上面的几个恒等式得

$$A_{ij}\sum_{k=1}^{n}a_{ik}c_k=b_iA_{ij}\quad(i=1,2,\cdots,n).$$

再把这 n 个恒等式相加，得

$$\sum_{i=1}^{n}A_{ij}\sum_{k=1}^{n}a_{ik}c_k=\sum_{i=1}^{n}b_iA_{ij},$$

即

$$\sum_{k=1}^{n}\left(\sum_{i=1}^{n}a_{ik}A_{ij}\right)c_k=D_j.$$

注意到

$$\sum_{i=1}^{n}a_{ik}A_{ij}=\begin{cases}D, & k=j,\\0, & k\neq j.\end{cases}$$

因此有

$$Dc_j=D_j\quad(j=1,2,\cdots,n),$$

也就是

$$c_1=\frac{D_1}{D},\quad c_2=\frac{D_2}{D},\quad\cdots,\quad c_n=\frac{D_n}{D},$$

这就是说，若 $c_1,c_2,\cdots,c_n$ 是线性方程组(1)的解，则它必为

$$c_1=\frac{D_1}{D},\quad c_2=\frac{D_2}{D},\quad\cdots,\quad c_n=\frac{D_n}{D}.$$

因此线性方程组(1)只有唯一解.

应该注意，定理 1.3 所讨论的只是系数行列式不等于零的线性方程组，至于线性方程组的系数行列式等于零的情形，将在第 4 章予以讨论.

当方程组(1)右边各常数项 $b_1,b_2,\cdots,b_n$ 都是零时，称之为齐次线性方程组，即

$$\begin{cases}a_{11}x_1+a_{12}x_2+\cdots+a_{1n}x_n=0,\\a_{21}x_1+a_{22}x_2+\cdots+a_{2n}x_n=0,\\\quad\vdots\\a_{n1}x_1+a_{n2}x_2+\cdots+a_{nn}x_n=0.\end{cases}\tag{3}$$

这时，D_j 中第 j 列元素都是零，所以 $D_j=0 \quad (j=1,2,\cdots,n)$，于是有如下结论.

推论 1 若齐次线性方程组(3)的系数行列式 $D\neq0$，则方程组(3)只有唯一零解，即

$$x_1=x_2=\cdots=x_n=0.$$

推论 2 若齐次线性方程组(3)有非零解，则它的系数行列式

$$D=0.$$

例 1 解线性方程组

$$\begin{cases}2x_1+x_2-5x_3+x_4=8,\\ x_1-3x_2-6x_4=9,\\ 2x_2-x_3+2x_4=-5,\\ x_1+4x_2-7x_3+6x_4=0.\end{cases}$$

解 因为方程组的系数行列式

$$D=\begin{vmatrix}2&1&-5&1\\1&-3&0&-6\\0&2&-1&2\\1&4&-7&6\end{vmatrix}=\begin{vmatrix}0&7&-5&13\\1&-3&0&6\\0&2&-1&2\\0&7&-7&12\end{vmatrix}$$

$$=1\times(-1)^3\begin{vmatrix}7&-5&13\\2&-1&2\\7&-7&12\end{vmatrix}=-\begin{vmatrix}-3&-5&3\\0&-1&0\\-7&-7&-2\end{vmatrix}$$

$$=(-1)(-1)\begin{vmatrix}-3&3\\-7&-2\end{vmatrix}=27\neq0,$$

所以由克拉默法则知方程组有唯一解，又由

$$D_1=\begin{vmatrix}8&1&-5&1\\9&-3&0&-6\\-5&2&-1&2\\0&4&-7&6\end{vmatrix}=\begin{vmatrix}33&-9&0&-9\\9&-3&0&-6\\-5&2&-1&2\\35&-10&0&-8\end{vmatrix}=81,$$

$$D_2=\begin{vmatrix}2&8&-5&1\\1&9&0&-6\\0&-5&-1&2\\1&0&-7&6\end{vmatrix}=\begin{vmatrix}0&-10&-5&13\\1&9&0&-6\\0&-5&-1&2\\0&-9&-7&12\end{vmatrix}=-108,$$

$$D_3=\begin{vmatrix}2&1&8&1\\1&-3&9&-6\\0&2&-5&2\\1&4&0&6\end{vmatrix}=\begin{vmatrix}0&7&-10&13\\1&-3&9&-6\\0&2&-5&2\\0&7&-9&12\end{vmatrix}=-27,$$

$$D_4=\begin{vmatrix}2&1&-5&8\\1&-3&0&9\\0&2&-1&-5\\1&4&-7&0\end{vmatrix}=\begin{vmatrix}0&7&-5&-10\\1&-3&0&9\\0&2&-1&-5\\0&7&-7&-9\end{vmatrix}=27,$$

于是得唯一解

$$x_1=\frac{81}{27}=3,\quad x_2=\frac{-108}{27}=-4,\quad x_3=\frac{-27}{27}=-1,\quad x_4=\frac{27}{27}=1.$$

例 2　当 λ 取何值时,齐次线性方程组

$$\begin{cases}(\lambda-1)x_1+x_2=0,\\-4x_1+(\lambda+3)x_2=0,\\-x_1+(\lambda-2)x_3=0,\end{cases}$$

只有零解,有非零解?

解　因为方程组的系数行列式

$$D=\begin{vmatrix}\lambda-1&1&0\\-4&\lambda+3&0\\-1&0&\lambda-2\end{vmatrix}=(\lambda-2)\begin{vmatrix}\lambda-1&1\\-4&\lambda+3\end{vmatrix}$$

$$=(\lambda-2)(\lambda+1)^2.$$

由定理 1.3 的推论 1 可知,当 $D=(\lambda-2)(\lambda+1)^2\neq0$,即 $\lambda\neq-1$ 且 $\lambda\neq2$ 时,方程组只有唯一零解:

$$x_1=x_2=x_3=0.$$

由推论 2 可知,当 $\lambda=-1$ 或 2 时,方程组有非零解.

本章小结

本章给出了 n 阶行列式的定义,讨论了行列式的变形性质及展开性质,得出行列式的计算方法,最后得到行列式在解线性方程组中的应用——克拉默法则.

一、n 阶行列式的定义

本章从分析 2 阶、3 阶行列式的结构入手,由行列式的展开式来定义 n 阶行列式,即

$$D=\begin{vmatrix} a_{11} & a_{12} & \cdots & a_{1n} \\ a_{21} & a_{22} & \cdots & a_{2n} \\ \vdots & \vdots & & \vdots \\ a_{n1} & a_{n2} & \cdots & a_{nn} \end{vmatrix}=\sum_{j_1j_2\cdots j_n}(-1)^{\tau(j_1j_2\cdots j_n)}a_{1j_1}a_{2j_2}\cdots a_{nj_n},$$

其中 $j_1j_2\cdots j_n$ 是 $1,2,\cdots,n$ 的任一个 n 阶排列.

二、行列式的变形性质

行列式的性质 1～性质 7 是将行列式化简变形的保证,牢记并熟练掌握这些性质可以使行列式的计算更简便、快捷、准确.

三、行列式的展开

在行列式的展开中讨论了行列式按 k 行(列)展开的拉普拉斯定理.当 $k=1$ 时,作为该定理的一种特殊情形,得到了行列式按某一行(列)展开法则.行列式的展开,无论是拉普拉斯展开还是按某一行(列)展开,都起到使行列式降阶的作用,从而把高阶行列式转化为低阶行列式进行计算.

在行列式按一行(列)展开中,请记住下面的重要性质:

$$\sum_{k=1}^{n}a_{ik}A_{jk}=\begin{cases}D, & i=j\text{ 时},\\ 0, & i\neq j\text{ 时},\end{cases}$$

$$\sum_{k=1}^{n}a_{ki}A_{kj}=\begin{cases}D, & i=j\text{ 时},\\ 0, & i\neq j\text{ 时},\end{cases}$$

其中 A_{jk} 是 D 中元素 a_{jk} 的代数余子式.

四、行列式的计算

行列式的计算是本章的重点和难点.计算中可利用行列式的性质

将行列式化简为比较简单易算的形式,如上(下)三角行列式、对角行列式等;也可利用行列式的展开将行列式的阶数降低,在实际计算中,往往是两者交替使用;对于特殊的行列式 D_n 还可利用递推公式法,先建立递推公式再推出最后的结果;范德蒙行列式也是可以直接利用的结果. 总之,行列式计算的方法很多,也很灵活,所以需要熟练掌握其基本内容及性质,才能正确计算行列式.

五、克拉默法则

n 阶行列式的应用之一是用克拉默法则解线性方程组. 含有 n 个变量 n 个方程的线性方程组

$$\begin{cases} a_{11}x_1 + a_{12}x_2 + \cdots + a_{1n}x_n = b_1, \\ a_{21}x_1 + a_{22}x_2 + \cdots + a_{2n}x_n = b_2, \\ \quad\vdots \\ a_{n1}x_1 + a_{n2}x_2 + \cdots + a_{nn}x_n = b_n, \end{cases} \tag{1}$$

当系数行列式

$$D = \begin{vmatrix} a_{11} & a_{12} & \cdots & a_{1n} \\ a_{21} & a_{22} & \cdots & a_{2n} \\ \vdots & \vdots & & \vdots \\ a_{n1} & a_{n2} & \cdots & a_{nn} \end{vmatrix} \neq 0$$

时,方程组(1)有唯一解:

$$x_j = \frac{D_j}{D} \quad (j = 1, 2, \cdots, n),$$

其中 D_j 是 D 中第 j 列元素用常数 $b_1, b_2, \cdots, b_n$ 替换后所得到的 n 阶行列式.

应该看到,用克拉默法则解线性方程组的局限性在于当 $D=0$ 时,或方程的个数与变量的个数不相等时,得不到结论. 这些问题将在第 4 章中得到解决.

习题 1

1. 求下列各排列的逆序数：

(1)3412；　　(2)4321；

(3)54231；　　(4)24513.

2. 写出 4 阶行列式中含因子 $a_{11}a_{24}$ 的所有项.

3. 计算下列各行列式：

(1) $D=\begin{vmatrix} 1 & 2 & 3 & 4 \\ 2 & 3 & 4 & 1 \\ 3 & 4 & 1 & 2 \\ 4 & 1 & 2 & 3 \end{vmatrix}$；　　(2) $D=\begin{vmatrix} 1 & 1 & 1 & 1 \\ 1 & 2 & 3 & 4 \\ 1 & 3 & 6 & 10 \\ 1 & 4 & 10 & 20 \end{vmatrix}$；

(3) $D=\begin{vmatrix} 246 & 427 & 327 \\ 1014 & 543 & 443 \\ -342 & 721 & 621 \end{vmatrix}$；　　(4) $D=\begin{vmatrix} ab & -ac & ae \\ bd & cd & -de \\ -bf & cf & ef \end{vmatrix}$；

(5) $D=\begin{vmatrix} x & y & x+y \\ y & x+y & x \\ x+y & x & y \end{vmatrix}$；(6) $D=\begin{vmatrix} a & b & b & b \\ a & b & a & b \\ a & a & b & a \\ b & b & b & a \end{vmatrix}$；

(7) $D=\begin{vmatrix} 1+a & 1 & 1 & 1 \\ 1 & 1-a & 1 & 1 \\ 1 & 1 & 1+b & 1 \\ 1 & 1 & 1 & 1-b \end{vmatrix}$.

4. 计算下列各行列式：

(1) $D_n=\begin{vmatrix} 1 & 2 & 2 & \cdots & 2 \\ 2 & 2 & 2 & \cdots & 2 \\ 2 & 2 & 3 & \cdots & 2 \\ \vdots & \vdots & \vdots & & \vdots \\ 2 & 2 & 2 & \cdots & n \end{vmatrix}$；

$$(2)D_n=\begin{vmatrix} a & 0 & \cdots & 0 & 1 \\ 0 & a & \cdots & 0 & 0 \\ \vdots & \vdots & & \vdots & \vdots \\ 0 & 0 & \cdots & a & 0 \\ 1 & 0 & \cdots & 0 & a \end{vmatrix};$$

$$(3)D_{n+1}=\begin{vmatrix} -a_1 & a_1 & 0 & \cdots & 0 & 0 \\ 0 & -a_2 & a_2 & \cdots & 0 & 0 \\ \vdots & \vdots & \vdots & & \vdots & \vdots \\ 0 & 0 & 0 & \cdots & -a_n & a_n \\ 1 & 1 & 1 & \cdots & 1 & 1 \end{vmatrix};$$

$$(4)D_{n+1}=\begin{vmatrix} 1 & a_1 & 0 & \cdots & 0 & 0 \\ -1 & 1-a_1 & a_2 & \cdots & 0 & 0 \\ 0 & -1 & 1-a_2 & \cdots & 0 & 0 \\ \vdots & \vdots & \vdots & & \vdots & \vdots \\ 0 & 0 & 0 & \cdots & 1-a_{n-1} & a_n \\ 0 & 0 & 0 & \cdots & -1 & 1-a_n \end{vmatrix};$$

$$(5)D_n=\begin{vmatrix} 1+a_1 & a_2 & a_3 & \cdots & a_n \\ a_1 & 1+a_2 & a_3 & \cdots & a_n \\ a_1 & a_2 & 1+a_3 & \cdots & a_n \\ \vdots & \vdots & \vdots & & \vdots \\ a_1 & a_2 & a_3 & \cdots & 1+a_n \end{vmatrix};$$

$$(6)D_n=\begin{vmatrix} a_1 & x & \cdots & x \\ x & a_2 & \cdots & x \\ \vdots & \vdots & & \vdots \\ x & x & \cdots & a_n \end{vmatrix} \quad (a_i \neq x);$$

$$(7)D_n=\begin{vmatrix}1 & 2 & 3 & \cdots & n-1 & n\\ 1 & -1 & 0 & \cdots & 0 & 0\\ 0 & 2 & -2 & \cdots & 0 & 0\\ \vdots & \vdots & \vdots & & \vdots & \vdots\\ 0 & 0 & 0 & \cdots & 2-n & 0\\ 0 & 0 & 0 & \cdots & n-1 & 1-n\end{vmatrix};$$

$$(8)D_n=\begin{vmatrix}a_1^{n-1} & a_2^{n-1} & \cdots & a_n^{n-1}\\ a_1^{n-2}b_1 & a_2^{n-2}b_2 & \cdots & a_n^{n-2}b_n\\ a_1^{n-3}b_1^2 & a_2^{n-3}b_2^2 & \cdots & a_n^{n-3}b_n^2\\ \vdots & \vdots & & \vdots\\ a_1b_1^{n-2} & a_2b_2^{n-2} & \cdots & a_nb_n^{n-2}\\ b_1^{n-1} & b_2^{n-1} & \cdots & b_n^{n-1}\end{vmatrix}(a_i\neq0,i=1,2,\cdots,n);$$

$$(9)D_6=\begin{vmatrix}1 & 2 & -1 & 2 & 4 & 3\\ 3 & 1 & 0 & 1 & 3 & 2\\ 0 & 0 & 1 & 2 & -1 & 6\\ 0 & 0 & 3 & 5 & 3 & 4\\ 0 & 0 & 0 & 0 & 5 & 2\\ 0 & 0 & 0 & 0 & 2 & 3\end{vmatrix}.$$

5.解下列方程：

$$(1)\begin{vmatrix}x-1 & 2 & 0\\ 2 & x-2 & 2\\ 0 & 2 & x-3\end{vmatrix}=0;$$

$$(2)\begin{vmatrix}1 & 1 & 2 & 3\\ 1 & 2-x^2 & 2 & 3\\ 2 & 3 & 1 & 5\\ 2 & 3 & 1 & 9-x^2\end{vmatrix}=0.$$

6. 用克拉默法则解下列方程组：

(1) $\begin{cases} x_1+2x_2+3x_3-2x_4=6, \\ 2x_1-x_2-2x_3-3x_4=8, \\ 3x_1+2x_2-x_3+2x_4=4, \\ 2x_1-3x_2+2x_3+x_4=-8; \end{cases}$

(2) $\begin{cases} x_1+x_2+x_3+x_4=0, \\ x_2+x_3+x_4+x_5=0, \\ x_1+2x_2+3x_3=2, \\ x_2+2x_3+3x_4=-2, \\ x_3+2x_4+3x_5=2. \end{cases}$

7. 设 $f(x)=c_0+c_1x+\cdots+c_nx^n$，用克拉默法则证明：若 $f(x)$ 有 $n+1$ 个不同的根，则 $f(x)$ 是一个零多项式.

8. 当 λ 取何值时，齐次线性方程组

$$\begin{cases} (\lambda-3)x_1-2x_2-4x_3=0, \\ 2x_1+(\lambda+3)x_2+x_3=0, \\ x_1+x_2+(\lambda+1)x_3=0, \end{cases}$$

有非零解.

第2章 矩 阵

矩阵是线性代数最重要的概念之一.它不仅是线性代数的一个重要研究对象,而且是一种重要的数学工具,在数学、其他自然科学、工程技术及社会科学中都有着广泛的应用.本章将系统地介绍有关矩阵的基本概念和各种运算.

2.1 矩阵的概念

定义 2.1 由 $m\times n$ 个数 $a_{ij}(i=1,2,\cdots,m;j=1,2,\cdots,n)$ 排成一个 m 行 n 列的数表

$$\begin{bmatrix} a_{11} & a_{12} & \cdots & a_{1n} \\ a_{21} & a_{22} & \cdots & a_{2n} \\ \vdots & \vdots & & \vdots \\ a_{m1} & a_{m2} & \cdots & a_{mn} \end{bmatrix}$$

称为一个 m 行 n 列矩阵(用圆括号亦可),简称 $m\times n$ 矩阵.该 $m\times n$ 个数称为矩阵的元素,其中 $a_{ij}(i=1,2,\cdots,m;j=1,2,\cdots,n)$ 称为矩阵的第 i 行第 j 列元素.

矩阵通常用大写拉丁字母 $\boldsymbol{A},\boldsymbol{B},\boldsymbol{C}$……或 $(a_{ij}),(b_{ij}),(c_{ij})$……等表示.为了指明矩阵的行数和列数,有时也记作

$$\boldsymbol{A}_{m\times n}=(a_{ij})_{m\times n},\quad \boldsymbol{B}_{m\times l}=(b_{ij})_{m\times l}.$$

当两个矩阵的行数相等、列数也相等时,我们就说它们是同型矩阵.

若 $\boldsymbol{A}=(a_{ij}),\boldsymbol{B}=(b_{ij})$ 是同型矩阵,且它们的对应元素相等,即

$$a_{ij}=b_{ij}\quad(i=1,2,\cdots,m;j=1,2,\cdots,n),$$

则称矩阵 $\boldsymbol{A}$ 与矩阵 $\boldsymbol{B}$ 相等,记作

$$\boldsymbol{A}=\boldsymbol{B}.$$

下面介绍几种常用的矩阵.

(1)所有元素都是零的矩阵称为零矩阵,记作 $\mathbf{0}$,即

$$\mathbf{0}=\begin{bmatrix} 0 & 0 & \cdots & 0 \\ 0 & 0 & \cdots & 0 \\ \vdots & \vdots & & \vdots \\ 0 & 0 & \cdots & 0 \end{bmatrix}_{m\times n},$$

注意不同型的零矩阵是不同的.

(2)只有一行的矩阵

$$\boldsymbol{A}=[a_{11} \quad a_{12} \quad \cdots \quad a_{1n}]$$

称为行矩阵.

(3)只有一列的矩阵

$$\boldsymbol{A}=\begin{bmatrix} a_{11} \\ a_{21} \\ \vdots \\ a_{m1} \end{bmatrix}$$

称为列矩阵.

(4)当 $m=n$ 时,矩阵

$$\boldsymbol{A}=\begin{bmatrix} a_{11} & a_{12} & \cdots & a_{1n} \\ a_{21} & a_{22} & \cdots & a_{2n} \\ \vdots & \vdots & & \vdots \\ a_{n1} & a_{n2} & \cdots & a_{nn} \end{bmatrix}$$

称为 n 阶方阵.方阵中从左上角元素 a_{11} 到右下角元素 a_{nn} 的这条对角线称为方阵的主对角线.

(5)当 $m=n=1$ 时,矩阵 $\boldsymbol{A}=[a]$ 称为1阶方阵,且规定 $[a]=a$.

(6)形如

$$\boldsymbol{A}=\begin{bmatrix} a_{11} & a_{12} & \cdots & a_{1n} \\ 0 & a_{22} & \cdots & a_{2n} \\ \vdots & \vdots & & \vdots \\ 0 & 0 & \cdots & a_{nn} \end{bmatrix}$$

的 n 阶方阵称为上三角矩阵.

(7)形如

$$\boldsymbol{A}=\begin{bmatrix} a_{11} & 0 & \cdots & 0 \\ a_{21} & a_{22} & \cdots & 0 \\ \vdots & \vdots & & \vdots \\ a_{n1} & a_{n2} & \cdots & a_{nn} \end{bmatrix}$$

的 n 阶方阵称为下三角矩阵.

(8)形如

$$\boldsymbol{\Lambda}=\begin{bmatrix} \lambda_1 & & & \\ & \lambda_2 & & \\ & & \ddots & \\ & & & \lambda_n \end{bmatrix}$$

(其中不在主对角线上未写出的元素都是零,下同)的 n 阶方阵称为 n 阶对角矩阵,可简记为

$$\boldsymbol{\Lambda}=\operatorname{diag}(\lambda_1,\lambda_2,\cdots,\lambda_n).$$

(9)特别地,当 $\lambda_1=\lambda_2=\cdots=\lambda_n=1$ 时,即对角矩阵

$$\boldsymbol{E}_n=\begin{bmatrix} 1 & & & \\ & 1 & & \\ & & \ddots & \\ & & & 1 \end{bmatrix}$$

称为 n 阶单位矩阵.

(10)形如 $\boldsymbol{\Lambda}=\begin{bmatrix} k & & & \\ & k & & \\ & & \ddots & \\ & & & k \end{bmatrix}$ 的 n 阶方阵为 n 阶数量矩阵.

2.2 矩阵的运算

2.2.1 矩阵的加法

定义 2.2 设有两个 $m \times n$ 矩阵

$$\boldsymbol{A}=\begin{bmatrix} a_{11} & a_{12} & \cdots & a_{1n} \\ a_{21} & a_{22} & \cdots & a_{2n} \\ \vdots & \vdots & & \vdots \\ a_{m1} & a_{m2} & \cdots & a_{mn} \end{bmatrix}, \quad \boldsymbol{B}=\begin{bmatrix} b_{11} & b_{12} & \cdots & b_{1n} \\ b_{21} & b_{22} & \cdots & b_{2n} \\ \vdots & \vdots & & \vdots \\ b_{m1} & b_{m2} & \cdots & b_{mn} \end{bmatrix},$$

规定

$$\begin{bmatrix} a_{11}+b_{11} & a_{12}+b_{12} & \cdots & a_{1n}+b_{1n} \\ a_{21}+b_{21} & a_{22}+b_{22} & \cdots & a_{2n}+b_{2n} \\ \vdots & \vdots & & \vdots \\ a_{m1}+b_{m1} & a_{m2}+b_{m2} & \cdots & a_{mn}+b_{mn} \end{bmatrix}$$

为矩阵 $\boldsymbol{A}$ 与 $\boldsymbol{B}$ 的和，记作 $\boldsymbol{A}+\boldsymbol{B}$.

应该注意，只有两个同型矩阵才能进行加法运算.

称矩阵

$$\begin{bmatrix} -a_{11} & -a_{12} & \cdots & -a_{1n} \\ -a_{21} & -a_{22} & \cdots & -a_{2n} \\ \vdots & \vdots & & \vdots \\ -a_{m1} & -a_{m2} & \cdots & -a_{mn} \end{bmatrix}$$

为矩阵

$$\boldsymbol{A}=\begin{bmatrix} a_{11} & a_{12} & \cdots & a_{1n} \\ a_{21} & a_{22} & \cdots & a_{2n} \\ \vdots & \vdots & & \vdots \\ a_{m1} & a_{m2} & \cdots & a_{mn} \end{bmatrix}$$

的负矩阵，记作 $-\boldsymbol{A}$，显然有

$$\boldsymbol{A}+(-\boldsymbol{A})=\boldsymbol{0}.$$

因此，可以利用负矩阵定义矩阵的减法：

$$A-B=A+(-B).$$

矩阵的加法满足下列运算规律（设 A,B,C 都是 $m\times n$ 矩阵）：

(1) $A+B=B+A$ （交换律）；

(2) $(A+B)+C=A+(B+C)$ （结合律）；

(3) $A+0=0+A=A$；

(4) $A+(-A)=0$.

2.2.2 数与矩阵的乘法

定义 2.3 设 k 是一个数，A 是一个 $m\times n$ 矩阵，即

$$A=\begin{bmatrix} a_{11} & a_{12} & \cdots & a_{1n} \\ a_{21} & a_{22} & \cdots & a_{2n} \\ \vdots & \vdots & & \vdots \\ a_{m1} & a_{m2} & \cdots & a_{mn} \end{bmatrix},$$

规定

$$\begin{bmatrix} ka_{11} & ka_{12} & \cdots & ka_{1n} \\ ka_{21} & ka_{22} & \cdots & ka_{2n} \\ \vdots & \vdots & & \vdots \\ ka_{m1} & ka_{m2} & \cdots & ka_{mn} \end{bmatrix}$$

为数 k 与矩阵 A 的乘积，记作 kA 或 Ak.

数与矩阵的乘积就是用这个数乘矩阵的所有元素.

数与矩阵的乘法满足下列运算规律（设 k,l 为数，A,B 为 $m\times n$ 矩阵）：

(1) $\left.\begin{aligned}(k+l)A=kA+lA\\ k(A+B)=kA+kB\end{aligned}\right\}$（分配律）；

(2) $(kl)A=k(lA)=l(kA)$ （结合律）；

(3) $1A=A,(-1)A=-A$；

(4) 若 $kA=0$，则 $k=0$ 或 $A=0$.

上述运算规律的验证比较容易，请读者自己完成.

例 1　设

$$A=\begin{pmatrix}1&2&3\\-1&5&3\end{pmatrix},\quad B=\begin{pmatrix}0&1&2\\3&1&-1\end{pmatrix},$$

则

$$3A=\begin{pmatrix}3&6&9\\-3&15&9\end{pmatrix},\quad -2B=\begin{pmatrix}0&-2&-4\\-6&-2&2\end{pmatrix},$$

$$3A-2B=\begin{pmatrix}3+0&6-2&9-4\\-3-6&15-2&9+2\end{pmatrix}$$

$$=\begin{pmatrix}3&4&5\\-9&13&11\end{pmatrix}.$$

2.2.3　矩阵的乘法

定义 2.4　设 $A=(a_{ij})$ 是 $m\times s$ 矩阵，$B=(b_{ij})$ 是 $s\times n$ 矩阵，即

$$A=\begin{bmatrix}a_{11}&a_{12}&\cdots&a_{1s}\\\vdots&\vdots&&\vdots\\a_{i1}&a_{i2}&\cdots&a_{is}\\\vdots&\vdots&&\vdots\\a_{m1}&a_{m2}&\cdots&a_{ms}\end{bmatrix},\quad B=\begin{bmatrix}b_{11}&\cdots&b_{1j}&\cdots&b_{1n}\\b_{21}&\cdots&b_{2j}&\cdots&b_{2n}\\\vdots&&\vdots&&\vdots\\b_{s1}&\cdots&b_{sj}&\cdots&b_{sn}\end{bmatrix},$$

用矩阵 A 的第 i 行元素与矩阵 B 的第 j 列对应元素的乘积之和

$$c_{ij}=a_{i1}b_{1j}+a_{i2}b_{2j}+\cdots+a_{is}b_{sj}=\sum_{k=1}^{s}a_{ik}b_{kj}$$

$$(i=1,2,\cdots,m;j=1,2,\cdots,n)$$

作为第 i 行第 j 列元素构成的矩阵

$$C=\begin{bmatrix}c_{11}&c_{12}&\cdots&c_{1n}\\\vdots&\vdots&&\vdots\\c_{i1}&c_{i2}&\cdots&c_{in}\\\vdots&\vdots&&\vdots\\c_{m1}&c_{m2}&\cdots&c_{mn}\end{bmatrix},$$

称为矩阵 A 与矩阵 B 的乘积，记作 $C=AB$.

必须注意,只有当左边矩阵 $\boldsymbol{A}$ 的列数等于右边矩阵 $\boldsymbol{B}$ 的行数时,$\boldsymbol{A}$ 与 $\boldsymbol{B}$ 才能相乘;而且乘积矩阵 $\boldsymbol{C}$ 的行数等于矩阵 $\boldsymbol{A}$ 的行数,矩阵 $\boldsymbol{C}$ 的列数等于矩阵 $\boldsymbol{B}$ 的列数.

例 2 设

$$\boldsymbol{A}=\begin{pmatrix} 1 & 0 & 3 \\ -2 & 1 & 2 \end{pmatrix}, \quad \boldsymbol{B}=\begin{bmatrix} 4 & 1 & 0 \\ -1 & 1 & 3 \\ 2 & 3 & 4 \end{bmatrix},$$

则

$$\begin{aligned} \boldsymbol{AB} &= \begin{pmatrix} 1 & 0 & 3 \\ -2 & 1 & 2 \end{pmatrix}\begin{bmatrix} 4 & 1 & 0 \\ -1 & 1 & 3 \\ 2 & 3 & 4 \end{bmatrix} \\ &= \begin{pmatrix} 1\times4+0\times(-1)+3\times2 & 1\times1+0\times1+3\times3 & 1\times0+0\times3+3\times4 \\ (-2)\times4+1\times(-1)+2\times2 & (-2)\times1+1\times1+2\times3 & (-2)\times0+1\times3+2\times4 \end{pmatrix} \\ &= \begin{pmatrix} 10 & 10 & 12 \\ -5 & 5 & 11 \end{pmatrix}. \end{aligned}$$

而 $\boldsymbol{BA}$ 没有意义.

例 3 设

$$\boldsymbol{A}=[a_1 \quad a_2 \quad \cdots \quad a_n], \quad \boldsymbol{B}=\begin{bmatrix} b_1 \\ b_2 \\ \vdots \\ b_n \end{bmatrix},$$

则

$$\begin{aligned} \boldsymbol{AB} &= [a_1 \quad a_2 \quad \cdots \quad a_n]\begin{bmatrix} b_1 \\ b_2 \\ \vdots \\ b_n \end{bmatrix} \\ &= [a_1b_1+a_2b_2+\cdots+a_nb_n] \\ &= [\sum_{i=1}^{n} a_ib_i] = \sum_{i=1}^{n} a_ib_i. \end{aligned}$$

而
$$BA=\begin{bmatrix} b_1\\ b_2\\ \vdots\\ b_n \end{bmatrix}\begin{bmatrix} a_1 & a_2 & \cdots & a_n \end{bmatrix}$$
$$=\begin{bmatrix} b_1a_1 & b_1a_2 & \cdots & b_1a_n\\ b_2a_1 & b_2a_2 & \cdots & b_2a_n\\ \vdots & \vdots & & \vdots\\ b_na_1 & b_na_2 & \cdots & b_na_n \end{bmatrix}.$$

例4 设
$$\boldsymbol{A}=\begin{pmatrix} 6 & 3\\ 2 & 1 \end{pmatrix},\quad \boldsymbol{B}=\begin{pmatrix} -2 & 6\\ 1 & -3 \end{pmatrix},\quad \boldsymbol{C}=\begin{pmatrix} -1 & 5\\ -1 & -1 \end{pmatrix},$$
则
$$\boldsymbol{AB}=\begin{pmatrix} 6 & 3\\ 2 & 1 \end{pmatrix}\begin{pmatrix} -2 & 6\\ 1 & -3 \end{pmatrix}=\begin{pmatrix} -9 & 27\\ -3 & 9 \end{pmatrix},$$
$$\boldsymbol{BA}=\begin{pmatrix} -2 & 6\\ 1 & -3 \end{pmatrix}\begin{pmatrix} 6 & 3\\ 2 & 1 \end{pmatrix}=\begin{pmatrix} 0 & 0\\ 0 & 0 \end{pmatrix},$$
$$\boldsymbol{AC}=\begin{pmatrix} 6 & 3\\ 2 & 1 \end{pmatrix}\begin{pmatrix} -1 & 5\\ -1 & -1 \end{pmatrix}=\begin{pmatrix} -9 & 27\\ -3 & 9 \end{pmatrix}.$$

由以上例子可知:

(1)矩阵的乘法不满足交换律,即在一般情况下,$\boldsymbol{AB}\neq\boldsymbol{BA}$;

(2)两个非零矩阵的乘积可能是零矩阵,即由 $\boldsymbol{AB}=\boldsymbol{0}$,一般不能得出 $\boldsymbol{A}=\boldsymbol{0}$ 或 $\boldsymbol{B}=\boldsymbol{0}$.

(3)矩阵的乘法不满足消去律,即 $\boldsymbol{AB}=\boldsymbol{AC}$,一般不能从等式两边消去 $\boldsymbol{A}$,得出 $\boldsymbol{B}=\boldsymbol{C}$.

若矩阵 $\boldsymbol{A}$ 与 $\boldsymbol{B}$ 满足 $\boldsymbol{AB}=\boldsymbol{BA}$,则称矩阵 $\boldsymbol{A}$ 与 $\boldsymbol{B}$ 可交换.

矩阵的乘法满足下列运算规律(假设运算都是可行的):

(1)$(\boldsymbol{AB})\boldsymbol{C}=\boldsymbol{A}(\boldsymbol{BC})$ (结合律);

(2)$\left.\begin{array}{l}(\boldsymbol{A}+\boldsymbol{B})\boldsymbol{C}=\boldsymbol{AC}+\boldsymbol{BC}\\ \boldsymbol{C}(\boldsymbol{A}+\boldsymbol{B})=\boldsymbol{CA}+\boldsymbol{CB}\end{array}\right\}$ (分配律);

(3)$k(\boldsymbol{AB})=(k\boldsymbol{A})\boldsymbol{B}=\boldsymbol{A}(k\boldsymbol{B})$ （k 为任意数）.

在这里只证明(1)，关于(2)与(3)，读者可自行证明.

设 $\boldsymbol{A}=(a_{ij})_{m\times s}$，$\boldsymbol{B}=(b_{jk})_{s\times r}$，$\boldsymbol{C}=(c_{kl})_{r\times n}$，由矩阵的乘法定义可知，$(\boldsymbol{AB})\boldsymbol{C}$ 与 $\boldsymbol{A}(\boldsymbol{BC})$ 都是 $m\times n$ 矩阵.下面证明它们的对应元素相等.令

$$\boldsymbol{AB}=\boldsymbol{U}=(u_{ik})_{m\times r},\boldsymbol{BC}=\boldsymbol{V}=(v_{jl})_{s\times n}.$$

由矩阵乘法知

$$u_{ik}=\sum_{j=1}^{s}a_{ij}b_{jk},v_{jl}=\sum_{k=1}^{r}b_{jk}c_{kl},$$

因此，$(\boldsymbol{AB})\boldsymbol{C}=\boldsymbol{UC}$ 的第 i 行第 l 列元素是

$$\sum_{k=1}^{r}u_{ik}c_{kl}=\sum_{k=1}^{r}(\sum_{j=1}^{s}a_{ij}b_{jk})c_{kl}=\sum_{k=1}^{r}\sum_{j=1}^{s}a_{ij}b_{jk}c_{kl}$$
$$(i=1,2,\cdots,m;l=1,2,\cdots,n).$$

$\boldsymbol{A}(\boldsymbol{BC})=\boldsymbol{AV}$ 的第 i 行第 l 列元素是

$$\sum_{j=1}^{s}a_{ij}v_{jl}=\sum_{j=1}^{s}a_{ij}(\sum_{k=1}^{r}b_{jk}c_{kl})=\sum_{j=1}^{s}\sum_{k=1}^{r}a_{ij}b_{jk}c_{kl}$$
$$(i=1,2,\cdots,m;l=1,2,\cdots,n).$$

由于双重求和符号可以交换次序，所以 $(\boldsymbol{AB})\boldsymbol{C}$ 与 $\boldsymbol{A}(\boldsymbol{BC})$ 的对应元素相等.这就证明了结合律.

对于 $m\times n$ 矩阵 $\boldsymbol{A}$，容易验证：

$$\boldsymbol{E}_m\boldsymbol{A}_{m\times n}=\boldsymbol{A}_{m\times n},\quad \boldsymbol{A}_{m\times n}\boldsymbol{E}_n=\boldsymbol{A}_{m\times n},$$

或写成

$$\boldsymbol{EA}=\boldsymbol{AE}=\boldsymbol{A}.$$

根据矩阵的乘法可以定义 n 阶方阵的幂.

定义 2.5 设 $\boldsymbol{A}$ 是一个 n 阶方阵，规定

$$\boldsymbol{A}^0=\boldsymbol{E},\quad \boldsymbol{A}^1=\boldsymbol{A},\quad \boldsymbol{A}^2=\boldsymbol{AA},\quad \cdots,\quad \boldsymbol{A}^{k+1}=\boldsymbol{A}^k\boldsymbol{A},$$

其中 k 为非负整数.换句话说，$\boldsymbol{A}^k$ 就是 k 个 $\boldsymbol{A}$ 连乘.显然只有方阵的幂才有意义.

由矩阵乘法的结合律，不难验证.

$$\boldsymbol{A}^k\boldsymbol{A}^l=\boldsymbol{A}^{k+l},\quad (\boldsymbol{A}^k)^l=\boldsymbol{A}^{kl},$$

其中 k,l 为非负整数. 又由于矩阵乘法不满足交换律,所以对于两个 n 阶方阵 $\boldsymbol{A}$ 与 $\boldsymbol{B}$,一般地,$(\boldsymbol{AB})^k \neq \boldsymbol{A}^k\boldsymbol{B}^k$.

设

$$f(x)=a_0+a_1x+\cdots+a_mx^m$$

是一个 x 的 m 次多项式,$\boldsymbol{A}$ 是一个 n 阶方阵,则

$$a_0\boldsymbol{E}+a_1\boldsymbol{A}+\cdots+a_m\boldsymbol{A}^m$$

有意义,它仍是一个 n 阶方阵,记为 $f(\boldsymbol{A})$,即

$$f(\boldsymbol{A})=a_0\boldsymbol{E}+a_1\boldsymbol{A}+\cdots+a_m\boldsymbol{A}^m,$$

称为方阵 $\boldsymbol{A}$ 的多项式矩阵.

例 5　设 $f(x)=2+3x-x^2$, $\boldsymbol{A}=\begin{bmatrix}-1 & -1 & 2\\ 1 & 2 & 0\\ 0 & 1 & 1\end{bmatrix}$,

则

$$\begin{aligned}f(\boldsymbol{A})&=2\boldsymbol{E}+3\boldsymbol{A}-\boldsymbol{A}^2\\&=2\begin{bmatrix}1&0&0\\0&1&0\\0&0&1\end{bmatrix}+3\begin{bmatrix}-1&-1&2\\1&2&0\\0&1&1\end{bmatrix}-\begin{bmatrix}-1&-1&2\\1&2&0\\0&1&1\end{bmatrix}^2\\&=\begin{bmatrix}2&0&0\\0&2&0\\0&0&2\end{bmatrix}+\begin{bmatrix}-3&-3&6\\3&6&0\\0&3&3\end{bmatrix}-\begin{bmatrix}0&1&0\\1&3&2\\1&3&1\end{bmatrix}\\&=\begin{bmatrix}-1&-4&6\\2&5&-2\\-1&0&4\end{bmatrix}.\end{aligned}$$

2.2.4　矩阵的转置

定义 2.6　设 $m\times n$ 矩阵

$$\boldsymbol{A}=\begin{bmatrix}a_{11}&a_{12}&\cdots&a_{1n}\\a_{21}&a_{22}&\cdots&a_{2n}\\\vdots&\vdots&&\vdots\\a_{m1}&a_{m2}&\cdots&a_{mn}\end{bmatrix},$$

把 $\boldsymbol{A}$ 的行变成同号数的列,得到 $n\times m$ 矩阵

$$\begin{bmatrix} a_{11} & a_{21} & \cdots & a_{m1} \\ a_{12} & a_{22} & \cdots & a_{m2} \\ \vdots & \vdots & & \vdots \\ a_{1n} & a_{2n} & \cdots & a_{mn} \end{bmatrix},$$

称为 $\boldsymbol{A}$ 的转置矩阵,记为 $\boldsymbol{A}^{\mathrm{T}}$.

例如

$$\boldsymbol{A}=\begin{bmatrix} 1 & 2 & -1 & 0 \\ -1 & 0 & 1 & 4 \\ 2 & 5 & 3 & -2 \end{bmatrix},\quad \boldsymbol{B}=[2 \quad -1 \quad 4],$$

则

$$\boldsymbol{A}^{\mathrm{T}}=\begin{bmatrix} 1 & -1 & 2 \\ 2 & 0 & 5 \\ -1 & 1 & 3 \\ 0 & 4 & -2 \end{bmatrix},\quad \boldsymbol{B}^{\mathrm{T}}=\begin{bmatrix} 2 \\ -1 \\ 4 \end{bmatrix}.$$

矩阵的转置满足下列运算规律(假设运算都是可行的):

(1) $(\boldsymbol{A}^{\mathrm{T}})^{\mathrm{T}}=\boldsymbol{A}$;

(2) $(\boldsymbol{A}+\boldsymbol{B})^{\mathrm{T}}=\boldsymbol{A}^{\mathrm{T}}+\boldsymbol{B}^{\mathrm{T}}$;

(3) $(k\boldsymbol{A})^{\mathrm{T}}=k\boldsymbol{A}^{\mathrm{T}}$ (k 为任意常数);

(4) $(\boldsymbol{AB})^{\mathrm{T}}=\boldsymbol{B}^{\mathrm{T}}\boldsymbol{A}^{\mathrm{T}}$.

我们只证明(4). 设 $\boldsymbol{A}=(a_{ij})_{m\times s}$, $\boldsymbol{B}=(b_{ij})_{s\times n}$, 记 $\boldsymbol{AB}=\boldsymbol{C}=(c_{ij})_{m\times n}$, $\boldsymbol{B}^{\mathrm{T}}\boldsymbol{A}^{\mathrm{T}}=\boldsymbol{D}=(d_{ij})_{n\times m}$. 由矩阵的乘法及矩阵的转置的定义可知, $(\boldsymbol{AB})^{\mathrm{T}}=\boldsymbol{C}^{\mathrm{T}}$ 与 $\boldsymbol{B}^{\mathrm{T}}\boldsymbol{A}^{\mathrm{T}}$ 均为 $n\times m$ 矩阵. 下面证明它们的对应元素相等.

$(\boldsymbol{AB})^{\mathrm{T}}$ 的第 i 行第 j 列元素就是 $\boldsymbol{AB}$ 的第 j 行第 i 列元素

$$c_{ji}=a_{j1}b_{1i}+a_{j2}b_{2i}+\cdots+a_{js}b_{si}=\sum_{k=1}^{s}a_{jk}b_{ki},$$

即为 $\boldsymbol{A}$ 的第 j 行元素与 $\boldsymbol{B}$ 的第 i 列对应元素的乘积之和.

$\boldsymbol{B}^{\mathrm{T}}\boldsymbol{A}^{\mathrm{T}}$ 的第 i 行第 j 列元素是 $\boldsymbol{B}^{\mathrm{T}}$ 的第 i 行元素与 $\boldsymbol{A}^{\mathrm{T}}$ 的第 j 列对应元素的乘积之和,也就是 $\boldsymbol{B}$ 的第 i 列元素与 $\boldsymbol{A}$ 的第 j 行对应元素的

乘积之和,即

$$d_{ij}=b_{1i}a_{j1}+b_{2i}a_{j2}+\cdots+b_{si}a_{js}=\sum_{k=1}^{s}a_{jk}b_{ki},$$

所以

$$c_{ji}=d_{ij}\quad(i=1,2,\cdots,n;j=1,2,\cdots,m),$$

即　$\boldsymbol{C}^{\mathrm{T}}=\boldsymbol{D}$,

亦即　$(\boldsymbol{AB})^{\mathrm{T}}=\boldsymbol{B}^{\mathrm{T}}\boldsymbol{A}^{\mathrm{T}}$.

定义 2.7　若 n 阶方阵 $\boldsymbol{A}$ 满足 $\boldsymbol{A}^{\mathrm{T}}=\boldsymbol{A}$,则称 $\boldsymbol{A}$ 为对称矩阵.

例如

$$\boldsymbol{A}=\begin{bmatrix}\frac{1}{2} & \frac{\sqrt{3}}{2}\\ \frac{\sqrt{3}}{2} & -\frac{1}{2}\end{bmatrix},\quad \boldsymbol{B}=\begin{bmatrix}1 & -3 & 6\\ -3 & 1 & 2\\ 6 & 2 & 1\end{bmatrix}$$

都是对称矩阵.对称矩阵的特点是它的元素以主对角线为对称轴对应相等,即

$$a_{ij}=a_{ji}\quad(i,j=1,2,\cdots,n).$$

设 $\boldsymbol{A},\boldsymbol{B}$ 是 n 阶对称矩阵,k 是常数,则对称矩阵有下列性质:

(1)$(\boldsymbol{A}\pm\boldsymbol{B})^{\mathrm{T}}=\boldsymbol{A}^{\mathrm{T}}\pm\boldsymbol{B}^{\mathrm{T}}=\boldsymbol{A}\pm\boldsymbol{B}$;

(2)$(k\boldsymbol{A})^{\mathrm{T}}=k\boldsymbol{A}^{\mathrm{T}}=k\boldsymbol{A}$;

(3)若 $\boldsymbol{AB}=\boldsymbol{BA}$,则$(\boldsymbol{AB})^{\mathrm{T}}=\boldsymbol{B}^{\mathrm{T}}\boldsymbol{A}^{\mathrm{T}}=\boldsymbol{BA}=\boldsymbol{AB}$.

定义 2.8　若 n 阶方阵 $\boldsymbol{A}$ 满足 $\boldsymbol{A}^{\mathrm{T}}=-\boldsymbol{A}$,则称 $\boldsymbol{A}$ 为反对称矩阵.

例如

$$\boldsymbol{A}=\begin{bmatrix}0 & 3\\ -3 & 0\end{bmatrix},\quad \boldsymbol{A}=\begin{bmatrix}0 & 1 & -2\\ -1 & 0 & 4\\ 2 & -4 & 0\end{bmatrix}$$

都是反对称矩阵.反对称矩阵的特点是以主对角线为对称轴的元素互为相反数,且主对角线上的元素都是零.即

$$a_{ij}=-a_{ji}\quad(i,j=1,2,\cdots,n),$$

$$a_{ii}=0\quad(i=1,2,\cdots,n).$$

2.2.5 矩阵的共轭

元素为复数的矩阵称为复矩阵.复矩阵还有一种运算,就是共轭运算.设 a 是一个复数,我们用 $\bar{a}$ 表示 a 的共轭复数.

定义 2.9 设 $m\times n$ 矩阵 $\boldsymbol{A}=(a_{ij})$ 是一个复矩阵,则 $\boldsymbol{A}$ 的共轭矩阵也是 $m\times n$ 矩阵,且它的每一元素都是矩阵 $\boldsymbol{A}$ 的元素 a_{ij} 的共轭 $\bar{a}_{ij}$,即若记 $\overline{\boldsymbol{A}}$ 是 $\boldsymbol{A}$ 的共轭矩阵,则

$$\overline{\boldsymbol{A}}=(\bar{a}_{ij}).$$

矩阵的共轭满足下列运算规律(设 $\boldsymbol{A},\boldsymbol{B}$ 均是复矩阵,k 是复数,并假设运算都是可行的):

(1) $\overline{\boldsymbol{A}+\boldsymbol{B}}=\overline{\boldsymbol{A}}+\overline{\boldsymbol{B}}$;

(2) $\overline{k\boldsymbol{A}}=\bar{k}\,\overline{\boldsymbol{A}}$;

(3) $\overline{\boldsymbol{AB}}=\overline{\boldsymbol{A}}\,\overline{\boldsymbol{B}}$;

(4) $(\overline{\boldsymbol{A}^{\mathrm{T}}})=(\overline{\boldsymbol{A}})^{\mathrm{T}}$.

这些运算规律只要用共轭矩阵的定义和共轭复数的性质不难验证,请读者自己完成.

例如

$$\boldsymbol{A}=\begin{bmatrix}1+\mathrm{i} & 0 & 1-\sqrt{2}\mathrm{i}\\ 2\mathrm{i} & 1 & 4\mathrm{i}\\ 4-\mathrm{i} & \sqrt{3}\mathrm{i} & -\mathrm{i}\end{bmatrix}\quad(\mathrm{i}=\sqrt{-1}),$$

则

$$\overline{\boldsymbol{A}}=\begin{bmatrix}1-\mathrm{i} & 0 & 1+\sqrt{2}\mathrm{i}\\ -2\mathrm{i} & 1 & -4\mathrm{i}\\ 4+\mathrm{i} & -\sqrt{3}\mathrm{i} & \mathrm{i}\end{bmatrix},$$

$$2\overline{\boldsymbol{A}}=\begin{bmatrix}2-2\mathrm{i} & 0 & 2+2\sqrt{2}\mathrm{i}\\ -4\mathrm{i} & 2 & -8\mathrm{i}\\ 8+2\mathrm{i} & -2\sqrt{3}\mathrm{i} & 2\mathrm{i}\end{bmatrix},$$

$$(\overline{\boldsymbol{A}})^{\mathrm{T}}=\begin{bmatrix}1-\mathrm{i} & -2\mathrm{i} & 4+\mathrm{i}\\ 0 & 1 & -\sqrt{3}\mathrm{i}\\ 1+\sqrt{2}\mathrm{i} & -4\mathrm{i} & \mathrm{i}\end{bmatrix}.$$

2.3　逆矩阵

2.3.1　方阵的行列式

定义 2.10　由 n 阶方阵

$$\boldsymbol{A}=\begin{bmatrix}a_{11} & a_{12} & \cdots & a_{1n}\\ a_{21} & a_{22} & \cdots & a_{2n}\\ \vdots & \vdots & & \vdots\\ a_{n1} & a_{n2} & \cdots & a_{nn}\end{bmatrix}$$

所确定的 n 阶行列式

$$\begin{vmatrix}a_{11} & a_{12} & \cdots & a_{1n}\\ a_{21} & a_{22} & \cdots & a_{2n}\\ \vdots & \vdots & & \vdots\\ a_{n1} & a_{n2} & \cdots & a_{nn}\end{vmatrix}$$

称为 n 阶方阵 $\boldsymbol{A}$ 的行列式，记为 $|\boldsymbol{A}|$ 或 $\det\boldsymbol{A}$.

方阵的行列式具有下列性质(设 $\boldsymbol{A},\boldsymbol{B}$ 是 n 阶方阵，λ 是常数)：

(1) $|\boldsymbol{A}^{\mathrm{T}}|=|\boldsymbol{A}|$；

(2) $|\lambda\boldsymbol{A}|=\lambda^{n}|\boldsymbol{A}|$；

(3) $|\boldsymbol{AB}|=|\boldsymbol{A}||\boldsymbol{B}|$.

性质(1)，(2)可由行列式的性质直接得到，性质(3)的证明比较复杂，将在介绍分块矩阵之后再给予证明.

2.3.2　逆矩阵

定义 2.11　设 $x_1,x_2,\cdots,x_n;y_1,y_2,\cdots,y_n$ 是两组变量，则称表达式

$$\begin{cases} x_1 = a_{11}y_1 + a_{12}y_2 + \cdots + a_{1n}y_n, \\ x_2 = a_{21}y_1 + a_{22}y_2 + \cdots + a_{2n}y_n, \\ \quad\vdots \\ x_n = a_{n1}y_1 + a_{n2}y_2 + \cdots + a_{nn}y_n, \end{cases} \tag{1}$$

为由变量 $x_1,x_2,\cdots,x_n$ 到变量 $y_1,y_2,\cdots,y_n$ 的一个线性变换.其系数矩阵是一个 n 阶方阵,若记

$$\boldsymbol{A} = \begin{bmatrix} a_{11} & a_{12} & \cdots & a_{1n} \\ a_{21} & a_{22} & \cdots & a_{2n} \\ \vdots & \vdots & & \vdots \\ a_{n1} & a_{n2} & \cdots & a_{nn} \end{bmatrix}, \quad \boldsymbol{X} = \begin{bmatrix} x_1 \\ x_2 \\ \vdots \\ x_n \end{bmatrix}, \quad \boldsymbol{Y} = \begin{bmatrix} y_1 \\ y_2 \\ \vdots \\ y_n \end{bmatrix},$$

则线性变换(1)可写成矩阵乘积的形式

$$\boldsymbol{X} = \boldsymbol{AY}. \tag{2}$$

对于给定的线性变换(1),若$|\boldsymbol{A}|\neq 0$,则用克拉默法则由(1)可解得

$$y_i = \frac{1}{|\boldsymbol{A}|}(A_{1i}x_1 + A_{2i}x_2 + \cdots + A_{ni}x_n) \quad (i=1,2,\cdots,n),$$

即 $y_1,y_2,\cdots,y_n$ 可由 $x_1,x_2,\cdots,x_n$ 线性表示为

$$\begin{cases} y_1 = b_{11}x_1 + b_{12}x_2 + \cdots + b_{1n}x_n, \\ y_2 = b_{21}x_1 + b_{22}x_2 + \cdots + b_{2n}x_n, \\ \quad\vdots \\ y_n = b_{n1}x_1 + b_{n2}x_2 + \cdots + b_{nn}x_n, \end{cases} \tag{3}$$

其中,$b_{ij} = \frac{1}{|\boldsymbol{A}|}A_{ji}$,$A_{ji}$是$|\boldsymbol{A}|$的元素 a_{ji} 的代数余子式($i,j=1,2,\cdots,n$),且表示式(3)是唯一的,称为线性变换(1)的逆变换.

若把(3)的系数矩阵记为 $\boldsymbol{B}$,则(3)也可写作

$$\boldsymbol{Y} = \boldsymbol{BX}. \tag{4}$$

现在把式(4)代入式(2),可得

$$\boldsymbol{X} = \boldsymbol{A}(\boldsymbol{BX}) = (\boldsymbol{AB})\boldsymbol{X},$$

可见 $\boldsymbol{AB}$ 为恒等变换所对应的矩阵,有 $\boldsymbol{AB}=\boldsymbol{E}$,把式(2)代入式(4),也可得

$$\boldsymbol{Y}=\boldsymbol{B}(\boldsymbol{A}\boldsymbol{Y})=(\boldsymbol{B}\boldsymbol{A})\boldsymbol{Y},$$

亦有 $\boldsymbol{B}\boldsymbol{A}=\boldsymbol{E}$,于是有

$$\boldsymbol{A}\boldsymbol{B}=\boldsymbol{B}\boldsymbol{A}=\boldsymbol{E}.$$

由此引入逆矩阵的定义.

定义 2.12 对于 n 阶方阵 $\boldsymbol{A}$,若存在 n 阶方阵 $\boldsymbol{B}$,使得

$$\boldsymbol{A}\boldsymbol{B}=\boldsymbol{B}\boldsymbol{A}=\boldsymbol{E},$$

则称方阵 $\boldsymbol{A}$ 是一个可逆矩阵,并称方阵 $\boldsymbol{B}$ 是 $\boldsymbol{A}$ 的逆矩阵.

可逆矩阵具有下列性质:

(1)若方阵 $\boldsymbol{A}$ 可逆,则 $\boldsymbol{A}$ 的逆矩阵是唯一的.

证明 设 $\boldsymbol{B}$ 和 $\boldsymbol{C}$ 都是 $\boldsymbol{A}$ 的逆矩阵,即

$$\boldsymbol{A}\boldsymbol{B}=\boldsymbol{B}\boldsymbol{A}=\boldsymbol{E},\quad \boldsymbol{A}\boldsymbol{C}=\boldsymbol{C}\boldsymbol{A}=\boldsymbol{E},$$

则

$$\boldsymbol{B}=\boldsymbol{B}\boldsymbol{E}=\boldsymbol{B}(\boldsymbol{A}\boldsymbol{C})=(\boldsymbol{B}\boldsymbol{A})\boldsymbol{C}=\boldsymbol{E}\boldsymbol{C}=\boldsymbol{C}.$$

因此把可逆矩阵 $\boldsymbol{A}$ 的逆矩阵记为 $\boldsymbol{A}^{-1}$,即有

$$\boldsymbol{A}\boldsymbol{A}^{-1}=\boldsymbol{A}^{-1}\boldsymbol{A}=\boldsymbol{E}.$$

(2)可逆矩阵 $\boldsymbol{A}$ 的逆矩阵 $\boldsymbol{A}^{-1}$ 也可逆,并且

$$(\boldsymbol{A}^{-1})^{-1}=\boldsymbol{A}.$$

由定义可知,$\boldsymbol{A}$ 与 $\boldsymbol{A}^{-1}$ 互为逆矩阵.

(3)两个同阶可逆矩阵 $\boldsymbol{A}$ 与 $\boldsymbol{B}$ 的乘积 $\boldsymbol{A}\boldsymbol{B}$ 也可逆,并且

$$(\boldsymbol{A}\boldsymbol{B})^{-1}=\boldsymbol{B}^{-1}\boldsymbol{A}^{-1}.$$

证明 $(\boldsymbol{A}\boldsymbol{B})(\boldsymbol{B}^{-1}\boldsymbol{A}^{-1})=\boldsymbol{A}(\boldsymbol{B}\boldsymbol{B}^{-1})\boldsymbol{A}^{-1}=\boldsymbol{A}\boldsymbol{E}\boldsymbol{A}^{-1}=\boldsymbol{A}\boldsymbol{A}^{-1}=\boldsymbol{E},$

$$(\boldsymbol{B}^{-1}\boldsymbol{A}^{-1})(\boldsymbol{A}\boldsymbol{B})=\boldsymbol{B}^{-1}(\boldsymbol{A}^{-1}\boldsymbol{A})\boldsymbol{B}=\boldsymbol{B}^{-1}\boldsymbol{E}\boldsymbol{B}=\boldsymbol{B}^{-1}\boldsymbol{B}=\boldsymbol{E},$$

由逆矩阵的唯一性,得

$$(\boldsymbol{A}\boldsymbol{B})^{-1}=\boldsymbol{B}^{-1}\boldsymbol{A}^{-1}.$$

(4)可逆矩阵 $\boldsymbol{A}$ 的转置矩阵 $\boldsymbol{A}^{\mathrm{T}}$ 也可逆,并且

$$(\boldsymbol{A}^{\mathrm{T}})^{-1}=(\boldsymbol{A}^{-1})^{\mathrm{T}}.$$

证明 $\boldsymbol{A}^{\mathrm{T}}(\boldsymbol{A}^{-1})^{\mathrm{T}}=(\boldsymbol{A}^{-1}\boldsymbol{A})^{\mathrm{T}}=\boldsymbol{E}^{\mathrm{T}}=\boldsymbol{E},$

$$(\boldsymbol{A}^{-1})^{\mathrm{T}}\boldsymbol{A}^{\mathrm{T}}=(\boldsymbol{A}\boldsymbol{A}^{-1})^{\mathrm{T}}=\boldsymbol{E}^{\mathrm{T}}=\boldsymbol{E}.$$

由逆矩阵的唯一性,得

$$(\boldsymbol{A}^{\mathrm{T}})^{-1}=(\boldsymbol{A}^{-1})^{\mathrm{T}}.$$

(5)非零常数 k 与可逆矩阵 $\boldsymbol{A}$ 的乘积 $k\boldsymbol{A}$ 也可逆,并且

$$(k\boldsymbol{A})^{-1}=\frac{1}{k}\boldsymbol{A}^{-1}.$$

证明 $$(k\boldsymbol{A})(\frac{1}{k}\boldsymbol{A}^{-1})=k\cdot\frac{1}{k}\boldsymbol{A}\boldsymbol{A}^{-1}=\boldsymbol{E},$$

$$(\frac{1}{k}\boldsymbol{A}^{-1})(k\boldsymbol{A})=\frac{1}{k}\cdot k\boldsymbol{A}^{-1}\boldsymbol{A}=\boldsymbol{E},$$

即 $$(k\boldsymbol{A})^{-1}=\frac{1}{k}\boldsymbol{A}^{-1}.$$

任意给定的 n 阶方阵 $\boldsymbol{A}$,在什么条件下 $\boldsymbol{A}$ 可逆? 如果 $\boldsymbol{A}$ 可逆,如何求它的逆矩阵 $\boldsymbol{A}^{-1}$? 下面我们解决这两个问题.

设 A_{ij} 是 n 阶方阵

$$\boldsymbol{A}=\begin{bmatrix}a_{11}&a_{12}&\cdots&a_{1n}\\a_{21}&a_{22}&\cdots&a_{2n}\\\vdots&\vdots&&\vdots\\a_{n1}&a_{n2}&\cdots&a_{nn}\end{bmatrix}$$

的行列式 $|\boldsymbol{A}|$ 中元素 a_{ij} 的代数余子式,构成如下方阵

$$\boldsymbol{A}^*=\begin{bmatrix}A_{11}&A_{21}&\cdots&A_{n1}\\A_{12}&A_{22}&\cdots&A_{n2}\\\vdots&\vdots&&\vdots\\A_{1n}&A_{2n}&\cdots&A_{nn}\end{bmatrix},$$

称 $\boldsymbol{A}^*$ 为 $\boldsymbol{A}$ 的伴随矩阵.

引理 对于任意的 n 阶方阵 $\boldsymbol{A}$,恒有

$$\boldsymbol{A}\boldsymbol{A}^*=\boldsymbol{A}^*\boldsymbol{A}=|\boldsymbol{A}|\boldsymbol{E}.$$

证明 设

$$\boldsymbol{A}=\begin{bmatrix}a_{11}&a_{12}&\cdots&a_{1n}\\a_{21}&a_{22}&\cdots&a_{2n}\\\vdots&\vdots&&\vdots\\a_{n1}&a_{n2}&\cdots&a_{nn}\end{bmatrix},$$

$$A^* = \begin{bmatrix} A_{11} & A_{21} & \cdots & A_{n1} \\ A_{12} & A_{22} & \cdots & A_{n2} \\ \vdots & \vdots & & \vdots \\ A_{1n} & A_{2n} & \cdots & A_{nn} \end{bmatrix}.$$

$$AA^* = \begin{bmatrix} a_{11} & a_{12} & \cdots & a_{1n} \\ a_{21} & a_{22} & \cdots & a_{2n} \\ \vdots & \vdots & & \vdots \\ a_{n1} & a_{n2} & \cdots & a_{nn} \end{bmatrix} \begin{bmatrix} A_{11} & A_{21} & \cdots & A_{n1} \\ A_{12} & A_{22} & \cdots & A_{n2} \\ \vdots & \vdots & & \vdots \\ A_{1n} & A_{2n} & \cdots & A_{nn} \end{bmatrix}$$

$$= \begin{bmatrix} \sum_{k=1}^{n} a_{1k}A_{1k} & \sum_{k=1}^{n} a_{1k}A_{2k} & \cdots & \sum_{k=1}^{n} a_{1k}A_{nk} \\ \sum_{k=1}^{n} a_{2k}A_{1k} & \sum_{k=1}^{n} a_{2k}A_{2k} & \cdots & \sum_{k=1}^{n} a_{2k}A_{nk} \\ \vdots & \vdots & & \vdots \\ \sum_{k=1}^{n} a_{nk}A_{1k} & \sum_{k=1}^{n} a_{nk}A_{2k} & \cdots & \sum_{k=1}^{n} a_{nk}A_{nk} \end{bmatrix}$$

$$= \begin{bmatrix} |A| & 0 & \cdots & 0 \\ 0 & |A| & \cdots & 0 \\ \vdots & \vdots & & \vdots \\ 0 & 0 & \cdots & |A| \end{bmatrix}$$

$$= |A|E,$$

$$A^*A = \begin{bmatrix} A_{11} & A_{21} & \cdots & A_{n1} \\ A_{12} & A_{22} & \cdots & A_{n2} \\ \vdots & \vdots & & \vdots \\ A_{1n} & A_{2n} & \cdots & A_{nn} \end{bmatrix} \begin{bmatrix} a_{11} & a_{12} & \cdots & a_{1n} \\ a_{21} & a_{22} & \cdots & a_{2n} \\ \vdots & \vdots & & \vdots \\ a_{n1} & a_{n2} & \cdots & a_{nn} \end{bmatrix}$$

$$= \begin{bmatrix} \sum_{k=1}^{n} A_{k1} a_{k1} & \sum_{k=1}^{n} A_{k1} a_{k2} & \cdots & \sum_{k=1}^{n} A_{k1} a_{kn} \\ \sum_{k=1}^{n} A_{k2} a_{k1} & \sum_{k=1}^{n} A_{k2} a_{k2} & \cdots & \sum_{k=1}^{n} A_{k2} a_{kn} \\ \vdots & \vdots & & \vdots \\ \sum_{k=1}^{n} A_{kn} a_{k1} & \sum_{k=1}^{n} A_{kn} a_{k2} & \cdots & \sum_{k=1}^{n} A_{kn} a_{kn} \end{bmatrix}$$

$$= \begin{bmatrix} |\boldsymbol{A}| & 0 & \cdots & 0 \\ 0 & |\boldsymbol{A}| & \cdots & 0 \\ \vdots & \vdots & & \vdots \\ 0 & 0 & \cdots & |\boldsymbol{A}| \end{bmatrix}$$

$$= |\boldsymbol{A}|\boldsymbol{E},$$

即有

$$\boldsymbol{A}\boldsymbol{A}^* = \boldsymbol{A}^*\boldsymbol{A} = |\boldsymbol{A}|\boldsymbol{E}.$$

定理 2.1 n 阶方阵 $\boldsymbol{A}$ 是可逆矩阵的充分必要条件是 $|\boldsymbol{A}| \neq 0$. 若 $\boldsymbol{A}$ 可逆,则

$$\boldsymbol{A}^{-1} = \frac{1}{|\boldsymbol{A}|}\boldsymbol{A}^*.$$

证明 必要性. 设 $\boldsymbol{A}$ 是可逆矩阵,则存在 $\boldsymbol{A}^{-1}$,使

$$\boldsymbol{A}\boldsymbol{A}^{-1} = \boldsymbol{E}.$$

上式两边取行列式有

$$|\boldsymbol{A}\boldsymbol{A}^{-1}| = |\boldsymbol{E}| = 1,$$

$$|\boldsymbol{A}||\boldsymbol{A}^{-1}| = 1,$$

所以

$$|\boldsymbol{A}| \neq 0.$$

充分性. 对于 n 阶方阵 $\boldsymbol{A}$,由引理有

$$\boldsymbol{A}\boldsymbol{A}^* = \boldsymbol{A}^*\boldsymbol{A} = |\boldsymbol{A}|\boldsymbol{E},$$

由于 $|\boldsymbol{A}| \neq 0$,所以有

$$\boldsymbol{A}\left(\frac{1}{|\boldsymbol{A}|}\boldsymbol{A}^*\right) = \left(\frac{1}{|\boldsymbol{A}|}\boldsymbol{A}^*\right)\boldsymbol{A} = \boldsymbol{E}.$$

根据逆矩阵的定义及唯一性知,$\boldsymbol{A}$ 是可逆矩阵,并且

$$\boldsymbol{A}^{-1}=\frac{1}{|\boldsymbol{A}|}\boldsymbol{A}^*.$$

当$|\boldsymbol{A}|=0$时,称$\boldsymbol{A}$为奇异矩阵(或退化矩阵);当$|\boldsymbol{A}|\neq 0$时,称$\boldsymbol{A}$为非奇异矩阵(或非退化矩阵).由此,定理2.1也可叙述为:n阶方阵$\boldsymbol{A}$是可逆矩阵的充分必要条件是$\boldsymbol{A}$为非奇异矩阵.

推论 对于n阶方阵$\boldsymbol{A}$,若存在n阶方阵$\boldsymbol{B}$,使$\boldsymbol{AB}=\boldsymbol{E}$(或$\boldsymbol{BA}=\boldsymbol{E}$),则$\boldsymbol{A}$可逆,并且$\boldsymbol{B}=\boldsymbol{A}^{-1}$.

证明 由$\boldsymbol{AB}=\boldsymbol{E}$,有

$$|\boldsymbol{AB}|=|\boldsymbol{A}||\boldsymbol{B}|=1,$$

所以 $|\boldsymbol{A}|\neq 0$.

从而可知$\boldsymbol{A}$是可逆的,即存在$\boldsymbol{A}^{-1}$,使$\boldsymbol{AA}^{-1}=\boldsymbol{A}^{-1}\boldsymbol{A}=\boldsymbol{E}$,则

$$\boldsymbol{B}=\boldsymbol{EB}=(\boldsymbol{A}^{-1}\boldsymbol{A})\boldsymbol{B}=\boldsymbol{A}^{-1}(\boldsymbol{AB})=\boldsymbol{A}^{-1}\boldsymbol{E}=\boldsymbol{A}^{-1}.$$

对于$\boldsymbol{BA}=\boldsymbol{E}$的情形,同理可证.

例1 求矩阵

$$\boldsymbol{A}=\begin{bmatrix}1&1&-1\\1&2&-3\\0&1&1\end{bmatrix}$$

的逆矩阵.

解 因为$|\boldsymbol{A}|=\begin{vmatrix}1&1&-1\\1&2&-3\\0&1&1\end{vmatrix}=\begin{vmatrix}1&1&-1\\0&1&-2\\0&1&1\end{vmatrix}=3\neq 0,$

所以$\boldsymbol{A}$可逆.又

$$A_{11}=(-1)^{1+1}\begin{vmatrix}2&-3\\1&1\end{vmatrix}=5,\qquad A_{21}=(-1)^{2+1}\begin{vmatrix}1&-1\\1&1\end{vmatrix}=-2,$$

$$A_{31}=(-1)^{3+1}\begin{vmatrix}1&-1\\2&-3\end{vmatrix}=-1;\quad A_{12}=(-1)^{1+2}\begin{vmatrix}1&-3\\0&1\end{vmatrix}=-1,$$

$$A_{22}=(-1)^{2+2}\begin{vmatrix}1&-1\\0&1\end{vmatrix}=1,\qquad A_{32}=(-1)^{3+2}\begin{vmatrix}1&-1\\1&-3\end{vmatrix}=2;$$

$$A_{13}=(-1)^{1+3}\begin{vmatrix}1&2\\0&1\end{vmatrix}=1,\qquad A_{23}=(-1)^{2+3}\begin{vmatrix}1&1\\0&1\end{vmatrix}=-1,$$

$$A_{33}=(-1)^{3+3}\begin{vmatrix}1&1\\1&2\end{vmatrix}=1.$$

于是得 $\boldsymbol{A}$ 的伴随矩阵

$$\boldsymbol{A}^*=\begin{bmatrix}5&-2&-1\\-1&1&2\\1&-1&1\end{bmatrix},$$

所以 $\boldsymbol{A}$ 的逆矩阵

$$\boldsymbol{A}^{-1}=\frac{1}{|\boldsymbol{A}|}\boldsymbol{A}^*=\frac{1}{3}\begin{bmatrix}5&-2&-1\\-1&1&2\\1&-1&1\end{bmatrix}$$

$$=\begin{bmatrix}\frac{5}{3}&-\frac{2}{3}&-\frac{1}{3}\\-\frac{1}{3}&\frac{1}{3}&\frac{2}{3}\\\frac{1}{3}&-\frac{1}{3}&\frac{1}{3}\end{bmatrix}.$$

例 2 设

$$\boldsymbol{A}=\begin{bmatrix}1&2&3\\2&2&1\\3&4&3\end{bmatrix},\quad \boldsymbol{B}=\begin{bmatrix}1&3\\2&0\\3&1\end{bmatrix},$$

求矩阵 $\boldsymbol{X}$,使之满足 $\boldsymbol{AX}=\boldsymbol{B}$.

解 若 $\boldsymbol{A}^{-1}$存在,则用 $\boldsymbol{A}^{-1}$左乘上式两边得

$$\boldsymbol{A}^{-1}\boldsymbol{AX}=\boldsymbol{A}^{-1}\boldsymbol{B},$$

即

$$\boldsymbol{X}=\boldsymbol{A}^{-1}\boldsymbol{B}.$$

因为

$$|\boldsymbol{A}|=\begin{vmatrix}1&2&3\\2&2&1\\3&4&3\end{vmatrix}=\begin{vmatrix}1&2&3\\0&-2&-5\\0&-2&-6\end{vmatrix}=2\neq0,$$

所以,$\boldsymbol{A}$ 可逆.而

$$A_{11}=2,\quad A_{21}=6,\quad A_{31}=-4;$$

$$A_{12}=-3,\quad A_{22}=-6,\quad A_{32}=5;$$

$$A_{13}=2,\qquad A_{23}=2,\qquad A_{33}=-2.$$

所以

$$A^{-1}=\frac{1}{|A|}A^{*}=\frac{1}{2}\begin{bmatrix}2&6&-4\\-3&-6&5\\2&2&-2\end{bmatrix}=\begin{bmatrix}1&3&-2\\-\frac{3}{2}&-3&\frac{5}{2}\\1&1&-1\end{bmatrix},$$

于是

$$X=A^{-1}B=\begin{bmatrix}1&3&-2\\-\frac{3}{2}&-3&\frac{5}{2}\\1&1&-1\end{bmatrix}\begin{bmatrix}1&3\\2&0\\3&1\end{bmatrix}=\begin{bmatrix}1&1\\0&-2\\0&2\end{bmatrix}.$$

利用逆矩阵的概念,可定义可逆方阵的负整数幂.

定义 2.13 设 A 是 n 阶可逆方阵,规定

$$A^{-k}=(A^{-1})^{k},$$

其中 k 为正整数.

当 $|A|\neq 0$ 时,对于整数 k,l,有

$$A^{k}A^{l}=A^{k+l},(A^{k})^{l}=A^{kl}.$$

2.4 分块矩阵

在这一节里,我们将介绍矩阵运算的一种技巧,即矩阵的分块.这种技巧在处理某些行数列数较高的矩阵时常常被采用.

设 A 是一个 $m\times n$ 矩阵,在 A 的行、列之间加上一些横线或纵线,把 A 分成若干小块,每一小块矩阵称为 A 的子块,以这些子块为元素构成的矩阵称为分块矩阵.例如

$$A=\left[\begin{array}{cc:cc}2&3&1&-2\\3&-5&0&1\\ \hdashline 4&1&-3&6\end{array}\right]$$

就是一个分块矩阵.若记

$$\boldsymbol{A}_{11}=\begin{pmatrix}2 & 3\\ 3 & -5\end{pmatrix},\quad \boldsymbol{A}_{12}=\begin{pmatrix}1 & -2\\ 0 & 1\end{pmatrix},$$

$$\boldsymbol{A}_{21}=(4\quad 1),\quad \boldsymbol{A}_{22}=(-3\quad 6),$$

则 $\boldsymbol{A}$ 可由这 4 个子块表示为

$$\boldsymbol{A}=\begin{pmatrix}\boldsymbol{A}_{11} & \boldsymbol{A}_{12}\\ \boldsymbol{A}_{21} & \boldsymbol{A}_{22}\end{pmatrix}.$$

对于给定的矩阵 $\boldsymbol{A}$,可以按不同的需要采用不同的方法分块.分块矩阵的运算规则与普通矩阵的运算规则类似.

2.4.1 分块矩阵的加法与数量乘法

设 $\boldsymbol{A},\boldsymbol{B}$ 是两个 $m\times n$ 矩阵,对 $\boldsymbol{A},\boldsymbol{B}$ 采用同样的分块方法得到分块矩阵,k 是一个数.即

$$\boldsymbol{A}=\begin{bmatrix}\boldsymbol{A}_{11} & \boldsymbol{A}_{12} & \cdots & \boldsymbol{A}_{1t}\\ \boldsymbol{A}_{21} & \boldsymbol{A}_{22} & \cdots & \boldsymbol{A}_{2t}\\ \vdots & \vdots & & \vdots\\ \boldsymbol{A}_{s1} & \boldsymbol{A}_{s2} & \cdots & \boldsymbol{A}_{st}\end{bmatrix},\quad \boldsymbol{B}=\begin{bmatrix}\boldsymbol{B}_{11} & \boldsymbol{B}_{12} & \cdots & \boldsymbol{B}_{1t}\\ \boldsymbol{B}_{21} & \boldsymbol{B}_{22} & \cdots & \boldsymbol{B}_{2t}\\ \vdots & \vdots & & \vdots\\ \boldsymbol{B}_{s1} & \boldsymbol{B}_{s2} & \cdots & \boldsymbol{B}_{st}\end{bmatrix},$$

则

$$\boldsymbol{A}+\boldsymbol{B}=\begin{bmatrix}\boldsymbol{A}_{11}+\boldsymbol{B}_{11} & \boldsymbol{A}_{12}+\boldsymbol{B}_{12} & \cdots & \boldsymbol{A}_{1t}+\boldsymbol{B}_{1t}\\ \boldsymbol{A}_{21}+\boldsymbol{B}_{21} & \boldsymbol{A}_{22}+\boldsymbol{B}_{22} & \cdots & \boldsymbol{A}_{2t}+\boldsymbol{B}_{2t}\\ \vdots & \vdots & & \vdots\\ \boldsymbol{A}_{s1}+\boldsymbol{B}_{s1} & \boldsymbol{A}_{s2}+\boldsymbol{B}_{s2} & \cdots & \boldsymbol{A}_{st}+\boldsymbol{B}_{st}\end{bmatrix};$$

$$k\boldsymbol{A}=\boldsymbol{A}k=\begin{bmatrix}k\boldsymbol{A}_{11} & k\boldsymbol{A}_{12} & \cdots & k\boldsymbol{A}_{1t}\\ k\boldsymbol{A}_{21} & k\boldsymbol{A}_{22} & \cdots & k\boldsymbol{A}_{2t}\\ \vdots & \vdots & & \vdots\\ k\boldsymbol{A}_{s1} & k\boldsymbol{A}_{s2} & \cdots & k\boldsymbol{A}_{st}\end{bmatrix}.$$

这就是说,两个同型的矩阵 $\boldsymbol{A},\boldsymbol{B}$,按同一种分块方法进行分块,$\boldsymbol{A}$ 与 $\boldsymbol{B}$ 相加时,只需把对应的子块相加;用数 k 乘一个分块矩阵时,只需用这个数 k 乘遍各子块.

2.4.2 分块矩阵的乘法

设 $\boldsymbol{A}=(a_{ij})$是 $m\times n$ 矩阵,$\boldsymbol{B}=(b_{ij})$是 $n\times p$ 矩阵,把 $\boldsymbol{A}$ 和$\boldsymbol{B}$ 如下分块,使 $\boldsymbol{A}$ 的列的分法与$\boldsymbol{B}$ 的行的分法一致.即

$$\boldsymbol{A}=\begin{array}{c} \begin{matrix} n_1 & n_2 & \cdots & n_s \end{matrix} \\ \begin{bmatrix} \boldsymbol{A}_{11} & \boldsymbol{A}_{12} & \cdots & \boldsymbol{A}_{1s} \\ \boldsymbol{A}_{21} & \boldsymbol{A}_{22} & \cdots & \boldsymbol{A}_{2s} \\ \vdots & \vdots & & \vdots \\ \boldsymbol{A}_{r1} & \boldsymbol{A}_{r2} & \cdots & \boldsymbol{A}_{rs} \end{bmatrix} \end{array} \begin{matrix} m_1 \\ m_2 \\ \vdots \\ m_r \end{matrix},$$

$$\boldsymbol{B}=\begin{array}{c} \begin{matrix} p_1 & p_2 & \cdots & p_t \end{matrix} \\ \begin{bmatrix} \boldsymbol{B}_{11} & \boldsymbol{B}_{12} & \cdots & \boldsymbol{B}_{1t} \\ \boldsymbol{B}_{21} & \boldsymbol{B}_{22} & \cdots & \boldsymbol{B}_{2t} \\ \vdots & \vdots & & \vdots \\ \boldsymbol{B}_{s1} & \boldsymbol{B}_{s2} & \cdots & \boldsymbol{B}_{st} \end{bmatrix} \end{array} \begin{matrix} n_1 \\ n_2 \\ \vdots \\ n_s \end{matrix},$$

这里数 m_i,n_j 分别为矩阵$\boldsymbol{A}$ 的子块$\boldsymbol{A}_{ij}$的行数与列数;n_i,p_j 分别为矩阵 $\boldsymbol{B}$ 的子块$\boldsymbol{B}_{ij}$的行数与列数,且$\sum\limits_{i=1}^{r}m_i=m$,$\sum\limits_{j=1}^{s}n_j=n$,$\sum\limits_{l=1}^{t}p_l=p$,则

$$\boldsymbol{C}=\boldsymbol{AB}=\begin{array}{c} \begin{matrix} p_1 & p_2 & \cdots & p_t \end{matrix} \\ \begin{bmatrix} \boldsymbol{C}_{11} & \boldsymbol{C}_{12} & \cdots & \boldsymbol{C}_{1t} \\ \boldsymbol{C}_{21} & \boldsymbol{C}_{22} & \cdots & \boldsymbol{C}_{2t} \\ \vdots & \vdots & & \vdots \\ \boldsymbol{C}_{r1} & \boldsymbol{C}_{r2} & \cdots & \boldsymbol{C}_{rt} \end{bmatrix} \end{array} \begin{matrix} m_1 \\ m_2 \\ \vdots \\ m_r \end{matrix},$$

其中 $$\boldsymbol{C}_{ij}=\boldsymbol{A}_{i1}\boldsymbol{B}_{1j}+\boldsymbol{A}_{i2}\boldsymbol{B}_{2j}+\cdots+\boldsymbol{A}_{is}\boldsymbol{B}_{sj}=\sum_{k=1}^{s}\boldsymbol{A}_{ik}\boldsymbol{B}_{kj}$$

$$(i=1,2,\cdots,r;j=1,2,\cdots,t).$$

例1 设

$$\boldsymbol{A}=\begin{bmatrix} 1 & 0 & 0 & 0 \\ 0 & 1 & 0 & 0 \\ 2 & -1 & 1 & 0 \\ 3 & 4 & 0 & 1 \end{bmatrix},\quad \boldsymbol{B}=\begin{bmatrix} 1 & 0 & 1 & 0 \\ -1 & 2 & 0 & 1 \\ 1 & 0 & 4 & 1 \\ -1 & -1 & 2 & 0 \end{bmatrix},$$

用分块矩阵的乘法求 $\boldsymbol{AB}$.

解 把 $\boldsymbol{A},\boldsymbol{B}$ 作如下分块:

$$\boldsymbol{A}=\left(\begin{array}{cc:cc}1&0&0&0\\0&1&0&0\\ \hdashline 2&-1&1&0\\3&4&0&1\end{array}\right)=\begin{pmatrix}\boldsymbol{E}&\boldsymbol{0}\\\boldsymbol{A}_1&\boldsymbol{E}\end{pmatrix},$$

$$\boldsymbol{B}=\left(\begin{array}{cc:cc}1&0&1&0\\-1&2&0&1\\ \hdashline 1&0&4&1\\-1&-1&2&0\end{array}\right)=\begin{pmatrix}\boldsymbol{B}_1&\boldsymbol{E}\\\boldsymbol{B}_2&\boldsymbol{B}_3\end{pmatrix},$$

按分块矩阵的乘法有

$$\boldsymbol{AB}=\begin{pmatrix}\boldsymbol{E}&\boldsymbol{0}\\\boldsymbol{A}_1&\boldsymbol{E}\end{pmatrix}\begin{pmatrix}\boldsymbol{B}_1&\boldsymbol{E}\\\boldsymbol{B}_2&\boldsymbol{B}_3\end{pmatrix}=\begin{pmatrix}\boldsymbol{B}_1&\boldsymbol{E}\\\boldsymbol{A}_1\boldsymbol{B}_1+\boldsymbol{B}_2&\boldsymbol{A}_1+\boldsymbol{B}_3\end{pmatrix},$$

而

$$\begin{aligned}\boldsymbol{A}_1\boldsymbol{B}_1+\boldsymbol{B}_2&=\begin{pmatrix}2&-1\\3&4\end{pmatrix}\begin{pmatrix}1&0\\-1&2\end{pmatrix}+\begin{pmatrix}1&0\\-1&-1\end{pmatrix}\\&=\begin{pmatrix}4&-2\\-2&7\end{pmatrix},\end{aligned}$$

$$\boldsymbol{A}_1+\boldsymbol{B}_3=\begin{pmatrix}2&-1\\3&4\end{pmatrix}+\begin{pmatrix}4&1\\2&0\end{pmatrix}=\begin{pmatrix}6&0\\5&4\end{pmatrix}.$$

于是

$$\boldsymbol{AB}=\left(\begin{array}{cc:cc}1&0&1&0\\-1&2&0&1\\ \hdashline 4&-2&6&0\\-2&7&5&4\end{array}\right).$$

例2 设两个 n 阶上三角矩阵为

$$\boldsymbol{A}=\begin{bmatrix} a_{11} & a_{12} & \cdots & a_{1n} \\ 0 & a_{22} & \cdots & a_{2n} \\ \vdots & \vdots & & \vdots \\ 0 & 0 & \cdots & a_{nn} \end{bmatrix},\quad \boldsymbol{B}=\begin{bmatrix} b_{11} & b_{12} & \cdots & b_{1n} \\ 0 & b_{22} & \cdots & b_{2n} \\ \vdots & \vdots & & \vdots \\ 0 & 0 & \cdots & b_{nn} \end{bmatrix},$$

证明 $\boldsymbol{AB}$ 也是上三角矩阵,并且主对角线上的元素为 $a_{ii}b_{ii}(i=1,2,\cdots,n)$.

证明 对 $\boldsymbol{A},\boldsymbol{B}$ 的阶数 n 作数学归纳法.

当 $n=2$ 时,$\boldsymbol{A},\boldsymbol{B}$ 均为2阶上三角矩阵,有

$$\boldsymbol{AB}=\begin{pmatrix} a_{11} & a_{12} \\ 0 & a_{22} \end{pmatrix}\begin{pmatrix} b_{11} & b_{12} \\ 0 & b_{22} \end{pmatrix}=\begin{pmatrix} a_{11}b_{11} & a_{11}b_{12}+a_{12}b_{22} \\ 0 & a_{22}b_{22} \end{pmatrix},$$

所以结论成立.

假设 $\boldsymbol{A},\boldsymbol{B}$ 均为 $n-1$ 阶上三角矩阵时,结论成立.现要证明当 $\boldsymbol{A},\boldsymbol{B}$ 均为 n 阶上三角矩阵时的情况.将 $\boldsymbol{A},\boldsymbol{B}$ 作如下分块;

$$\boldsymbol{A}=\left[\begin{array}{c:ccc} a_{11} & a_{12} & \cdots & a_{1n} \\ \hdashline 0 & a_{22} & \cdots & a_{2n} \\ \vdots & \vdots & & \vdots \\ 0 & 0 & \cdots & a_{nn} \end{array}\right]=\begin{pmatrix} a_{11} & \boldsymbol{\alpha} \\ \boldsymbol{0} & \boldsymbol{A}_1 \end{pmatrix},$$

$$\boldsymbol{B}=\left[\begin{array}{c:ccc} b_{11} & b_{12} & \cdots & b_{1n} \\ \hdashline 0 & b_{22} & \cdots & b_{2n} \\ \vdots & \vdots & & \vdots \\ 0 & 0 & \cdots & b_{nn} \end{array}\right]=\begin{pmatrix} b_{11} & \boldsymbol{\beta} \\ \boldsymbol{0} & \boldsymbol{B}_1 \end{pmatrix}.$$

按分块矩阵的乘法有

$$\boldsymbol{AB}=\begin{pmatrix} a_{11} & \boldsymbol{\alpha} \\ \boldsymbol{0} & \boldsymbol{A}_1 \end{pmatrix}\begin{pmatrix} b_{11} & \boldsymbol{\beta} \\ \boldsymbol{0} & \boldsymbol{B}_1 \end{pmatrix}=\begin{pmatrix} a_{11}b_{11} & a_{11}\boldsymbol{\beta}+\boldsymbol{\alpha}\boldsymbol{B}_1 \\ \boldsymbol{0} & \boldsymbol{A}_1\boldsymbol{B}_1 \end{pmatrix}.$$

因为 $\boldsymbol{A}_1,\boldsymbol{B}_1$ 都是 $n-1$ 阶上三角矩阵,由归纳假设可知,它们的

乘积 $\boldsymbol{A}_1\boldsymbol{B}_1$ 是上三角矩阵,并且 $\boldsymbol{A}_1\boldsymbol{B}_1$ 的主对角线上的元素为 $a_{ii}b_{ii}$($i=2,3,\cdots,n$),从而有

$$\boldsymbol{AB}=\begin{bmatrix} a_{11}b_{11} & & & \\ & a_{22}b_{22} & & * \\ & & \ddots & \\ & & & a_{nn}b_{nn} \end{bmatrix},$$

这里"$*$"号表示未写出的元素.即 $\boldsymbol{AB}$ 是主对角线上元素为 $a_{ii}b_{ii}$($i=1,2,\cdots,n$)的上三角矩阵.

2.4.3 分块矩阵的转置

设分块矩阵为

$$\boldsymbol{A}=\begin{bmatrix} \boldsymbol{A}_{11} & \boldsymbol{A}_{12} & \cdots & \boldsymbol{A}_{1t} \\ \boldsymbol{A}_{21} & \boldsymbol{A}_{22} & \cdots & \boldsymbol{A}_{2t} \\ \vdots & \vdots & & \vdots \\ \boldsymbol{A}_{s1} & \boldsymbol{A}_{s2} & \cdots & \boldsymbol{A}_{st} \end{bmatrix},$$

则其转置矩阵为

$$\boldsymbol{A}^{\mathrm{T}}=\begin{bmatrix} \boldsymbol{A}_{11}^{\mathrm{T}} & \boldsymbol{A}_{21}^{\mathrm{T}} & \cdots & \boldsymbol{A}_{s1}^{\mathrm{T}} \\ \boldsymbol{A}_{12}^{\mathrm{T}} & \boldsymbol{A}_{22}^{\mathrm{T}} & \cdots & \boldsymbol{A}_{s2}^{\mathrm{T}} \\ \vdots & \vdots & & \vdots \\ \boldsymbol{A}_{1t}^{\mathrm{T}} & \boldsymbol{A}_{2t}^{\mathrm{T}} & \cdots & \boldsymbol{A}_{st}^{\mathrm{T}} \end{bmatrix}.$$

这就是说,分块矩阵转置时,不仅要把行变成同号数的列,而且要把每一子块转置.

形如

$$\begin{bmatrix} \boldsymbol{A}_1 & 0 & \cdots & 0 \\ 0 & \boldsymbol{A}_2 & \cdots & 0 \\ \vdots & \vdots & & \vdots \\ 0 & 0 & \cdots & \boldsymbol{A}_s \end{bmatrix}$$

的分块矩阵,其中 $\boldsymbol{A}_i$ 是 n_i 阶方阵($i=1,2,\cdots,s$),叫做准对角矩阵.设

$$A=\begin{bmatrix}A_1 & & & \\ & A_2 & & \\ & & \ddots & \\ & & & A_s\end{bmatrix},\quad B=\begin{bmatrix}B_1 & & & \\ & B_2 & & \\ & & \ddots & \\ & & & B_s\end{bmatrix}$$

是两个 n 阶准对角矩阵，并且 A_i 与 B_i 都是 n_i 阶方阵($i=1,2,\cdots,s$)，k 是一个常数，则由分块矩阵的运算有

$$A+B=\begin{bmatrix}A_1+B_1 & & & \\ & A_2+B_2 & & \\ & & \ddots & \\ & & & A_s+B_s\end{bmatrix},$$

$$kA=Ak=\begin{bmatrix}kA_1 & & & \\ & kA_2 & & \\ & & \ddots & \\ & & & kA_s\end{bmatrix},$$

$$AB=\begin{bmatrix}A_1B_1 & & & \\ & A_2B_2 & & \\ & & \ddots & \\ & & & A_sB_s\end{bmatrix},$$

$$A^{\mathrm{T}}=\begin{bmatrix}A_1^{\mathrm{T}} & & & \\ & A_2^{\mathrm{T}} & & \\ & & \ddots & \\ & & & A_s^{\mathrm{T}}\end{bmatrix}.$$

由拉普拉斯定理有

$$|A|=|A_1||A_2|\cdots|A_s|.$$

例 3 设

$$P=\begin{pmatrix}A & 0\\ C & B\end{pmatrix}$$

是 n 阶方阵，且 A,B 分别是 r 阶和 s 阶可逆方阵($r+s=n$)，证明：P 是可逆的，并求 P^{-1}.

证明 由拉普拉斯定理有

$$|\boldsymbol{P}|=\begin{vmatrix}\boldsymbol{A} & \boldsymbol{0}\\ \boldsymbol{C} & \boldsymbol{B}\end{vmatrix}=|\boldsymbol{A}||\boldsymbol{B}|\neq 0\quad(|\boldsymbol{A}|\neq 0,|\boldsymbol{B}|\neq 0),$$

所以 $\boldsymbol{P}$ 可逆. 设其逆矩阵为 $\boldsymbol{P}^{-1}$,将 $\boldsymbol{P}^{-1}$按 $\boldsymbol{P}$ 的分块方法表示为分块矩阵,即

$$\boldsymbol{P}^{-1}=\begin{pmatrix}\boldsymbol{X}_1 & \boldsymbol{X}_2\\ \boldsymbol{X}_3 & \boldsymbol{X}_4\end{pmatrix}.$$

由逆矩阵定义有

$$\begin{aligned}\boldsymbol{P}\boldsymbol{P}^{-1}&=\begin{pmatrix}\boldsymbol{A} & \boldsymbol{0}\\ \boldsymbol{C} & \boldsymbol{B}\end{pmatrix}\begin{pmatrix}\boldsymbol{X}_1 & \boldsymbol{X}_2\\ \boldsymbol{X}_3 & \boldsymbol{X}_4\end{pmatrix}\\ &=\begin{pmatrix}\boldsymbol{A}\boldsymbol{X}_1 & \boldsymbol{A}\boldsymbol{X}_2\\ \boldsymbol{C}\boldsymbol{X}_1+\boldsymbol{B}\boldsymbol{X}_3 & \boldsymbol{C}\boldsymbol{X}_2+\boldsymbol{B}\boldsymbol{X}_4\end{pmatrix}\\ &=\begin{pmatrix}\boldsymbol{E}_r & \boldsymbol{0}\\ \boldsymbol{0} & \boldsymbol{E}_s\end{pmatrix},\end{aligned}$$

所以得

$$\boldsymbol{A}\boldsymbol{X}_1=\boldsymbol{E}_r,\tag{1}$$

$$\boldsymbol{A}\boldsymbol{X}_2=\boldsymbol{0},\tag{2}$$

$$\boldsymbol{C}\boldsymbol{X}_1+\boldsymbol{B}\boldsymbol{X}_3=\boldsymbol{0},\tag{3}$$

$$\boldsymbol{C}\boldsymbol{X}_2+\boldsymbol{B}\boldsymbol{X}_4=\boldsymbol{E}_s.\tag{4}$$

因为 $\boldsymbol{A}$ 是 r 阶可逆矩阵,用 $\boldsymbol{A}^{-1}$左乘式(1)、式(2)的两边可得

$$\boldsymbol{X}_1=\boldsymbol{A}^{-1},\boldsymbol{X}_2=\boldsymbol{0}.$$

把 $\boldsymbol{X}_2=\boldsymbol{0}$ 代入式(4),再用 $\boldsymbol{B}^{-1}$左乘式(4)的两边得

$$\boldsymbol{X}_4=\boldsymbol{B}^{-1}.$$

再把 $\boldsymbol{X}_1=\boldsymbol{A}^{-1}$代入式(3),用 $\boldsymbol{B}^{-1}$左乘式(3)的两边得

$$\boldsymbol{X}_3=-\boldsymbol{B}^{-1}\boldsymbol{C}\boldsymbol{A}^{-1}.$$

于是得到

$$\boldsymbol{P}^{-1}=\begin{pmatrix}\boldsymbol{A}^{-1} & \boldsymbol{0}\\ -\boldsymbol{B}^{-1}\boldsymbol{C}\boldsymbol{A}^{-1} & \boldsymbol{B}^{-1}\end{pmatrix}.$$

特别,当 $\boldsymbol{C}=\boldsymbol{0}$ 时,有

$$\boldsymbol{P}=\begin{pmatrix}\boldsymbol{A} & \boldsymbol{0}\\ \boldsymbol{0} & \boldsymbol{B}\end{pmatrix},\quad \boldsymbol{P}^{-1}=\begin{pmatrix}\boldsymbol{A} & \boldsymbol{0}\\ \boldsymbol{0} & \boldsymbol{B}\end{pmatrix}^{-1}=\begin{pmatrix}\boldsymbol{A}^{-1} & \boldsymbol{0}\\ \boldsymbol{0} & \boldsymbol{B}^{-1}\end{pmatrix}.$$

设 $\boldsymbol{A}=\begin{bmatrix}\boldsymbol{A}_1 & & & \\ & \boldsymbol{A}_2 & & \\ & & \ddots & \\ & & & \boldsymbol{A}_s\end{bmatrix}$. 当 $\boldsymbol{A}_1,\boldsymbol{A}_2,\cdots,\boldsymbol{A}_s$ 都是可逆方阵时,有

$$\boldsymbol{A}^{-1}=\begin{bmatrix}\boldsymbol{A}_1 & & & \\ & \boldsymbol{A}_2 & & \\ & & \ddots & \\ & & & \boldsymbol{A}_s\end{bmatrix}^{-1}=\begin{bmatrix}\boldsymbol{A}_1^{-1} & & & \\ & \boldsymbol{A}_2^{-1} & & \\ & & \ddots & \\ & & & \boldsymbol{A}_s^{-1}\end{bmatrix}.$$

特殊地,当 $\boldsymbol{A}$ 为对角矩阵时,即

$$\boldsymbol{A}=\begin{bmatrix}a_1 & & & \\ & a_2 & & \\ & & \ddots & \\ & & & a_n\end{bmatrix},$$

若 $\boldsymbol{A}$ 可逆,则其逆矩阵为

$$\boldsymbol{A}^{-1}=\begin{bmatrix}a_1^{-1} & & & \\ & a_2^{-1} & & \\ & & \ddots & \\ & & & a_n^{-1}\end{bmatrix}.$$

现在我们回过头来证明 2.3.1 中方阵行列式的性质(3):

$|\boldsymbol{AB}|=|\boldsymbol{A}||\boldsymbol{B}|$,其中 $\boldsymbol{A},\boldsymbol{B}$ 都是 n 阶方阵.

设 $\boldsymbol{A}=(a_{ij})_{n\times n}$, $\boldsymbol{B}=(b_{ij})_{n\times n}$. 构造 $2n$ 阶行列式

$$\boldsymbol{D}=\begin{vmatrix}a_{11} & a_{12} & \cdots & a_{1n} & & & & \\ a_{21} & a_{22} & \cdots & a_{2n} & & & & \\ \vdots & \vdots & & \vdots & & \boldsymbol{0} & & \\ a_{n1} & a_{n2} & \cdots & a_{nn} & & & & \\ -1 & & & & b_{11} & b_{12} & \cdots & b_{1n} \\ & -1 & & & b_{21} & b_{22} & \cdots & b_{2n} \\ & & \ddots & & \vdots & \vdots & & \vdots \\ & & & -1 & b_{n1} & b_{n2} & \cdots & b_{nn}\end{vmatrix}$$

$$= \begin{vmatrix} \boldsymbol{A} & \boldsymbol{0} \\ -\boldsymbol{E} & \boldsymbol{B} \end{vmatrix}.$$

由拉普拉斯定理可知，$\boldsymbol{D} = |\boldsymbol{A}||\boldsymbol{B}|$. 另一方面，在 $\boldsymbol{D}$ 中，用 b_{1j} 乘以第 1 列，b_{2j} 乘以第 2 列，…，b_{nj} 乘以第 n 列后都加到第 $n+j$ 列上($j=1,2,\cdots,n$)，可得

$$\boldsymbol{D} = \begin{vmatrix} \boldsymbol{A} & \boldsymbol{C} \\ -\boldsymbol{E} & \boldsymbol{0} \end{vmatrix},$$

其中 $\boldsymbol{C} = (c_{ij})$，且

$$c_{ij} = a_{i1}b_{1j} + a_{i2}b_{2j} + \cdots + a_{in}b_{nj} = \sum_{k=1}^{n} a_{ik}b_{kj} \quad (i,j=1,2,\cdots,n),$$

所以

$$\boldsymbol{C} = \boldsymbol{AB}.$$

再对 $\boldsymbol{D}$ 作第 j 行与第 $n+j$ 行($j=1,2,\cdots,n$)的对换，有

$$\boldsymbol{D} = (-1)^n \begin{vmatrix} -\boldsymbol{E} & \boldsymbol{0} \\ \boldsymbol{A} & \boldsymbol{C} \end{vmatrix} = (-1)^n |-\boldsymbol{E}||\boldsymbol{C}|$$
$$= (-1)^n(-1)^n|\boldsymbol{C}| = |\boldsymbol{C}| = |\boldsymbol{AB}|.$$

于是

$$|\boldsymbol{AB}| = |\boldsymbol{A}||\boldsymbol{B}|.$$

2.5 矩阵的初等变换

定义 2.14 对矩阵施行的下列 3 种变换称为矩阵的初等行(列)变换：

(1)对换矩阵的任意两行(列)；

(2)用一个非零数乘矩阵的某一行(列)；

(3)用数 k 乘矩阵的某一行(列)后加到另一行(列)上.

矩阵的初等行变换和初等列变换统称为矩阵的初等变换.

定义 2.15 n 阶单位矩阵 $\boldsymbol{E}$ 经过一次初等变换所得到的矩阵称为初等矩阵.

初等矩阵分为 3 种类型.

(1)互换 $\boldsymbol{E}$ 的第 i,j 两行(列),得到初等矩阵

$$\boldsymbol{E}(i,j)=\begin{bmatrix}1 &&&&&&&& \\ &\ddots &&&&&&& \\ &&1 &&&&&& \\ &&&0 & \cdots & \cdots & \cdots & 1 && \\ &&&\vdots & 1 &&& \vdots && \\ &&&\vdots && \ddots && \vdots && \\ &&&\vdots &&& 1 & \vdots && \\ &&&1 & \cdots & \cdots & \cdots & 0 && \\ &&&&&&&& 1 & \\ &&&&&&&&& \ddots \\ &&&&&&&&&& 1\end{bmatrix}\begin{matrix} \\ \\ \\ (i\text{ 行}) \\ \\ \\ \\ (j\text{ 行}) \\ \\ \\ \\ \end{matrix}.$$

$$\qquad\qquad\qquad (i\text{ 列})\qquad\qquad\qquad (j\text{ 列})$$

(2)用非零常数 k 乘 $\boldsymbol{E}$ 的第 i 行(列),得到初等矩阵

$$\boldsymbol{E}((k)i)=\begin{bmatrix}1 &&&& \\ &\ddots &&& \\ &&k && \\ &&&\ddots & \\ &&&& 1\end{bmatrix}(i\text{ 行}).$$

$$(i\text{ 列})$$

(3)用数 k 乘 $\boldsymbol{E}$ 的第 i 行后加到第 j 行上(或 k 乘 $\boldsymbol{E}$ 的第 j 列后加到第 i 列上),得到初等矩阵

$$\boldsymbol{E}((k)i+j)=\begin{bmatrix}1 &&&&& \\ &\ddots &&&& \\ &&1 &&& \\ &&\vdots & \ddots && \\ &&k & \cdots & 1 & \\ &&&&& \ddots & \\ &&&&&& 1\end{bmatrix}\begin{matrix} \\ \\ (i\text{ 行}) \\ \\ (j\text{ 行}) \\ \\ \\ \end{matrix}.$$

$$(i\text{ 列})\qquad (j\text{ 列})$$

初等矩阵具有下列性质:

(1)初等矩阵都是可逆的.这是因为

$$|\boldsymbol{E}(i,j)| = -1 \neq 0;$$
$$|\boldsymbol{E}((k)i)| = k \neq 0;$$
$$|\boldsymbol{E}((k)i+j)| = 1 \neq 0.$$

(2)初等矩阵的逆矩阵仍是同类型的初等矩阵,且有

$$\boldsymbol{E}^{-1}(i,j) = \boldsymbol{E}(i,j),$$
$$\boldsymbol{E}^{-1}((k)i) = \boldsymbol{E}((\frac{1}{k})i),$$
$$\boldsymbol{E}^{-1}((k)i+j) = \boldsymbol{E}((-k)i+j).$$

(3)初等矩阵的转置矩阵仍是同类型的初等矩阵,且有

$$\boldsymbol{E}^{\mathrm{T}}(i,j) = \boldsymbol{E}(i,j),$$
$$\boldsymbol{E}^{\mathrm{T}}((k)i) = \boldsymbol{E}((k)i),$$
$$\boldsymbol{E}^{\mathrm{T}}((k)i+j) = \boldsymbol{E}((k)j+i).$$

初等矩阵与初等变换之间的关系如下.

定理 2.2 对一个 $m \times n$ 矩阵 $\boldsymbol{A}$ 作一次初等行(列)变换,相当于在 $\boldsymbol{A}$ 的左(右)边乘上一个 $m(n)$ 阶相应的初等矩阵.

证明 只对初等行变换的情形给予证明.设

$$\boldsymbol{A} = \begin{bmatrix} a_{11} & a_{12} & \cdots & a_{1n} \\ a_{21} & a_{22} & \cdots & a_{2n} \\ \vdots & \vdots & & \vdots \\ a_{m1} & a_{m2} & \cdots & a_{mn} \end{bmatrix} = \begin{bmatrix} \boldsymbol{A}_1 \\ \boldsymbol{A}_2 \\ \vdots \\ \boldsymbol{A}_m \end{bmatrix},$$

其中 $\boldsymbol{A}_i = (a_{i1}, a_{i2}, \cdots, a_{in})(i=1,2,\cdots,m)$ 是 $\boldsymbol{A}$ 的第 i 行元素所组成的子块,则

$$
\begin{array}{c}
\qquad\qquad\qquad (i\ \text{列}) \qquad\qquad\qquad (j\ \text{列})
\end{array}
$$

$$
\boldsymbol{E}(i,j)\boldsymbol{A}=
\begin{array}{r}
\\ \\ \\ (i\ \text{行}) \\ \\ \\ \\ (j\ \text{行}) \\ \\ \\ \\
\end{array}
\begin{bmatrix}
1 & & & & & & & & & \\
& \ddots & & & & & & & & \\
& & 1 & & & & & & & \\
& & & 0 & \cdots & \cdots & \cdots & 1 & & \\
& & & \vdots & 1 & & & \vdots & & \\
& & & \vdots & & \ddots & & \vdots & & \\
& & & \vdots & & & 1 & \vdots & & \\
& & & 1 & \cdots & \cdots & \cdots & 0 & & \\
& & & & & & & & 1 & \\
& & & & & & & & & \ddots \\
& & & & & & & & & & 1
\end{bmatrix}
\begin{bmatrix}
\boldsymbol{A}_1 \\ \vdots \\ \boldsymbol{A}_i \\ \vdots \\ \vdots \\ \boldsymbol{A}_j \\ \vdots \\ \boldsymbol{A}_m
\end{bmatrix}
\begin{array}{l}
\\ \\ (i\ \text{行}) \\ \\ \\ (j\ \text{行}) \\ \\ \\
\end{array}
$$

$$
=\begin{bmatrix}
\boldsymbol{A}_1 \\ \vdots \\ \boldsymbol{A}_j \\ \vdots \\ \boldsymbol{A}_i \\ \vdots \\ \boldsymbol{A}_m
\end{bmatrix}
=\begin{bmatrix}
a_{11} & a_{12} & \cdots & a_{1n} \\
\vdots & \vdots & & \vdots \\
a_{j1} & a_{j2} & \cdots & a_{jn} \\
\vdots & \vdots & & \vdots \\
a_{i1} & a_{i2} & \cdots & a_{in} \\
\vdots & \vdots & & \vdots \\
a_{m1} & a_{m2} & \cdots & a_{mn}
\end{bmatrix}
\begin{array}{l}
\\ \\ (i\ \text{行}) \\ \\ (j\ \text{行}) \\ \\ \\
\end{array}.
$$

$$
(i\ \text{列})
$$

$$
\boldsymbol{E}((k)i)\boldsymbol{A}=
\begin{bmatrix}
1 & & & & \\
& \ddots & & & \\
& & k & & \\
& & & \ddots & \\
& & & & 1
\end{bmatrix}
\begin{bmatrix}
\boldsymbol{A}_1 \\ \vdots \\ \boldsymbol{A}_i \\ \vdots \\ \boldsymbol{A}_m
\end{bmatrix}
\begin{array}{l}
\\ \\ (i\ \text{行}) \\ \\ \\
\end{array}
$$

$$=\begin{bmatrix}\boldsymbol{A}_1\\ \vdots\\ k\boldsymbol{A}_i\\ \vdots\\ \boldsymbol{A}_m\end{bmatrix}=\begin{bmatrix}a_{11} & a_{12} & \cdots & a_{1n}\\ \vdots & \vdots & & \vdots\\ ka_{i1} & ka_{i2} & \cdots & ka_{in}\\ \vdots & \vdots & & \vdots\\ a_{m1} & a_{m2} & \cdots & a_{mn}\end{bmatrix}(i\text{ 行}).$$

$$(i\text{ 列})\quad(j\text{ 列})$$

$$\boldsymbol{E}((k)i+j)\boldsymbol{A}=\begin{matrix}\\ \\ (i\text{ 行})\\ \\ (j\text{ 行})\\ \\ \\ \end{matrix}\begin{bmatrix}1 & & & & & \\ & \ddots & & & & \\ & & 1 & & & \\ & & \vdots & \ddots & & \\ & & k & \cdots & 1 & \\ & & & & & \ddots & \\ & & & & & & 1\end{bmatrix}\begin{bmatrix}\boldsymbol{A}_1\\ \vdots\\ \boldsymbol{A}_i\\ \vdots\\ \boldsymbol{A}_j\\ \vdots\\ \boldsymbol{A}_m\end{bmatrix}\begin{matrix}\\ \\ (i\text{ 行})\\ \\ (j\text{ 行})\\ \\ \\ \end{matrix}$$

$$=\begin{bmatrix}\boldsymbol{A}_1\\ \vdots\\ \boldsymbol{A}_i\\ \vdots\\ k\boldsymbol{A}_i+\boldsymbol{A}_j\\ \vdots\\ \vdots\boldsymbol{A}_m\end{bmatrix}=\begin{bmatrix}a_{11} & a_{12} & \cdots & a_{1n}\\ \vdots & \vdots & & \vdots\\ a_{i1} & a_{i2} & \cdots & a_{in}\\ \vdots & \vdots & & \vdots\\ ka_{i1}+a_{j1} & ka_{i2}+a_{j2} & \cdots & ka_{in}a_{jn}\\ \vdots & \vdots & & \vdots\\ a_{m1} & a_{m2} & \cdots & a_{mn}\end{bmatrix}\begin{matrix}\\ \\ (i\text{ 行})\\ \\ (j\text{ 行})\\ \\ \\ \end{matrix}.$$

同样可以证明初等列变换的情形.

定义 2.16 若矩阵 $\boldsymbol{A}$ 经过有限次的初等变换变成矩阵 $\boldsymbol{B}$,则称矩阵 $\boldsymbol{A}$ 与矩阵 $\boldsymbol{B}$ 等价.记作 $\boldsymbol{A}\cong\boldsymbol{B}$.

等价是两个矩阵间的一种关系,不难验证等价矩阵具有以下性质:

(1)反身性 即 $\boldsymbol{A}\cong\boldsymbol{A}$;

(2)对称性 若 $\boldsymbol{A}\cong\boldsymbol{B}$,则 $\boldsymbol{B}\cong\boldsymbol{A}$;

(3)传递性 若 $\boldsymbol{A}\cong\boldsymbol{B}$,$\boldsymbol{B}\cong\boldsymbol{C}$,则 $\boldsymbol{A}\cong\boldsymbol{C}$.

定理 2.3 任意一个 $m\times n$ 非零矩阵 $\boldsymbol{A}$,必与形如

$$B=\begin{bmatrix}1&0&\cdots&0&0&\cdots&0\\0&1&\cdots&0&0&\cdots&0\\\vdots&\vdots&&\vdots&\vdots&&\vdots\\0&0&\cdots&1&0&\cdots&0\\0&0&\cdots&0&0&\cdots&0\\\vdots&\vdots&&\vdots&\vdots&&\vdots\\0&0&\cdots&0&0&\cdots&0\end{bmatrix}=\begin{pmatrix}E_r&\mathbf{0}\\\mathbf{0}&\mathbf{0}\end{pmatrix}$$

的矩阵等价，其中 $1\leqslant r\leqslant\min\{m,n\}$，并称 B 为 A 的等价标准形.

证明　设

$$A=\begin{bmatrix}a_{11}&a_{12}&\cdots&a_{1n}\\a_{21}&a_{22}&\cdots&a_{2n}\\\vdots&\vdots&&\vdots\\a_{m1}&a_{m2}&\cdots&a_{mn}\end{bmatrix}.$$

为了证明 A 与 B 等价，只需证明 A 可以经过有限次的初等变换化为 B 就行了.

因为 $A\neq\mathbf{0}$，不失一般性，不妨设 $a_{11}\neq0$（否则可先经过行及列的对换，把 A 中任一非零元素调到第 1 行第 1 列的位置，再作如下的讨论），并用 $-a_{11}^{-1}a_{i1}$ 乘以第 1 行后加到第 i 行上（$i=2,3,\cdots,m$），然后，用 $-a_{11}^{-1}a_{1j}$ 乘以第 1 列后加到第 j 列上（$j=2,3,\cdots,n$），再用 a_{11}^{-1} 乘以第 1 行，则把 A 化成

$$A\to\begin{bmatrix}1&0&\cdots&0\\0&b_{22}&\cdots&b_{2n}\\\vdots&\vdots&&\vdots\\0&b_{m2}&\cdots&b_{mn}\end{bmatrix}=\begin{pmatrix}1&\mathbf{0}\\\mathbf{0}&B_1\end{pmatrix}.$$

（用"→"表示对矩阵施行初等变换的结果）其中 B_1 是 $(m-1)\times(n-1)$ 矩阵，若 $B_1=\mathbf{0}$，则 A 经过上述初等变换就已化为形如 B 的矩阵. 若 $B_1\neq\mathbf{0}$，则对 B_1 再重复以上的步骤，这样继续下去，A 必可化成

$$A \to \begin{bmatrix} 1 & 0 & \cdots & 0 & 0 & \cdots & 0 \\ 0 & 1 & \cdots & 0 & 0 & \cdots & 0 \\ \vdots & \vdots & & \vdots & \vdots & & \vdots \\ 0 & 0 & \cdots & 1 & 0 & \cdots & 0 \\ 0 & 0 & \cdots & 0 & 0 & \cdots & 0 \\ \vdots & \vdots & & \vdots & \vdots & & \vdots \\ 0 & 0 & \cdots & 0 & 0 & \cdots & 0 \end{bmatrix}$$

$$= \begin{pmatrix} \boldsymbol{E}_r & \boldsymbol{0} \\ \boldsymbol{0} & \boldsymbol{0} \end{pmatrix} = \boldsymbol{B}.$$

利用定理 2.2 的结论可将定理 2.3 叙述为：对于任意一个非零的 $m \times n$ 矩阵 $\boldsymbol{A}$，必存在 m 阶初等矩阵 $\boldsymbol{P}_1, \boldsymbol{P}_2, \cdots, \boldsymbol{P}_s$；$n$ 阶初等矩阵 $\boldsymbol{Q}_1, \boldsymbol{Q}_2, \cdots, \boldsymbol{Q}_t$，使得

$$\boldsymbol{P}_s \cdots \boldsymbol{P}_2 \boldsymbol{P}_1 \boldsymbol{A} \boldsymbol{Q}_1 \boldsymbol{Q}_2 \cdots \boldsymbol{Q}_t = \begin{pmatrix} \boldsymbol{E}_r & \boldsymbol{0} \\ \boldsymbol{0} & \boldsymbol{0} \end{pmatrix} = \boldsymbol{B}.$$

若记 $\boldsymbol{P} = \boldsymbol{P}_s \cdots \boldsymbol{P}_2 \boldsymbol{P}_1$，$\boldsymbol{Q} = \boldsymbol{Q}_1 \boldsymbol{Q}_2 \cdots \boldsymbol{Q}_t$，则 $\boldsymbol{P}, \boldsymbol{Q}$ 分别是 m 阶，n 阶可逆矩阵，而定理 2.3 又可叙述为：对于任意一个非零的 $m \times n$ 矩阵 $\boldsymbol{A}$，必存在 m 阶可逆矩阵 $\boldsymbol{P}$，n 阶可逆矩阵 $\boldsymbol{Q}$，使得

$$\boldsymbol{PAQ} = \begin{pmatrix} \boldsymbol{E}_r & \boldsymbol{0} \\ \boldsymbol{0} & \boldsymbol{0} \end{pmatrix} = \boldsymbol{B}.$$

由此即得，两个 $m \times n$ 矩阵 $\boldsymbol{A}, \boldsymbol{B}$ 等价的充分必要条件是，存在 m 阶可逆矩阵 $\boldsymbol{P}$，n 阶可逆矩阵 $\boldsymbol{Q}$，使得

$$\boldsymbol{PAQ} = \boldsymbol{B}.$$

定理 2.3 有以下几种特殊情形：

(1)当 $r = m$ 时，$\boldsymbol{A}$ 的标准形为$\begin{bmatrix} \boldsymbol{E}_m & \boldsymbol{0} \end{bmatrix}$；

(2)当 $r = n$ 时，$\boldsymbol{A}$ 的标准形为$\begin{pmatrix} \boldsymbol{E}_n \\ \boldsymbol{0} \end{pmatrix}$；

(3)当 $\boldsymbol{A}$ 是 n 阶非零方阵时，必存在 n 阶可逆矩阵 $\boldsymbol{P}, \boldsymbol{Q}$，使得

$$PAQ=\begin{bmatrix}1 & & & & & \\ & \ddots & & & & \\ & & 1 & & & \\ & & & 0 & & \\ & & & & \ddots & \\ & & & & & 0\end{bmatrix};$$

(4)当 $\boldsymbol{A}$ 是 n 阶可逆矩阵时,必存在 n 阶可逆矩阵 $\boldsymbol{P},\boldsymbol{Q}$,使得

$$\boldsymbol{PAQ}=\boldsymbol{E}.$$

事实上,若 $\boldsymbol{A}$ 的标准形 $\boldsymbol{PAQ}$ 的主对角线上含有零,则取行列式有

$$|\boldsymbol{P}||\boldsymbol{A}||\boldsymbol{Q}|=0,$$

即在 $|\boldsymbol{P}|$,$|\boldsymbol{A}|$ 与 $|\boldsymbol{Q}|$ 中必有一个是零,这与 $\boldsymbol{P},\boldsymbol{A},\boldsymbol{Q}$ 都是可逆矩阵矛盾.

下面给出用矩阵的初等变换求可逆矩阵的逆矩阵的方法.

设 $\boldsymbol{A}$ 是 n 阶可逆矩阵,则必存在 n 阶初等矩阵 $\boldsymbol{P}_1,\boldsymbol{P}_2,\cdots,\boldsymbol{P}_s$;$\boldsymbol{Q}_1,\boldsymbol{Q}_2,\cdots,\boldsymbol{Q}_t$,使得

$$\boldsymbol{P}_s\cdots\boldsymbol{P}_2\boldsymbol{P}_1\boldsymbol{A}\boldsymbol{Q}_1\boldsymbol{Q}_2\cdots\boldsymbol{Q}_t=\boldsymbol{E}.$$

从而有

$$\boldsymbol{A}=\boldsymbol{P}_1^{-1}\boldsymbol{P}_2^{-1}\cdots\boldsymbol{P}_s^{-1}\boldsymbol{Q}_t^{-1}\cdots\boldsymbol{Q}_2^{-1}\boldsymbol{Q}_1^{-1}.\tag{1}$$

因为初等矩阵的逆矩阵还是初等矩阵,所以式(1)说明,可逆矩阵 $\boldsymbol{A}$ 必可表示为有限个初等矩阵的乘积.进而还有

$$\boldsymbol{Q}_1\boldsymbol{Q}_2\cdots\boldsymbol{Q}_t\boldsymbol{P}_s\cdots\boldsymbol{P}_2\boldsymbol{P}_1\boldsymbol{A}=\boldsymbol{E},\tag{2}$$

$$\boldsymbol{Q}_1\boldsymbol{Q}_2\cdots\boldsymbol{Q}_t\boldsymbol{P}_s\cdots\boldsymbol{P}_2\boldsymbol{P}_1\boldsymbol{E}=\boldsymbol{A}^{-1}.\tag{3}$$

式(2)表明任意一个可逆矩阵 $\boldsymbol{A}$ 可以经过有限次的初等行变换化为单位矩阵 $\boldsymbol{E}$;

式(3)表明把 $\boldsymbol{A}$ 化为 $\boldsymbol{E}$ 的有限次初等行变换,按原步骤作用在单位矩阵 $\boldsymbol{E}$ 上,便可把 $\boldsymbol{E}$ 化为 $\boldsymbol{A}$ 的逆矩阵 $\boldsymbol{A}^{-1}$.

根据分块矩阵的乘法,把(2)与(3)两式合并写成

$$\boldsymbol{Q}_1\boldsymbol{Q}_2\cdots\boldsymbol{Q}_t\boldsymbol{P}_s\cdots\boldsymbol{P}_2\boldsymbol{P}_1[\boldsymbol{A}\,\vdots\,\boldsymbol{E}]=[\boldsymbol{E}\,\vdots\,\boldsymbol{A}^{-1}].$$

由此我们得到用初等行变换求可逆矩阵 $\boldsymbol{A}$ 的逆矩阵 $\boldsymbol{A}^{-1}$ 的方法,

即对 $n\times 2n$ 矩阵$[\boldsymbol{A}\vdots\boldsymbol{E}]$施行初等行变换，当把 $\boldsymbol{A}$ 化为$\boldsymbol{E}$ 时，同时把 $\boldsymbol{E}$ 化为$\boldsymbol{A}^{-1}$，亦即

$$[\boldsymbol{A}\vdots\boldsymbol{E}]\xrightarrow{\text{初等行变换}}[\boldsymbol{E}\vdots\boldsymbol{A}^{-1}].$$

例 1 求 $\boldsymbol{A}$ 的逆矩阵，设

$$\boldsymbol{A}=\begin{bmatrix}1&2&3\\1&3&4\\2&1&2\end{bmatrix}.$$

解

$$[\boldsymbol{A}\vdots\boldsymbol{E}]=\left[\begin{array}{ccc:ccc}1&2&3&1&0&0\\1&3&4&0&1&0\\2&1&2&0&0&1\end{array}\right]\to$$

$$\left[\begin{array}{ccc:ccc}1&2&3&1&0&0\\0&1&1&-1&1&0\\0&-3&-4&-2&0&1\end{array}\right]\to\left[\begin{array}{ccc:ccc}1&2&3&1&0&0\\0&1&1&-1&1&0\\0&0&-1&-5&3&1\end{array}\right]\to$$

$$\left[\begin{array}{ccc:ccc}1&2&0&-14&9&3\\0&1&0&-6&4&1\\0&0&-1&-5&3&1\end{array}\right]\to\left[\begin{array}{ccc:ccc}1&0&0&-2&1&1\\0&1&0&-6&4&1\\0&0&1&5&-3&-1\end{array}\right],$$

所以

$$\boldsymbol{A}^{-1}=\begin{bmatrix}-2&1&1\\-6&4&1\\5&-3&-1\end{bmatrix}.$$

例 2 解矩阵方程

$$\begin{bmatrix}1&2&-3\\2&5&4\\0&-1&-1\end{bmatrix}\boldsymbol{X}=\begin{bmatrix}1&2\\3&-1\\2&-4\end{bmatrix}.$$

解 对于矩阵方程

$$\boldsymbol{AX}=\boldsymbol{B}.$$

$$|\boldsymbol{A}|=\begin{vmatrix}1&2&-3\\2&5&4\\0&-1&-1\end{vmatrix}=9.$$

当 $\boldsymbol{A}$ 可逆时,必存在初等矩阵 $\boldsymbol{P}_1,\boldsymbol{P}_2,\cdots\boldsymbol{P}_l$,使得

$$\boldsymbol{P}_l\cdots\boldsymbol{P}_2\boldsymbol{P}_1\boldsymbol{A}=\boldsymbol{E},$$

所以

$$\boldsymbol{P}_l\cdots\boldsymbol{P}_2\boldsymbol{P}_1\boldsymbol{A}\boldsymbol{X}=\boldsymbol{X}=\boldsymbol{P}_l\cdots\boldsymbol{P}_2\boldsymbol{P}_1\boldsymbol{B}.$$

此式表明,把 $\boldsymbol{A}$ 变成单位矩阵 $\boldsymbol{E}$ 的初等行变换,按原步骤作用在 $\boldsymbol{B}$ 上,便得到

$$\boldsymbol{X}=\boldsymbol{A}^{-1}\boldsymbol{B}.$$

即求矩阵 $\boldsymbol{X}$ 可利用下面的式子

$$\boldsymbol{P}_l\cdots\boldsymbol{P}_2\boldsymbol{P}_1[\boldsymbol{A}\vdots\boldsymbol{B}]=[\boldsymbol{E}\vdots\boldsymbol{A}^{-1}\boldsymbol{B}].$$

亦即 $[\boldsymbol{A}\vdots\boldsymbol{B}]\xrightarrow{\text{初等行变换}}[\boldsymbol{E}\vdots\boldsymbol{A}^{-1}\boldsymbol{B}].$

因此本例可由下面的步骤解得

$$[\boldsymbol{A}\vdots\boldsymbol{B}]=\left[\begin{array}{ccc:cc}1&2&-3&1&2\\2&5&4&3&-1\\0&-1&-1&2&-4\end{array}\right]\to\left[\begin{array}{ccc:cc}1&2&-3&1&2\\0&1&10&1&-5\\0&-1&-1&2&-4\end{array}\right]$$

$$\to\left[\begin{array}{ccc:cc}1&2&-3&1&2\\0&1&10&1&-5\\0&0&9&3&-9\end{array}\right]\to\left[\begin{array}{ccc:cc}1&2&-3&1&2\\0&1&10&1&-5\\0&0&1&\frac{1}{3}&-1\end{array}\right]$$

$$\to\left[\begin{array}{ccc:cc}1&2&0&2&-1\\0&1&0&-\frac{7}{3}&5\\0&0&1&\frac{1}{3}&-1\end{array}\right]\to\left[\begin{array}{ccc:cc}1&0&0&\frac{20}{3}&-11\\0&1&0&-\frac{7}{3}&5\\0&0&1&\frac{1}{3}&-1\end{array}\right].$$

于是有

$$\boldsymbol{X}=\begin{bmatrix}\frac{20}{3}&-11\\-\frac{7}{3}&5\\\frac{1}{3}&-1\end{bmatrix}.$$

用类似的方法可以证明,用初等列变换求可逆矩阵的逆矩阵的方法.即有

$$\boldsymbol{A}\boldsymbol{Q}_1\boldsymbol{Q}_2\cdots\boldsymbol{Q}_l=\boldsymbol{E},$$

$$\boldsymbol{E}\boldsymbol{Q}_1\boldsymbol{Q}_2\cdots\boldsymbol{Q}_l=\boldsymbol{A}^{-1},$$

两式合并为

$$\begin{bmatrix}\boldsymbol{A}\\ \cdots\\ \boldsymbol{E}\end{bmatrix}\boldsymbol{Q}_1\boldsymbol{Q}_2\cdots\boldsymbol{Q}_l=\begin{bmatrix}\boldsymbol{E}\\ \cdots\\ \boldsymbol{A}^{-1}\end{bmatrix}.$$

即

$$\begin{bmatrix}\boldsymbol{A}\\ \cdots\\ \boldsymbol{E}\end{bmatrix}\xrightarrow{\text{初等列变换}}\begin{bmatrix}\boldsymbol{E}\\ \cdots\\ \boldsymbol{A}^{-1}\end{bmatrix}.$$

同理,当 $\boldsymbol{A}$ 可逆时,对于矩阵方程

$$\boldsymbol{X}\boldsymbol{A}=\boldsymbol{B}$$

的解 $\boldsymbol{X}=\boldsymbol{B}\boldsymbol{A}^{-1}$ 也可按下面的方法求得

$$\begin{bmatrix}\boldsymbol{A}\\ \cdots\\ \boldsymbol{B}\end{bmatrix}\xrightarrow{\text{初等列变换}}\begin{bmatrix}\boldsymbol{E}\\ \cdots\\ \boldsymbol{B}\boldsymbol{A}^{-1}\end{bmatrix}.$$

2.6 矩阵的秩

定义 2.17 在 $m\times n$ 矩阵 $\boldsymbol{A}$ 中任取 k 行 k 列,位于这些行列交叉处的元素按原来相对位置所构成的一个 k 阶行列式,称为矩阵 $\boldsymbol{A}$ 的一个 k 阶子式.

定义 2.18 $m\times n$ 矩阵 $\boldsymbol{A}=(a_{ij})$ 中不为零的子式的最高阶数称为矩阵 $\boldsymbol{A}$ 的秩,记为 $r(\boldsymbol{A})$.

根据定义规定,零矩阵的秩为零.

对于 $m\times n$ 矩阵 $\boldsymbol{A}$,有

$$0\leqslant r(\boldsymbol{A})\leqslant\min\{m,n\}.$$

由矩阵秩的定义有

$$r(\boldsymbol{A}^{\mathrm{T}})=r(\boldsymbol{A}).$$

对于 n 阶方阵 $\boldsymbol{A}$，若 $r(\boldsymbol{A})=n$，则称 $\boldsymbol{A}$ 为满秩矩阵. 显然，方阵 $\boldsymbol{A}$ 是满秩矩阵的充分必要条件是 $\boldsymbol{A}$ 为可逆矩阵(即 $|\boldsymbol{A}|\neq 0$).

若 $r(\boldsymbol{A})<n$，则称 $\boldsymbol{A}$ 为降秩矩阵.

例1　求矩阵

$$\boldsymbol{A}=\begin{bmatrix}1 & 2 & 3 & 4\\ -1 & -1 & -4 & -2\\ 3 & 4 & 11 & 8\end{bmatrix}$$

的秩.

解　$\boldsymbol{A}$ 是非零矩阵，显然有不为零的1阶子式，且2阶子式

$$\begin{vmatrix}1 & 2\\ -1 & -1\end{vmatrix}=1\neq 0,$$

而 $\boldsymbol{A}$ 的所有3阶子式(共有 $C_4^3=4$ 个)

$$\begin{vmatrix}1 & 2 & 3\\ -1 & -1 & -4\\ 3 & 4 & 11\end{vmatrix}=0,\quad \begin{vmatrix}1 & 2 & 4\\ -1 & -1 & -2\\ 3 & 4 & 8\end{vmatrix}=0,$$

$$\begin{vmatrix}1 & 3 & 4\\ -1 & -4 & -2\\ 3 & 11 & 8\end{vmatrix}=0,\quad \begin{vmatrix}2 & 3 & 4\\ -1 & -4 & -2\\ 4 & 11 & 8\end{vmatrix}=0,$$

所以，由定义知 $r(\boldsymbol{A})=2$.

例2　形如

$$\boldsymbol{A}=\begin{bmatrix}1 & 3 & -2 & 4 & 5\\ 0 & 2 & 1 & 5 & 8\\ 0 & 0 & 0 & 2 & 3\\ 0 & 0 & 0 & 0 & 0\\ 0 & 0 & 0 & 0 & 0\end{bmatrix}.$$

的矩阵称为(行)阶梯形矩阵，试求阶梯形矩阵 $\boldsymbol{A}$ 的秩.

解　$\boldsymbol{A}$ 中有3阶子式

$$\begin{vmatrix} 1 & 3 & 4 \\ 0 & 2 & 5 \\ 0 & 0 & 2 \end{vmatrix} = 4 \neq 0,$$

而所有的 4 阶子式都为零.所以 $r(\boldsymbol{A})=3$.

也就是说,阶梯形矩阵的秩等于它的元素不全为零的行数.

定理 2.4 初等变换不改变矩阵的秩.

证明 我们仅就初等行变换的情形来证明.

(1)矩阵 $\boldsymbol{A}$ 的 i,j 两行互换后得到矩阵 $\boldsymbol{B}$,由行列式的性质(2)可知,矩阵 $\boldsymbol{B}$ 的子式与矩阵 $\boldsymbol{A}$ 的相应子式或相等,或只差一个符号,所以有 $r(\boldsymbol{B})=r(\boldsymbol{A})$.

(2)矩阵 $\boldsymbol{A}$ 的第 i 行乘以一个非零常数 k 后得到矩阵 $\boldsymbol{B}$,由行列式的性质(4)可知,矩阵 $\boldsymbol{B}$ 的子式或与矩阵 $\boldsymbol{A}$ 的相应子式相等,或是矩阵 $\boldsymbol{A}$ 的相应子式的 k 倍,所以有 $r(\boldsymbol{B})=r(\boldsymbol{A})$.

(3)矩阵 $\boldsymbol{A}$ 的第 i 行乘以数 k 后加到第 j 行上得到矩阵 $\boldsymbol{B}$,即

$$\boldsymbol{A}=\begin{bmatrix} a_{11} & a_{12} & \cdots & a_{1n} \\ \vdots & \vdots & & \vdots \\ a_{i1} & a_{i2} & \cdots & a_{in} \\ \vdots & \vdots & & \vdots \\ a_{j1} & a_{j2} & \cdots & a_{jn} \\ \vdots & \vdots & & \vdots \\ a_{m1} & a_{m2} & \cdots & a_{mn} \end{bmatrix} \longrightarrow$$

$$\begin{bmatrix} a_{11} & a_{12} & \cdots & a_{1n} \\ \vdots & \vdots & & \vdots \\ a_{i1} & a_{i2} & \cdots & a_{in} \\ \vdots & \vdots & & \vdots \\ a_{j1}+ka_{i1} & a_{j2}+ka_{i2} & \cdots & a_{jn}+ka_{in} \\ \vdots & \vdots & & \vdots \\ a_{m1} & a_{m2} & \cdots & a_{mn} \end{bmatrix} = \boldsymbol{B}.$$

设 $r(\boldsymbol{A})=r$,为了证明 $r(\boldsymbol{B})=r(\boldsymbol{A})$,我们先证明 $r(\boldsymbol{B})\leqslant r(\boldsymbol{A})$.

若矩阵 $\boldsymbol{B}$ 没有阶数大于 r 的子式，则它当然也就没有阶数大于 r 的不等于零的子式，所以，$r(\boldsymbol{B})\leqslant r(\boldsymbol{A})$.

设矩阵 $\boldsymbol{B}$ 有 s 阶子式 D，而且 $s>r$，则有两种可能情形.

①若 D 不含第 j 行的元素，则 D 显然也就是矩阵 $\boldsymbol{A}$ 的一个阶数大于 r 的 s 阶子式，所以，$D=0$；

②若 D 含第 j 行的元素，即

$$D=\begin{vmatrix} \vdots & \vdots & & \vdots \\ a_{jt_1}+ka_{it_1} & a_{jt_2}+ka_{it_2} & \cdots & a_{jt_s}+ka_{it_s} \\ \vdots & \vdots & & \vdots \end{vmatrix}$$

$$=\begin{vmatrix} \vdots & \vdots & & \vdots \\ a_{jt_1} & a_{jt_2} & \cdots & a_{jt_s} \\ \vdots & \vdots & & \vdots \end{vmatrix}+k\begin{vmatrix} \vdots & \vdots & & \vdots \\ a_{it_1} & a_{it_2} & \cdots & a_{it_s} \\ \vdots & \vdots & & \vdots \end{vmatrix}$$

$$=D_1+kD_2,$$

其中 D_1 是矩阵 $\boldsymbol{A}$ 的一个 s 阶子式，所以，$D_1=0$，当 D 含第 i 行的元素时，D_2 是矩阵 $\boldsymbol{A}$ 的有两行元素相同的一个 s 阶子式，有 $D_2=0$，当 D 不含第 i 行的元素时，D_2 是矩阵 $\boldsymbol{A}$ 的某一个含第 i 行元素的 s 阶子式经过若干次行调换后得到的行列式，也有 $D_2=0$，所以，$D=0$.

因此证明了矩阵 $\boldsymbol{B}$ 的所有阶数大于 r 的子式都等于零，所以

$$r(\boldsymbol{B})\leqslant r(\boldsymbol{A}).$$

而我们也可以对矩阵 $\boldsymbol{B}$ 施行第三种初等行变换得到矩阵 $\boldsymbol{A}$，因此也有

$$r(\boldsymbol{A})\leqslant r(\boldsymbol{B}).$$

这样就证明了

$$r(\boldsymbol{A})=r(\boldsymbol{B}).$$

对于初等列变换，也可用同样的方法加以证明.

推论 1　非零的 $m\times n$ 矩阵 $\boldsymbol{A}$ 与它的标准形具有相同的秩. 即

$$r(\boldsymbol{A})=r\begin{pmatrix}\boldsymbol{E}_r & \boldsymbol{0}\\ \boldsymbol{0} & \boldsymbol{0}\end{pmatrix}=r.$$

推论 2　设 $\boldsymbol{A}$ 是 $m\times n$ 矩阵，$\boldsymbol{P}$ 是 m 阶可逆矩阵，$\boldsymbol{Q}$ 是 n 阶可逆

矩阵,则有

$$r(\boldsymbol{PAQ})=r(\boldsymbol{PA})=r(\boldsymbol{AQ})=r(\boldsymbol{A}).$$

证明 因为 $\boldsymbol{P},\boldsymbol{Q}$ 都是可逆矩阵,所以均可表示成若干个初等矩阵的乘积,即有 m 阶初等矩阵 $\boldsymbol{P}_1,\boldsymbol{P}_2,\cdots,\boldsymbol{P}_s$,及 n 阶初等矩阵 $\boldsymbol{Q}_1,\boldsymbol{Q}_2,\cdots,\boldsymbol{Q}_t$,使

$$\boldsymbol{P}=\boldsymbol{P}_1\boldsymbol{P}_2\cdots\boldsymbol{P}_s,$$
$$\boldsymbol{Q}=\boldsymbol{Q}_1\boldsymbol{Q}_2\cdots\boldsymbol{Q}_t,$$

从而有

$$\boldsymbol{PAQ}=\boldsymbol{P}_1\boldsymbol{P}_2\cdots\boldsymbol{P}_s\boldsymbol{A}\boldsymbol{Q}_1\boldsymbol{Q}_2\cdots\boldsymbol{Q}_t,$$
$$\boldsymbol{PA}=\boldsymbol{P}_1\boldsymbol{P}_2\cdots\boldsymbol{P}_s\boldsymbol{A},$$
$$\boldsymbol{AQ}=\boldsymbol{A}\boldsymbol{Q}_1\boldsymbol{Q}_2\cdots\boldsymbol{Q}_t,$$

以上 3 个式子均表明对 $\boldsymbol{A}$ 施行初等变换,由定理 2.4 可知

$$r(\boldsymbol{PAQ})=r(\boldsymbol{PA})=r(\boldsymbol{AQ})=r(\boldsymbol{A}).$$

任意一个非零的 $m\times n$ 矩阵 $\boldsymbol{A}$ 总可以经过有限次的初等变换化为阶梯形矩阵 $\boldsymbol{B}$,由定理 2.4 可知,初等变换不改变矩阵的秩,所以矩阵 $\boldsymbol{A}$ 的秩就等于阶梯形矩阵 $\boldsymbol{B}$ 中非零行的行数.

例 3 求矩阵 $\boldsymbol{A}=\begin{pmatrix}1&2&1&3\\-1&-1&2&0\\2&4&3&5\\4&8&9&7\end{pmatrix}$ 的秩.

解

$$\boldsymbol{A}=\begin{pmatrix}1&2&1&3\\-1&-1&2&0\\2&4&3&5\\4&8&9&7\end{pmatrix}\longrightarrow\begin{pmatrix}1&2&1&3\\0&1&3&3\\0&0&1&-1\\0&0&5&-5\end{pmatrix}$$

$$\longrightarrow\begin{pmatrix}1&2&1&3\\0&1&3&3\\0&0&1&-1\\0&0&0&0\end{pmatrix}.$$

所以 $r(\boldsymbol{A})=3$.

定理2.5 设 $\boldsymbol{A}$ 是 $m\times s$ 矩阵，$\boldsymbol{B}$ 是 $s\times n$ 矩阵，则

$$r(\boldsymbol{AB})\leqslant\min\{r(\boldsymbol{A}),r(\boldsymbol{B})\}.$$

证明 设 $r(\boldsymbol{A})=r_1$，$r(\boldsymbol{B})=r_2$，则存在 m 阶可逆矩阵 $\boldsymbol{P}_1$，s 阶可逆矩阵 $\boldsymbol{Q}_1$ 与 $\boldsymbol{P}_2$，n 阶可逆矩阵 $\boldsymbol{Q}_2$，使得

$$\boldsymbol{A}=\boldsymbol{P}_1\begin{bmatrix}\boldsymbol{E}_{r_1} & \boldsymbol{0}\\ \boldsymbol{0} & \boldsymbol{0}\end{bmatrix}\boldsymbol{Q}_1,\quad \boldsymbol{B}=\boldsymbol{P}_2\begin{bmatrix}\boldsymbol{E}_{r_2} & \boldsymbol{0}\\ \boldsymbol{0} & \boldsymbol{0}\end{bmatrix}\boldsymbol{Q}_2,$$

从而有

$$\boldsymbol{AB}=\boldsymbol{P}_1\begin{bmatrix}\boldsymbol{E}_{r_1} & \boldsymbol{0}\\ \boldsymbol{0} & \boldsymbol{0}\end{bmatrix}\boldsymbol{Q}_1\boldsymbol{P}_2\begin{bmatrix}\boldsymbol{E}_{r_2} & \boldsymbol{0}\\ \boldsymbol{0} & \boldsymbol{0}\end{bmatrix}\boldsymbol{Q}_2.$$

令 $$\boldsymbol{Q}_1=\begin{pmatrix}\boldsymbol{Q}_{11}\\ \boldsymbol{Q}_{21}\end{pmatrix},\quad \boldsymbol{P}_2=[\boldsymbol{P}_{11},\boldsymbol{P}_{12}],$$

则

$$\begin{aligned}\boldsymbol{AB}&=\boldsymbol{P}_1\begin{bmatrix}\boldsymbol{E}_{r_1} & \boldsymbol{0}\\ \boldsymbol{0} & \boldsymbol{0}\end{bmatrix}\begin{pmatrix}\boldsymbol{Q}_{11}\\ \boldsymbol{Q}_{21}\end{pmatrix}[\boldsymbol{P}_{11}\quad \boldsymbol{P}_{12}]\begin{bmatrix}\boldsymbol{E}_{r_2} & \boldsymbol{0}\\ \boldsymbol{0} & \boldsymbol{0}\end{bmatrix}\boldsymbol{Q}_2\\ &=\boldsymbol{P}_1\begin{pmatrix}\boldsymbol{Q}_{11}\\ \boldsymbol{0}\end{pmatrix}[\boldsymbol{P}_{11}\quad \boldsymbol{0}]\boldsymbol{Q}_2\\ &=\boldsymbol{P}_1\begin{pmatrix}\boldsymbol{Q}_{11}\boldsymbol{P}_{11} & \boldsymbol{0}\\ \boldsymbol{0} & \boldsymbol{0}\end{pmatrix}\boldsymbol{Q}_2,\end{aligned}$$

其中 $\boldsymbol{Q}_{11}\boldsymbol{P}_{11}$ 是 $r_1\times r_2$ 矩阵，因此

$$\begin{aligned}r(\boldsymbol{AB})&=r\left(\boldsymbol{P}_1\begin{pmatrix}\boldsymbol{Q}_{11}\boldsymbol{P}_{11} & \boldsymbol{0}\\ \boldsymbol{0} & \boldsymbol{0}\end{pmatrix}\boldsymbol{Q}_2\right)\\ &=r\begin{pmatrix}\boldsymbol{Q}_{11}\boldsymbol{P}_{11} & \boldsymbol{0}\\ \boldsymbol{0} & \boldsymbol{0}\end{pmatrix}\\ &=r(\boldsymbol{Q}_{11}\boldsymbol{P}_{11})\\ &\leqslant\min\{r_1,r_2\}=\min\{r(\boldsymbol{A}),r(\boldsymbol{B})\}.\end{aligned}$$

推论 若 $\boldsymbol{B}=\boldsymbol{A}_1\boldsymbol{A}_2\cdots\boldsymbol{A}_l$，则

$$r(\boldsymbol{B})\leqslant\min\{r(\boldsymbol{A}_1),r(\boldsymbol{A}_2),\cdots,r(A_l)\}.$$

定理 2.6 设 $\boldsymbol{A},\boldsymbol{B}$ 是 $m\times n$ 矩阵,则

$$r(\boldsymbol{A}+\boldsymbol{B})\leqslant r(\boldsymbol{A})+r(\boldsymbol{B}).$$

证明 设 $r(\boldsymbol{A})=r_1,r(\boldsymbol{B})=r_2$,则存在 m 阶可逆矩阵 $\boldsymbol{P}_1,\boldsymbol{P}_2$ 及 n 阶可逆矩阵 $\boldsymbol{Q}_1,\boldsymbol{Q}_2$,使得

$$\boldsymbol{A}=\boldsymbol{P}_1\begin{bmatrix}\boldsymbol{E}_{r_1} & \boldsymbol{0}\\ \boldsymbol{0} & \boldsymbol{0}\end{bmatrix}\boldsymbol{Q}_1=\boldsymbol{G}_1\boldsymbol{Q}_1,$$

$$\boldsymbol{B}=\boldsymbol{P}_2\begin{bmatrix}\boldsymbol{E}_{r_2} & \boldsymbol{0}\\ \boldsymbol{0} & \boldsymbol{0}\end{bmatrix}\boldsymbol{Q}_2=\boldsymbol{G}_2\boldsymbol{Q}_2,$$

其中 $\boldsymbol{G}_1,\boldsymbol{G}_2$ 都是 $m\times n$ 矩阵,而且 $r(\boldsymbol{G}_1)=r(\boldsymbol{A})=r_1,r(\boldsymbol{G}_2)=r(\boldsymbol{B})=r_2$,从而有

$$\boldsymbol{A}+\boldsymbol{B}=\boldsymbol{G}_1\boldsymbol{Q}_1+\boldsymbol{G}_2\boldsymbol{Q}_2=[\boldsymbol{G}_1\quad \boldsymbol{G}_2]\begin{bmatrix}\boldsymbol{Q}_1\\ \boldsymbol{Q}_2\end{bmatrix},$$

则

$$\begin{aligned}r(\boldsymbol{A}+\boldsymbol{B})&=r\left([\boldsymbol{G}_1\quad \boldsymbol{G}_2]\begin{bmatrix}\boldsymbol{Q}_1\\ \boldsymbol{Q}_2\end{bmatrix}\right)\\&\leqslant\min\left\{r(\boldsymbol{G}_1\quad \boldsymbol{G}_2),r\begin{bmatrix}\boldsymbol{Q}_1\\ \boldsymbol{Q}_2\end{bmatrix}\right\}\\&\leqslant r(\boldsymbol{G}_1\quad \boldsymbol{G}_2)\\&\leqslant r(\boldsymbol{G}_1)+r(\boldsymbol{G}_2)\\&=r(\boldsymbol{A})+r(\boldsymbol{B}),\end{aligned}$$

即

$$r(\boldsymbol{A}+\boldsymbol{B})\leqslant r(\boldsymbol{A})+r(\boldsymbol{B}).$$

本章小结

本章以矩阵为主要内容,介绍了矩阵的概念、矩阵的运算、可逆矩阵及其逆矩阵、分块矩阵、矩阵的初等变换、矩阵的秩等.

一、矩阵的概念

矩阵是由 $m\times n$ 个元素排成 m 行 n 列的数表.与行列式不同,它

不是数,并且 m 与 n 可不相等.熟记几种特殊矩阵:零矩阵、行矩阵、列矩阵、n 阶方阵及方阵中的上(下)三角矩阵、对角矩阵、单位矩阵、数量矩阵、对称矩阵和反对称矩阵等.

二、矩阵的运算

这里介绍了矩阵的加法、数与矩阵的乘法、矩阵的乘法、矩阵的转置,方阵求其行列式等运算的定义及其规律.必须准确掌握每种运算的定义.在加(减)法中要求 $\boldsymbol{A}$ 与 $\boldsymbol{B}$ 必须是同型矩阵,它们的和 $\boldsymbol{A}+\boldsymbol{B}$ 也是同型矩阵;数量乘法 $k\boldsymbol{A}$ 中,常数 k 要乘遍 $\boldsymbol{A}$ 中所有元素;矩阵的乘法 $\boldsymbol{AB}$ 中,要求左边矩阵 $\boldsymbol{A}$ 的列数等于右边矩阵 $\boldsymbol{B}$ 的行数,它们的乘积 $\boldsymbol{C}=\boldsymbol{AB}$ 的行数等于 $\boldsymbol{A}$ 的行数,其列数等于 $\boldsymbol{B}$ 的列数;只有方阵才能取行列式.

每一种运算都有一些运算规律,这些规律与数字运算规律有些相同,有些不相同,需要特别注意.如矩阵的乘法不满足交换律与消去律,即一般地,$\boldsymbol{AB}\neq\boldsymbol{BA}$;由 $\boldsymbol{AB}=\boldsymbol{0}$ 不能得到 $\boldsymbol{A}=\boldsymbol{0}$ 或 $\boldsymbol{B}=\boldsymbol{0}$;由 $\boldsymbol{AB}=\boldsymbol{AC}$ 不能得到 $\boldsymbol{B}=\boldsymbol{C}$.在方阵行列式的运算中,只有当 $\boldsymbol{A}$ 与 $\boldsymbol{B}$ 均为 n 阶方阵时,才能有 $|\boldsymbol{AB}|=|\boldsymbol{A}||\boldsymbol{B}|$.

三、矩阵的可逆性及逆矩阵

必须明确只对方阵讨论矩阵的可逆性问题.

$$n\text{ 阶方阵}\boldsymbol{A}\text{ 可逆}\Leftrightarrow\begin{cases}\text{存在 } n \text{ 阶方阵}\boldsymbol{B}\text{,使得 }\boldsymbol{AB}=\boldsymbol{E};\\ \boldsymbol{A}\text{ 是非退化矩阵,即}|\boldsymbol{A}|\neq 0;\\ \boldsymbol{A}\text{ 是满秩矩阵,即 } r(\boldsymbol{A})=n;\\ \boldsymbol{A}\text{ 可以表示成有限个初等矩阵的乘积};\\ \boldsymbol{A}\text{ 的等价标准形是 } n \text{ 阶单位矩阵}\boldsymbol{E}.\end{cases}$$

可逆矩阵 $\boldsymbol{A}$ 的逆矩阵 $\boldsymbol{A}^{-1}$ 的求法.

(1)用伴随矩阵 $\boldsymbol{A}^*$ 求 $\boldsymbol{A}^{-1}$,即

$$\boldsymbol{A}^{-1}=\frac{1}{|\boldsymbol{A}|}\boldsymbol{A}^*=\frac{1}{|\boldsymbol{A}|}\begin{bmatrix}A_{11} & A_{21} & \cdots & A_{n1}\\ A_{12} & A_{22} & \cdots & A_{n2}\\ \vdots & \vdots & & \vdots\\ A_{1n} & A_{2n} & \cdots & A_{nn}\end{bmatrix},$$

其中 A_{ij} 是 $|\boldsymbol{A}|$ 中元素 a_{ij} 的代数余子式.

(2)用初等变换求 $\boldsymbol{A}^{-1}$,即

$$[\boldsymbol{A} \vdots \boldsymbol{E}] \xrightarrow{\text{初等行变换}} [\boldsymbol{E} \vdots \boldsymbol{A}^{-1}],$$

或

$$\begin{bmatrix} \boldsymbol{A} \\ \cdots \\ \boldsymbol{E} \end{bmatrix} \xrightarrow{\text{初等列变换}} \begin{bmatrix} \boldsymbol{E} \\ \cdots \\ \boldsymbol{A}^{-1} \end{bmatrix}.$$

这里需注意,在前一种情况下只能施行初等行变换,而在后一种情况下只能施行初等列变换.

四、分块矩阵

对矩阵进行分块的目的是为了简化运算.在处理高阶的矩阵时常常采用分块的方法.要掌握对矩阵分块的原则和方法,会利用分块的方法进行矩阵的运算及求出某些特殊的可逆矩阵的逆矩阵.

五、矩阵的秩

矩阵的秩是矩阵本身特有的属性可用定义或初等变换求出矩阵的秩.熟记关于矩阵秩的一些结论,对有关矩阵问题的论证会有很大的帮助.

(1)设 $\boldsymbol{A}$ 是 $m \times n$ 矩阵,则

$$0 \leqslant r(\boldsymbol{A}) \leqslant \min\{m, n\}.$$

(2)$r(\boldsymbol{A}^{\mathrm{T}}) = r(\boldsymbol{A})$.

(3)设 $\boldsymbol{A}$ 是 $m \times n$ 矩阵,$r(\boldsymbol{A}) = r \Leftrightarrow$ 存在 m 阶可逆矩阵 $\boldsymbol{P}$,n 阶可逆矩阵 $\boldsymbol{Q}$,使得

$$\boldsymbol{PAQ} = \begin{pmatrix} \boldsymbol{E}_r & \boldsymbol{0} \\ \boldsymbol{0} & \boldsymbol{0} \end{pmatrix}.$$

(4)设 $\boldsymbol{A}$ 是 $m \times n$ 矩阵,若 $\boldsymbol{P}$ 是 m 阶可逆矩阵,$\boldsymbol{Q}$ 是 n 阶可逆矩阵,则

$$r(\boldsymbol{A}) = r(\boldsymbol{PA}) = r(\boldsymbol{AQ}) = r(\boldsymbol{PAQ}).$$

(5)$r(\boldsymbol{AB}) \leqslant \min\{r(\boldsymbol{A}), r(\boldsymbol{B})\}$.

(6)$r(\boldsymbol{A} + \boldsymbol{B}) \leqslant r(\boldsymbol{A}) + r(\boldsymbol{B})$.

六、初等变换

在理解 3 种初等变换与初等矩阵的定义及初等变换与初等矩阵之

间的关系之后,可以利用初等变换求可逆矩阵 $\boldsymbol{A}$ 的逆矩阵 $\boldsymbol{A}^{-1}$,解矩阵方程 $\boldsymbol{AX}=\boldsymbol{B}$ 或 $\boldsymbol{XA}=\boldsymbol{B}$,求矩阵的秩.在以后的学习中,我们还会看到用初等变换的方法解决其他的问题.

习 题 2

1.设

$$\boldsymbol{A}=\begin{bmatrix}1 & 1 & 1\\ 1 & 1 & -1\\ 1 & -1 & 1\end{bmatrix},\quad \boldsymbol{B}=\begin{bmatrix}1 & -1 & 2\\ -1 & -2 & 4\\ 1 & 4 & 1\end{bmatrix}.$$

求:(1)$3\boldsymbol{AB}-2\boldsymbol{BA}$;　(2)$\boldsymbol{A}^{\mathrm{T}}\boldsymbol{B}+\boldsymbol{AB}^{\mathrm{T}}$.

2.计算下列各乘积:

(1)$\begin{bmatrix}1 & -2 & 3\end{bmatrix}\begin{bmatrix}3\\ 1\\ 2\end{bmatrix}$;　(2)$\begin{bmatrix}3\\ 2\\ 1\end{bmatrix}\begin{bmatrix}-1 & 3\end{bmatrix}$;

(3)$\begin{pmatrix}3 & -2\\ 2 & -4\end{pmatrix}^3$;　(4)$\begin{bmatrix}1 & -1 & 1\\ 2 & 1 & 2\\ 1 & -1 & 3\end{bmatrix}^2$;

(5)$\begin{bmatrix}1 & 3 & 1\\ 1 & -2 & 3\\ 2 & 3 & 1\end{bmatrix}\begin{bmatrix}1\\ 3\\ 2\end{bmatrix}$;

(6)$\begin{bmatrix}x & y & z\end{bmatrix}\begin{bmatrix}a_{11} & a_{12} & a_{13}\\ a_{12} & a_{22} & a_{23}\\ a_{13} & a_{23} & a_{33}\end{bmatrix}\begin{bmatrix}x\\ y\\ z\end{bmatrix}$.

3.已知:

(1)$f(x)=x^2-3x+1,\boldsymbol{A}=\begin{bmatrix}2 & 1 & 1\\ 3 & 1 & 0\\ 0 & 1 & 2\end{bmatrix}$;

(2)$f(x)=x^2-5x+3,\boldsymbol{A}=\begin{pmatrix}2 & -1\\ -3 & 3\end{pmatrix}$.

求 $f(\boldsymbol{A})$.

4. 设对角形矩阵

$$\boldsymbol{A}=\begin{bmatrix} a_1 & & & \\ & a_2 & & \\ & & \ddots & \\ & & & a_n \end{bmatrix}$$

其中 $a_i \neq a_j(i\neq j$ 且 $i,j=1,2,\cdots,n)$,求与 $\boldsymbol{A}$ 可交换的所有矩阵.

5. 设 $\boldsymbol{A},\boldsymbol{B}$ 都是 n 阶方阵,且 $\boldsymbol{A}$ 是对称矩阵,则 $\boldsymbol{B}^{\mathrm{T}}\boldsymbol{A}\boldsymbol{B}$ 也是对称矩阵.

6. 设 $\boldsymbol{A},\boldsymbol{B}$ 都是 n 阶对称矩阵,则 $\boldsymbol{A}+\boldsymbol{B},\boldsymbol{A}-\boldsymbol{B},k\boldsymbol{A}+l\boldsymbol{B}(k,l$ 是常数)也都是对称矩阵.

7. 设 $\boldsymbol{A},\boldsymbol{B}$ 都是 n 阶反对称矩阵,则 $\boldsymbol{A}+\boldsymbol{B},\boldsymbol{A}-\boldsymbol{B},k\boldsymbol{A}+l\boldsymbol{B}(k,l$ 是常数)也都是反对称矩阵.

8. 对于任意的 n 阶方阵 $\boldsymbol{A}$,证明:

(1) $\boldsymbol{A}+\boldsymbol{A}^{\mathrm{T}}$ 是对称矩阵,$\boldsymbol{A}-\boldsymbol{A}^{\mathrm{T}}$ 是反对称矩阵;

(2) $\boldsymbol{A}$ 必可表示成一个对称矩阵与一个反对称矩阵之和.

9. 求下列方阵的逆矩阵:

(1) $\boldsymbol{A}=\begin{pmatrix} 1 & 3 \\ 2 & 7 \end{pmatrix}$;　　(2) $\boldsymbol{A}=\begin{pmatrix} \cos\theta & -\sin\theta \\ \sin\theta & \cos\theta \end{pmatrix}$;

(3) $\boldsymbol{A}=\begin{bmatrix} 1 & 2 & -1 \\ 3 & 4 & -2 \\ 5 & -3 & 1 \end{bmatrix}$;　　(4) $\boldsymbol{A}=\begin{bmatrix} 2 & 5 & 7 \\ 6 & 3 & 4 \\ 5 & -2 & -3 \end{bmatrix}$;

(5) $\boldsymbol{A}=\begin{bmatrix} 3 & -4 & 5 \\ 2 & -3 & 1 \\ 3 & -5 & -1 \end{bmatrix}$;

(6) $\boldsymbol{A}=\begin{bmatrix} 1 & 0 & 0 & 0 \\ 1 & 2 & 0 & 0 \\ 2 & 1 & 3 & 0 \\ 1 & 2 & 1 & 4 \end{bmatrix}$;　　(7) $\boldsymbol{A}=\begin{bmatrix} 1 & -1 & 2 & -3 \\ 0 & 1 & -1 & 2 \\ 0 & 0 & 1 & -1 \\ 0 & 0 & 0 & 1 \end{bmatrix}$.

10. 设 $\boldsymbol{A}$ 是 n 阶方阵,存在正整数 k,使得 $\boldsymbol{A}^k=\boldsymbol{0}$,证明:$\boldsymbol{E}-\boldsymbol{A}$ 可逆,且

$$(\boldsymbol{E}-\boldsymbol{A})^{-1}=\boldsymbol{E}+\boldsymbol{A}+\cdots+\boldsymbol{A}^{k-1}.$$

11. 设 n 阶方阵 $\boldsymbol{A}$ 满足 $\boldsymbol{A}^2-\boldsymbol{A}-2\boldsymbol{E}=\boldsymbol{0}$,则 $\boldsymbol{A}$ 与 $\boldsymbol{A}+2\boldsymbol{E}$ 都是可逆矩阵,并求 $\boldsymbol{A}^{-1}$ 及 $(\boldsymbol{A}+2\boldsymbol{E})^{-1}$.

12. 设 $\boldsymbol{A},\boldsymbol{B}$ 都是 n 阶可逆方阵,证明:

(1) $|\boldsymbol{A}^*|=|\boldsymbol{A}|^{n-1}$;

(2) $(\boldsymbol{A}^*)^*=|\boldsymbol{A}|^{n-2}\boldsymbol{A}\quad(n\geqslant 2)$;

(3) $(\boldsymbol{A}^*)^{-1}=(\boldsymbol{A}^{-1})^*$;

(4) $(\boldsymbol{AB})^*=\boldsymbol{B}^*\boldsymbol{A}^*$.

13. 证明:

(1)非奇异的对称(反对称)矩阵 $\boldsymbol{A}$ 的逆矩阵 $\boldsymbol{A}^{-1}$ 还是对称(反对称)矩阵;

(2)奇数阶反对称矩阵 $\boldsymbol{A}$ 必不可逆.

14. 设 n 阶方阵 $\boldsymbol{A}$ 满足 $\boldsymbol{A}^2=\boldsymbol{A}$,且 $\boldsymbol{A}\neq\boldsymbol{E}$,证明:$\boldsymbol{A}$ 必是奇异矩阵.

15. 把下列矩阵适当分块后进行计算:

(1) $\begin{bmatrix}-2&3&0&0\\1&2&0&0\\0&0&1&2\\0&0&2&5\end{bmatrix}\begin{bmatrix}1&2&0&0\\3&2&0&0\\0&0&2&1\\0&0&3&4\end{bmatrix}$;

(2) $\begin{bmatrix}1&2&1&0\\2&5&0&1\\0&0&2&1\\0&0&0&3\end{bmatrix}\begin{bmatrix}1&0&3&1\\0&1&2&-1\\0&0&-2&3\\0&0&0&-3\end{bmatrix}$;

(3) $\begin{bmatrix}1&-1&0&0&0\\1&-2&0&0&0\\1&0&1&-1&1\\-1&-1&1&2&1\\2&1&1&1&-1\end{bmatrix}\begin{bmatrix}2&1&0&0&0\\-1&2&0&0&0\\0&0&1&-1&1\\0&0&2&1&1\\0&0&-1&1&1\end{bmatrix}$;

(4) $\begin{bmatrix}1&-1&0&0\\2&3&0&0\\0&1&0&0\\0&0&1&4\end{bmatrix}\begin{bmatrix}1&0&0&0\\-2&0&0&0\\0&3&2&1\\0&4&3&4\end{bmatrix}$.

16. 求下列矩阵的逆矩阵：

(1) $\boldsymbol{A}=\begin{bmatrix}5&2&0&0\\2&1&0&0\\0&0&2&5\\0&0&3&8\end{bmatrix}$；

(2) $\boldsymbol{A}=\begin{bmatrix}2&-1&0&0\\-3&2&0&0\\31&-19&3&-4\\-23&14&-2&3\end{bmatrix}$；

(3) $\boldsymbol{A}=\begin{bmatrix}0&a_1&0&\cdots&0\\0&0&a_2&\cdots&0\\\vdots&\vdots&\vdots&&\vdots\\0&0&0&\cdots&a_{n-1}\\a_n&0&0&\cdots&0\end{bmatrix}$，

其中 $a_i\neq0\quad(i=1,2,\cdots,n)$；

(4) $\boldsymbol{A}=\begin{bmatrix}1&&&\\1&1&&\\1&&\ddots&\\1&&&1\end{bmatrix}$ （空白处的元素均为 0）.

17. 求下列矩阵方程中的矩阵 $\boldsymbol{X}$：

(1) $\begin{bmatrix}1&1&-1\\0&2&2\\1&-1&0\end{bmatrix}\boldsymbol{X}=\begin{bmatrix}1&-1&1\\1&1&0\\2&1&1\end{bmatrix}$；

(2) $\boldsymbol{X}\begin{bmatrix}2&1&-1\\2&1&0\\1&-1&1\end{bmatrix}=\begin{pmatrix}1&-1&3\\4&3&2\end{pmatrix}$；

(3) $\begin{pmatrix}1&4\\-1&2\end{pmatrix}\boldsymbol{X}\begin{pmatrix}2&0\\-1&2\end{pmatrix}=\begin{pmatrix}3&1\\0&-1\end{pmatrix}$.

18. 设 $\boldsymbol{A}=\begin{bmatrix}1 & -2 & -1\\ -2 & 1 & -6\\ 0 & 2 & -1\end{bmatrix}$，$\boldsymbol{B}=\begin{bmatrix}1 & 0\\ 0 & 2\\ -1 & 1\end{bmatrix}$，且 $\boldsymbol{AX}=\boldsymbol{B}+2\boldsymbol{X}$，求矩阵 $\boldsymbol{X}$.

19. 求下列各矩阵的秩：

(1) $\boldsymbol{A}=\begin{bmatrix}1 & 2 & 3 & 4\\ 1 & -2 & 4 & 5\\ 1 & 10 & 1 & 2\end{bmatrix}$； (2) $\boldsymbol{A}=\begin{bmatrix}1 & 3 & 5 & -1\\ 2 & -1 & -3 & 4\\ 5 & 1 & -1 & 7\\ -3 & -3 & 1 & 1\end{bmatrix}$；

(3) $\boldsymbol{A}=\begin{bmatrix}1 & -3 & -5 & 0 & -7\\ 3 & -1 & 3 & 2 & 5\\ 5 & -3 & 2 & 3 & 4\\ 7 & -5 & 1 & 4 & 1\end{bmatrix}$； (4) $\boldsymbol{A}=\begin{bmatrix}1 & 0 & 1 & 0 & 0\\ 1 & 1 & 0 & 0 & 0\\ 0 & 1 & 1 & 0 & 0\\ 0 & 0 & 1 & 1 & 0\\ 0 & 0 & 0 & 1 & 1\end{bmatrix}$.

20. 设

$$\boldsymbol{A}=\begin{bmatrix}a_{11} & a_{12} & \cdots & a_{1n}\\ a_{21} & a_{22} & \cdots & a_{2n}\\ \vdots & \vdots & & \vdots\\ a_{n1} & a_{n2} & \cdots & a_{nn}\end{bmatrix}$$

是 n 阶非零实矩阵，若 $a_{ij}=A_{ij}$，其中 A_{ij} 是元素 a_{ij} 的代数余子式($i,j=1,2,\cdots,n$)，证明：$r(\boldsymbol{A})=n$.

21. 设 $\boldsymbol{A}$ 是秩为 r 的 $m\times n$ 矩阵，证明：$\boldsymbol{A}$ 必可表示成 r 个秩为 1 的 $m\times n$ 矩阵之和.

22. 设 $\boldsymbol{A}$ 是 2 阶方阵，且 $\boldsymbol{A}^2=\boldsymbol{E}$，$\boldsymbol{A}\neq\pm\boldsymbol{E}$，证明：

$$r(\boldsymbol{A}+\boldsymbol{E})=r(\boldsymbol{A}-\boldsymbol{E})=1.$$

23. 设 $\boldsymbol{A}$ 是 n 阶实对称矩阵，且满足 $\boldsymbol{A}^2=\boldsymbol{0}$，则 $\boldsymbol{A}=\boldsymbol{0}$.

第3章 向量空间

向量空间是线性代数中的一个基本内容，n 维向量是平面和空间中的2维、3维向量的推广.向量空间是指在向量的集合中，定义了两种运算，并且这些运算又满足某些运算规律.在这一章中，我们还将讨论向量空间的简单结构.

3.1 n 维向量空间

3.1.1 n 维向量的概念及其运算

定义 3.1 由 n 个数 $x_1,x_2,\cdots,x_n$ 组成的一个有序数组

$$[x_1,x_2,\cdots,x_n]$$

称为一个 n 维向量，其中 $x_i(i=1,2,\cdots,n)$ 称为该向量的第 i 个分量(也称为第 i 个坐标).

n 维向量记为(亦可记为圆括号)

$$\boldsymbol{\alpha}=[x_1,x_2,\cdots,x_n]\text{(或}[x_1 \quad x_2 \quad \cdots \quad x_n]\text{)},$$

此时称为行向量；也可记为(亦可记为圆括号)

$$\boldsymbol{\alpha}=\begin{bmatrix} x_1 \\ x_2 \\ \vdots \\ x_n \end{bmatrix},$$

此时称为列向量.当 $x_i(i=1,2,\cdots,n)$ 都是实数时，称 $\boldsymbol{\alpha}$ 为实向量；当 $x_i(x=1,2,\cdots,n)$ 是复数时，称 $\boldsymbol{\alpha}$ 为复向量.

例如，$\boldsymbol{\alpha}=[2,1,-1,5]$，$\boldsymbol{\beta}=[1,2,5,-1]$ 都是4维实向量；$m\times n$

矩阵

$$A=\begin{bmatrix} a_{11} & a_{12} & \cdots & a_{1n} \\ a_{21} & a_{22} & \cdots & a_{2n} \\ \vdots & \vdots & & \vdots \\ a_{m1} & a_{m2} & \cdots & a_{mn} \end{bmatrix}$$

的每一行$[a_{i1} \quad a_{i2} \quad \cdots \quad a_{in}]$$(i=1,2,\cdots,m)$都是$n$维行向量，$\boldsymbol{A}$的每一列

$$\begin{bmatrix} a_{1j} \\ a_{2j} \\ \vdots \\ a_{mj} \end{bmatrix}$$

$(j=1,2,\cdots,n)$都是m维列向量.

若两个n维向量$\boldsymbol{\alpha}=[a_1,a_2,\cdots,a_n]$，$\boldsymbol{\beta}=[b_1,b_2,\cdots,b_n]$的对应分量相等，即

$$a_i=b_i \quad (i=1,2,\cdots,n),$$

则称这两个向量$\boldsymbol{\alpha}$与$\boldsymbol{\beta}$相等，记为$\boldsymbol{\alpha}=\boldsymbol{\beta}$.

分量都是0的向量称为零向量，记为

$$\mathbf{0}=[0,0,\cdots,0].$$

向量$[-a_1,-a_2,\cdots,-a_n]$称为向量$\boldsymbol{\alpha}=[a_1,a_2,\cdots,a_n]$的负向量，记为$-\boldsymbol{\alpha}$，即

$$-\boldsymbol{\alpha}=[-a_1,-a_2,\cdots,-a_n].$$

定义3.2 设两个n维向量

$$\boldsymbol{\alpha}=[a_1,a_2,\cdots,a_n],$$

$$\boldsymbol{\beta}=[b_1,b_2,\cdots,b_n],$$

定义向量$[a_1+b_1,a_2+b_2,\cdots,a_n+b_n]$为向量$\boldsymbol{\alpha}$与$\boldsymbol{\beta}$的和，记为$\boldsymbol{\alpha}+\boldsymbol{\beta}$，即

$$\boldsymbol{\alpha}+\boldsymbol{\beta}=[a_1+b_1,a_2+b_2,\cdots,a_n+b_n].$$

由负向量及向量加法的定义，可定义向量的减法：

$$\boldsymbol{\alpha}-\boldsymbol{\beta}=\boldsymbol{\alpha}+(-\boldsymbol{\beta})$$

$$=[a_1,a_2,\cdots,a_n]+[-b_1,-b_2,\cdots,-b_n]$$
$$=[a_1-b_1,a_2-b_2,\cdots,a_n-b_n].$$

定义 3.3 设 n 维向量 $\boldsymbol{\alpha}=[a_1,a_2,\cdots,a_n]$ 及常数 k，定义向量 $[ka_1,ka_2,\cdots,ka_n]$ 为数 k 与向量 $\boldsymbol{\alpha}$ 的乘积，记为 $k\boldsymbol{\alpha}$，即

$$k\boldsymbol{\alpha}=[ka_1,ka_2,\cdots,ka_n].$$

向量的加法及数与向量的乘法统称为向量的线性运算.

3.1.2 n 维向量空间

容易证明以上所定义的向量的加法及数与向量的乘法运算满足下列运算规律：

(1) $\boldsymbol{\alpha}+\boldsymbol{\beta}=\boldsymbol{\beta}+\boldsymbol{\alpha}$ （交换律）；

(2) $\boldsymbol{\alpha}+(\boldsymbol{\beta}+\boldsymbol{\gamma})=(\boldsymbol{\alpha}+\boldsymbol{\beta})+\boldsymbol{\gamma}$ （结合律）；

(3) $\boldsymbol{\alpha}+\mathbf{0}=\boldsymbol{\alpha}$；

(4) $\boldsymbol{\alpha}+(-\boldsymbol{\alpha})=\mathbf{0}$；

(5) $(k+l)\boldsymbol{\alpha}=k\boldsymbol{\alpha}+l\boldsymbol{\alpha}$ （分配律）；

(6) $k(\boldsymbol{\alpha}+\boldsymbol{\beta})=k\boldsymbol{\alpha}+k\boldsymbol{\beta}$ （分配律）；

(7) $(kl)\boldsymbol{\alpha}=k(l\boldsymbol{\alpha})=l(k\boldsymbol{\alpha})$ （结合律）；

(8) $1\boldsymbol{\alpha}=\boldsymbol{\alpha}$.

其中 $\boldsymbol{\alpha},\boldsymbol{\beta},\boldsymbol{\gamma}$ 都是 n 维向量，而 k 与 l 为实数.

定义 3.4 全体 n 维实向量所组成的集合，按照上面定义的向量的加法和实数与向量的乘法，满足运算规律(1)～(8)，这样的 n 维实向量的全体称为 n 维实向量空间，记为 $\mathbf{R}^n$.

3.2 向量组的线性相关性

3.2.1 线性组合

定义 3.5 设有 n 维向量组 $\boldsymbol{\alpha}_1,\boldsymbol{\alpha}_2,\cdots,\boldsymbol{\alpha}_m$ 及 $\boldsymbol{\beta}$. 若存在一组数 $\lambda_1,\lambda_2,\cdots,\lambda_m$，使得关系式

$$\boldsymbol{\beta}=\lambda_1\boldsymbol{\alpha}_1+\lambda_2\boldsymbol{\alpha}_2+\cdots+\lambda_m\boldsymbol{\alpha}_m$$

成立,则称向量 $\boldsymbol{\beta}$ 是向量组 $\boldsymbol{\alpha}_1,\boldsymbol{\alpha}_2,\cdots,\boldsymbol{\alpha}_m$ 的一个线性组合,也称向量 $\boldsymbol{\beta}$ 可由向量组 $\boldsymbol{\alpha}_1,\boldsymbol{\alpha}_2,\cdots,\boldsymbol{\alpha}_m$ 线性表示.

例如,在3维向量空间 $\mathbf{R}^3$ 中的向量组

$$\boldsymbol{\alpha}_1=\begin{bmatrix}1\\2\\-1\end{bmatrix},\quad \boldsymbol{\alpha}_2=\begin{bmatrix}0\\-1\\1\end{bmatrix},\quad \boldsymbol{\beta}=\begin{bmatrix}2\\3\\-1\end{bmatrix},$$

有 $\boldsymbol{\beta}=2\boldsymbol{\alpha}_1+\boldsymbol{\alpha}_2$,即 $\boldsymbol{\beta}$ 是 $\boldsymbol{\alpha}_1,\boldsymbol{\alpha}_2$ 的一个线性组合,或者说,$\boldsymbol{\beta}$ 可由 $\boldsymbol{\alpha}_1,\boldsymbol{\alpha}_2$ 线性表示.

例1 在 n 维向量空间 $\mathbf{R}^n$ 中,任何一个向量 $\boldsymbol{\alpha}=\begin{bmatrix}a_1\\a_2\\\vdots\\a_n\end{bmatrix}$,都是向量组 $\boldsymbol{\varepsilon}_1=\begin{bmatrix}1\\0\\\vdots\\0\end{bmatrix},\boldsymbol{\varepsilon}_2=\begin{bmatrix}0\\1\\\vdots\\0\end{bmatrix},\cdots,\boldsymbol{\varepsilon}_n=\begin{bmatrix}0\\0\\\vdots\\1\end{bmatrix}$ 的线性组合,即

$$\boldsymbol{\alpha}=a_1\boldsymbol{\varepsilon}_1+a_2\boldsymbol{\varepsilon}_2+\cdots+a_n\boldsymbol{\varepsilon}_n.$$

称向量组 $\boldsymbol{\varepsilon}_1,\boldsymbol{\varepsilon}_2,\cdots,\boldsymbol{\varepsilon}_n$ 为 $\mathbf{R}^n$ 中的单位向量组.

例2 向量组 $\boldsymbol{\alpha}_1,\boldsymbol{\alpha}_2,\cdots,\boldsymbol{\alpha}_s$ 中的任一向量 $\boldsymbol{\alpha}_i\,(1\leqslant i\leqslant s)$ 都可由该向量组线性表示,即

$$\boldsymbol{\alpha}_i=0\boldsymbol{\alpha}_1+\cdots+1\boldsymbol{\alpha}_i+\cdots+0\boldsymbol{\alpha}_s.$$

显然,$\mathbf{R}^n$ 中的零向量可由 $\mathbf{R}^n$ 中的任意向量组线性表示.

3.2.2 线性相关与线性无关

定义3.6 设有 n 维向量组 $\boldsymbol{\alpha}_1,\boldsymbol{\alpha}_2,\cdots,\boldsymbol{\alpha}_m$,若存在一组不全为零的数 $k_1,k_2,\cdots,k_m$,使得关系式

$$k_1\boldsymbol{\alpha}_1+k_2\boldsymbol{\alpha}_2+\cdots+k_m\boldsymbol{\alpha}_m=\mathbf{0}$$

成立,则称向量组 $\boldsymbol{\alpha}_1,\boldsymbol{\alpha}_2,\cdots,\boldsymbol{\alpha}_m$ 线性相关,当且仅当 $k_1=k_2=\cdots=k_m$

$=0$ 时,上述关系式才能成立,则称向量组 $\boldsymbol{\alpha}_1,\boldsymbol{\alpha}_2,\cdots,\boldsymbol{\alpha}_m$ 线性无关.

例 3 讨论向量组

$$\boldsymbol{\alpha}_1=\begin{bmatrix}1\\2\\1\end{bmatrix},\quad \boldsymbol{\alpha}_2=\begin{bmatrix}1\\1\\1\end{bmatrix},\quad \boldsymbol{\alpha}_3=\begin{bmatrix}2\\0\\3\end{bmatrix}$$

的线性相关性.

解 设有一组数 k_1,k_2,k_3,使得

$$k_1\boldsymbol{\alpha}_1+k_2\boldsymbol{\alpha}_2+k_3\boldsymbol{\alpha}_3=\boldsymbol{0},$$

则

$$k_1\begin{bmatrix}1\\2\\1\end{bmatrix}+k_2\begin{bmatrix}1\\1\\1\end{bmatrix}+k_3\begin{bmatrix}2\\0\\3\end{bmatrix}=\begin{bmatrix}0\\0\\0\end{bmatrix},$$

即满足方程组

$$\begin{cases}k_1+k_2+2k_3=0,\\2k_1+k_2\qquad\;=0,\\k_1+k_2+3k_3=0.\end{cases}$$

这是关于 k_1,k_2,k_3 的三元齐次线性方程组,其系数行列式

$$D=\begin{vmatrix}1&1&2\\2&1&0\\1&1&3\end{vmatrix}=-1\neq0,$$

所以方程组只有零解:$k_1=k_2=k_3=0$,故 $\boldsymbol{\alpha}_1,\boldsymbol{\alpha}_2,\boldsymbol{\alpha}_3$ 线性无关.

例 4 讨论向量组

$$\boldsymbol{\alpha}_1=\begin{bmatrix}1\\1\\3\\1\end{bmatrix},\quad \boldsymbol{\alpha}_2=\begin{bmatrix}-1\\1\\-1\\3\end{bmatrix},\quad \boldsymbol{\alpha}_3=\begin{bmatrix}5\\-2\\8\\-9\end{bmatrix},\quad \boldsymbol{\alpha}_4=\begin{bmatrix}-1\\3\\1\\7\end{bmatrix}$$

的线性相关性.

解 设有一组数 k_1,k_2,k_3,k_4,使得

$$k_1\boldsymbol{\alpha}_1+k_2\boldsymbol{\alpha}_2+k_3\boldsymbol{\alpha}_3+k_4\boldsymbol{\alpha}_4=\boldsymbol{0},$$

则

$$k_1\begin{bmatrix}1\\1\\3\\1\end{bmatrix}+k_2\begin{bmatrix}-1\\1\\-1\\3\end{bmatrix}+k_3\begin{bmatrix}5\\-2\\8\\-9\end{bmatrix}+k_4\begin{bmatrix}-1\\3\\1\\7\end{bmatrix}=\begin{bmatrix}0\\0\\0\\0\end{bmatrix},$$

即满足方程组

$$\begin{cases}k_1-k_2+5k_3-k_4=0,\\k_1+k_2-2k_3+3k_4=0,\\3k_1-k_2+8k_3+k_4=0,\\k_1+3k_2-9k_3+7k_4=0.\end{cases}$$

这是四元齐次线性方程组,其系数行列式

$$D=\begin{vmatrix}1&-1&5&-1\\1&1&-2&3\\3&-1&8&1\\1&3&-9&7\end{vmatrix}=0,$$

所以方程组有非零解,即 k_1,k_2,k_3,k_4 不全为0,故向量组 $\boldsymbol{\alpha}_1,\boldsymbol{\alpha}_2,\boldsymbol{\alpha}_3,\boldsymbol{\alpha}_4$ 线性相关.

例5 证明 $\mathbf{R}^n$ 中的 n 维单位向量组

$$\boldsymbol{\varepsilon}_1=\begin{bmatrix}1\\0\\\vdots\\0\end{bmatrix},\quad \boldsymbol{\varepsilon}_2=\begin{bmatrix}0\\1\\\vdots\\0\end{bmatrix},\quad \cdots,\quad \boldsymbol{\varepsilon}_n=\begin{bmatrix}0\\0\\\vdots\\1\end{bmatrix}$$

线性无关.

证明 设有一组数 $k_1,k_2,\cdots,k_n$,使得

$$k_1\boldsymbol{\varepsilon}_1+k_2\boldsymbol{\varepsilon}_2+\cdots+k_n\boldsymbol{\varepsilon}_n=\mathbf{0},$$

即

$$k_1\begin{bmatrix}1\\0\\\vdots\\0\end{bmatrix}+k_2\begin{bmatrix}0\\1\\\vdots\\0\end{bmatrix}+\cdots+k_n\begin{bmatrix}0\\0\\\vdots\\1\end{bmatrix}=\begin{bmatrix}0\\0\\\vdots\\0\end{bmatrix},$$

只有 $k_1=k_2=\cdots=k_n=0$，所以 $\boldsymbol{\varepsilon}_1,\boldsymbol{\varepsilon}_2,\cdots,\boldsymbol{\varepsilon}_n$ 线性无关.

例 6 设 n 维向量组 $\boldsymbol{\alpha}_1,\boldsymbol{\alpha}_2,\boldsymbol{\alpha}_3$ 线性无关，证明向量组 $\boldsymbol{\beta}_1=\boldsymbol{\alpha}_1+\boldsymbol{\alpha}_2,\boldsymbol{\beta}_2=\boldsymbol{\alpha}_2+\boldsymbol{\alpha}_3,\boldsymbol{\beta}_3=\boldsymbol{\alpha}_3+\boldsymbol{\alpha}_1$ 也线性无关.

证明 设有一组数 k_1,k_2,k_3，使得

$$k_1\boldsymbol{\beta}_1+k_2\boldsymbol{\beta}_2+k_3\boldsymbol{\beta}_3=\mathbf{0},$$

即

$$k_1(\boldsymbol{\alpha}_1+\boldsymbol{\alpha}_2)+k_2(\boldsymbol{\alpha}_2+\boldsymbol{\alpha}_3)+k_3(\boldsymbol{\alpha}_3+\boldsymbol{\alpha}_1)=\mathbf{0},$$

整理可得

$$(k_1+k_3)\boldsymbol{\alpha}_1+(k_1+k_2)\boldsymbol{\alpha}_2+(k_2+k_3)\boldsymbol{\alpha}_3=\mathbf{0},$$

因为向量组 $\boldsymbol{\alpha}_1,\boldsymbol{\alpha}_2,\boldsymbol{\alpha}_3$ 线性无关，由定义，当且仅当

$$\begin{cases} k_1 \qquad + k_3 = 0, \\ k_1 + k_2 \qquad = 0, \\ \qquad k_2 + k_3 = 0. \end{cases}$$

而这个三元齐次线性方程组的系数行列式

$$D=\begin{vmatrix} 1 & 0 & 1 \\ 1 & 1 & 0 \\ 0 & 1 & 1 \end{vmatrix}=2\neq 0,$$

所以方程组只有零解：$k_1=k_2=k_3=0$，故 $\boldsymbol{\beta}_1,\boldsymbol{\beta}_2,\boldsymbol{\beta}_3$ 线性无关.

由向量组的线性相关和线性无关的定义，可以推出以下结论.

(1)若向量组中只有一个向量 $\boldsymbol{\alpha}$，则当 $\boldsymbol{\alpha}=\mathbf{0}$ 时，$\boldsymbol{\alpha}$ 线性相关；当 $\boldsymbol{\alpha}\neq\mathbf{0}$时，$\boldsymbol{\alpha}$ 线性无关.

这是因为，若 $k\boldsymbol{\alpha}=\mathbf{0}$，则当 $\boldsymbol{\alpha}=\mathbf{0}$ 时，k 可取任意实数；当 $\boldsymbol{\alpha}\neq\mathbf{0}$ 时，只有 $k=0$.

(2)若一向量组的某一部分组线性相关，则该向量组必线性相关.

这是因为，设向量组 $\boldsymbol{\alpha}_1,\boldsymbol{\alpha}_2,\cdots,\boldsymbol{\alpha}_m$ 中的一个部分组 $\boldsymbol{\alpha}_1,\boldsymbol{\alpha}_2,\cdots,\boldsymbol{\alpha}_r$ $(r\leqslant m)$线性相关，由定义，则存在不全为零的数 $k_1,k_2,\cdots,k_r$，使得

$$k_1\boldsymbol{\alpha}_1+k_2\boldsymbol{\alpha}_2+\cdots+k_r\boldsymbol{\alpha}_r=\mathbf{0},$$

因而存在一组不全为零的数 $k_1,k_2,\cdots,k_r,0,\cdots,0$，使得

$$k_1\boldsymbol{\alpha}_1+k_2\boldsymbol{\alpha}_2+\cdots+k_r\boldsymbol{\alpha}_r+0\boldsymbol{\alpha}_{r+1}+\cdots+0\boldsymbol{\alpha}_m=\mathbf{0},$$

即 $\boldsymbol{\alpha}_1,\boldsymbol{\alpha}_2,\cdots,\boldsymbol{\alpha}_m$ 线性相关.

结论(2)等价于:线性无关向量组的任何一个部分组线性无关.

综合(1)与(2)可以得到:含有零向量的任一向量组必线性相关.

3.2.3 线性相关与线性表示

定理 3.1 向量组 $\boldsymbol{\alpha}_1,\boldsymbol{\alpha}_2,\cdots,\boldsymbol{\alpha}_m(m\geqslant 2)$线性相关的充分必要条件是其中至少有一个向量可由其余 $m-1$ 个向量线性表示.

证明 必要性.

设向量组 $\boldsymbol{\alpha}_1,\boldsymbol{\alpha}_2,\cdots,\boldsymbol{\alpha}_m$ 线性相关,由定义,存在 m 个不全为零的数 $k_1,k_2,\cdots,k_m$,使得

$$k_1\boldsymbol{\alpha}_1+k_2\boldsymbol{\alpha}_2+\cdots+k_m\boldsymbol{\alpha}_m=\mathbf{0}.$$

假设 $k_i\neq 0\quad(1\leqslant i\leqslant m)$,于是有

$$\boldsymbol{\alpha}_i=-\frac{k_1}{k_i}\boldsymbol{\alpha}_1-\cdots-\frac{k_{i-1}}{k_i}\boldsymbol{\alpha}_{i-1}-\frac{k_{i+1}}{k_i}\boldsymbol{\alpha}_{i+1}-\cdots-\frac{k_m}{k_i}\boldsymbol{\alpha}_m,$$

即 $\boldsymbol{\alpha}_i$ 可由 $\boldsymbol{\alpha}_1,\cdots,\boldsymbol{\alpha}_{i-1},\boldsymbol{\alpha}_{i+1},\cdots,\boldsymbol{\alpha}_m$ 线性表示.

充分性.

设 $\boldsymbol{\alpha}_1,\boldsymbol{\alpha}_2,\cdots,\boldsymbol{\alpha}_m$ 中至少有一个向量可由其余 $m-1$ 个向量线性表示,假设

$$\boldsymbol{\alpha}_j=l_1\boldsymbol{\alpha}_1+\cdots+l_{j-1}\boldsymbol{\alpha}_{j-1}+l_{j+1}\boldsymbol{\alpha}_{j+1}+\cdots+l_m\boldsymbol{\alpha}_m\quad(1\leqslant j\leqslant m),$$

即有

$$l_1\boldsymbol{\alpha}_1+\cdots+l_{j-1}\boldsymbol{\alpha}_{j-1}+(-1)\boldsymbol{\alpha}_j+l_{j+1}\boldsymbol{\alpha}_{j+1}+\cdots+l_m\boldsymbol{\alpha}_m=\mathbf{0},$$

而 $l_1,\cdots,-1,\cdots,l_m$ 是一组不全为零的数,由定义知 $\boldsymbol{\alpha}_1,\boldsymbol{\alpha}_2,\cdots,\boldsymbol{\alpha}_m$ 线性相关.

例如,向量组

$$\boldsymbol{\alpha}_1=\begin{bmatrix}1\\1\\3\\1\end{bmatrix},\quad\boldsymbol{\alpha}_2=\begin{bmatrix}-1\\1\\-1\\3\end{bmatrix},\quad\boldsymbol{\alpha}_3=\begin{bmatrix}1\\3\\5\\5\end{bmatrix},\quad\boldsymbol{\alpha}_4=\begin{bmatrix}8\\2\\-1\\5\end{bmatrix},$$

有　$\boldsymbol{\alpha}_3=2\boldsymbol{\alpha}_1+\boldsymbol{\alpha}_2+0\boldsymbol{\alpha}_4$,

即 $2\boldsymbol{\alpha}_1+\boldsymbol{\alpha}_2-\boldsymbol{\alpha}_3+0\boldsymbol{\alpha}_4=\mathbf{0}$,

所以,向量组 $\boldsymbol{\alpha}_1,\boldsymbol{\alpha}_2,\boldsymbol{\alpha}_3,\boldsymbol{\alpha}_4$ 线性相关.

注意,这里的向量 $\boldsymbol{\alpha}_4$ 不能由 $\boldsymbol{\alpha}_1,\boldsymbol{\alpha}_2,\boldsymbol{\alpha}_3$ 线性表示.这表明线性相关的向量组不是说每一个向量都可由其余向量线性表示.

又如,向量组

$$\boldsymbol{\alpha}_1=\begin{bmatrix}1\\2\\1\end{bmatrix},\quad \boldsymbol{\alpha}_2=\begin{bmatrix}2\\4\\2\end{bmatrix},$$

显然,$\boldsymbol{\alpha}_2=2\boldsymbol{\alpha}_1$,所以向量组 $\boldsymbol{\alpha}_1,\boldsymbol{\alpha}_2$ 线性相关.于是可知,两个向量线性相关的充分必要条件是它们对应的分量成比例.

由定理 3.1 可知,向量组 $\boldsymbol{\alpha}_1,\boldsymbol{\alpha}_2,\cdots,\boldsymbol{\alpha}_m(m\geqslant 2)$线性无关的充分必要条件是其中任何一个向量都不能由其余 $m-1$ 个向量线性表示.

定理 3.2 设向量组 $\boldsymbol{\alpha}_1,\boldsymbol{\alpha}_2,\cdots,\boldsymbol{\alpha}_m$ 线性无关,而向量组 $\boldsymbol{\alpha}_1,\boldsymbol{\alpha}_2,\cdots,\boldsymbol{\alpha}_m,\boldsymbol{\beta}$ 线性相关,则向量 $\boldsymbol{\beta}$ 可由向量组 $\boldsymbol{\alpha}_1,\boldsymbol{\alpha}_2,\cdots,\boldsymbol{\alpha}_m$ 线性表示,且表达式唯一.

证明 先证明 $\boldsymbol{\beta}$ 可由 $\boldsymbol{\alpha}_1,\boldsymbol{\alpha}_2,\cdots,\boldsymbol{\alpha}_m$ 线性表示.

由题设 $\boldsymbol{\alpha}_1,\boldsymbol{\alpha}_2,\cdots,\boldsymbol{\alpha}_m,\boldsymbol{\beta}$ 线性相关,根据定义,存在一组不全为零的数 $k_1,k_2,\cdots,k_m$ 及 k,使得

$$k_1\boldsymbol{\alpha}_1+k_2\boldsymbol{\alpha}_2+\cdots+k_m\boldsymbol{\alpha}_m+k\boldsymbol{\beta}=\mathbf{0},$$

这里必有 $k\neq 0$,否则,若 $k=0$,则上式变成

$$k_1\boldsymbol{\alpha}_1+k_2\boldsymbol{\alpha}_2+\cdots+k_m\boldsymbol{\alpha}_m=\mathbf{0},$$

且 $k_1,k_2,\cdots,k_m$ 不全为零,这与向量组 $\boldsymbol{\alpha}_1,\boldsymbol{\alpha}_2,\cdots,\boldsymbol{\alpha}_m$ 线性无关的题设矛盾.从而有

$$\boldsymbol{\beta}=-\frac{k_1}{k}\boldsymbol{\alpha}_1-\frac{k_2}{k}\boldsymbol{\alpha}_2-\cdots-\frac{k_m}{k}\boldsymbol{\alpha}_m.$$

即 $\boldsymbol{\beta}$ 可由 $\boldsymbol{\alpha}_1,\boldsymbol{\alpha}_2,\cdots,\boldsymbol{\alpha}_m$ 线性表示.

再证明表达式唯一.设有两个表示式

$$\boldsymbol{\beta}=l_1\boldsymbol{\alpha}_1+l_2\boldsymbol{\alpha}_2+\cdots+l_m\boldsymbol{\alpha}_m,$$

$$\boldsymbol{\beta}=t_1\boldsymbol{\alpha}_1+t_2\boldsymbol{\alpha}_2+\cdots+t_m\boldsymbol{\alpha}_m.$$

两式相减,则有

$$(l_1-t_1)\boldsymbol{\alpha}_1+(l_2-t_2)\boldsymbol{\alpha}_2+\cdots+(l_m-t_m)\boldsymbol{\alpha}_m=\mathbf{0}.$$

因为 $\boldsymbol{\alpha}_1,\boldsymbol{\alpha}_2,\cdots,\boldsymbol{\alpha}_m$ 线性无关,所以其系数全为零,有

$$l_1-t_1=l_2-t_2=\cdots=l_m-t_m=0,$$

即 $$l_1=t_1,l_2=t_2,\cdots,l_m=t_m.$$

从而证明了表达式是唯一的.

定理3.3 n 维行向量组 $\boldsymbol{\alpha}_1,\boldsymbol{\alpha}_2,\cdots,\boldsymbol{\alpha}_m$ 线性相关的充分必要条件是以 $\boldsymbol{\alpha}_1,\boldsymbol{\alpha}_2,\cdots,\boldsymbol{\alpha}_m$ 为行构成的矩阵 $\mathbf{A}$ 的秩小于 m.

证明 必要性.

设 n 维行向量组 $\boldsymbol{\alpha}_1,\boldsymbol{\alpha}_2,\cdots,\boldsymbol{\alpha}_m$ 线性相关,由定理 3.1 可知,其中至少有一个向量可由其余 $m-1$ 个向量线性表示.不妨设

$$\boldsymbol{\alpha}_m=k_1\boldsymbol{\alpha}_1+k_2\boldsymbol{\alpha}_2+\cdots+k_{m-1}\boldsymbol{\alpha}_{m-1},$$

则有

$$\mathbf{A}=\begin{bmatrix}\boldsymbol{\alpha}_1\\\boldsymbol{\alpha}_2\\\vdots\\\boldsymbol{\alpha}_{m-1}\\\boldsymbol{\alpha}_m\end{bmatrix}=\begin{bmatrix}\boldsymbol{\alpha}_1\\\boldsymbol{\alpha}_2\\\vdots\\\boldsymbol{\alpha}_{m-1}\\k_1\boldsymbol{\alpha}_1+k_2\boldsymbol{\alpha}_2+\cdots+k_{m-1}\boldsymbol{\alpha}_{m-1}\end{bmatrix}.$$

经过矩阵的初等变换,即第 1、第 2、…、第 $m-1$ 行分别乘以 $-k_1$, $-k_2,\cdots,-k_{m-1}$后加到第 m 行,可得

$$\mathbf{A}=\begin{bmatrix}\boldsymbol{\alpha}_1\\\boldsymbol{\alpha}_2\\\vdots\\\boldsymbol{\alpha}_{m-1}\\\boldsymbol{\alpha}_m\end{bmatrix}\longrightarrow\begin{bmatrix}\boldsymbol{\alpha}_1\\\boldsymbol{\alpha}_2\\\vdots\\\boldsymbol{\alpha}_{m-1}\\\mathbf{0}\end{bmatrix}=\mathbf{B},$$

由于初等变换不改变矩阵的秩,于是有

$$r(\mathbf{A})=r(\mathbf{B})<m.$$

充分性.

设 $\boldsymbol{A}=\begin{bmatrix}\boldsymbol{\alpha}_1\\ \boldsymbol{\alpha}_2\\ \vdots\\ \boldsymbol{\alpha}_m\end{bmatrix}$,且 $r(\boldsymbol{A})=r<m$,则矩阵 $\boldsymbol{A}$ 可经过初等行变换化为阶梯矩阵 $\boldsymbol{B}$,即存在 m 阶可逆矩阵 $\boldsymbol{P}$,使得

$$\boldsymbol{PA}=\boldsymbol{B},$$

且 $r(\boldsymbol{B})=r(\boldsymbol{PA})=r(\boldsymbol{A})=r<m$,因此 $\boldsymbol{B}$ 中至少最后一行元素为零,亦即

$$\begin{bmatrix}p_{11} & p_{12} & \cdots & p_{1m}\\ p_{21} & p_{22} & \cdots & p_{2m}\\ \vdots & \vdots & & \vdots\\ p_{m1} & p_{m2} & \cdots & p_{mm}\end{bmatrix}\begin{bmatrix}\boldsymbol{\alpha}_1\\ \boldsymbol{\alpha}_2\\ \vdots\\ \boldsymbol{\alpha}_m\end{bmatrix}=\begin{bmatrix}\boldsymbol{\beta}_1\\ \boldsymbol{\beta}_2\\ \vdots\\ \boldsymbol{0}\end{bmatrix}=\boldsymbol{B},$$

于是有

$$p_{m1}\boldsymbol{\alpha}_1+p_{m2}\boldsymbol{\alpha}_2+\cdots+p_{mm}\boldsymbol{\alpha}_m=\boldsymbol{0},$$

由 $\boldsymbol{P}$ 是可逆矩阵知 $p_{m1},p_{m2},\cdots,p_{mm}$ 不全为零,所以,$\boldsymbol{\alpha}_1,\boldsymbol{\alpha}_2,\cdots,\boldsymbol{\alpha}_m$ 线性相关.

推论 1 n 维行向量组 $\boldsymbol{\alpha}_1,\boldsymbol{\alpha}_2,\cdots,\boldsymbol{\alpha}_m$ 线性无关的充分必要条件是以 $\boldsymbol{\alpha}_1,\boldsymbol{\alpha}_2,\cdots,\boldsymbol{\alpha}_m$ 为行构成的矩阵 $\boldsymbol{A}$ 的秩等于 m.

推论 2 当 $m>n$ 时,m 个 n 维向量必线性相关.

这是由于以 n 维向量 $\boldsymbol{\alpha}_1,\boldsymbol{\alpha}_2,\cdots,\boldsymbol{\alpha}_m$ 为行构成的矩阵 $\boldsymbol{A}$ 是 $m\times n$ 矩阵,而 $m>n$,$r(\boldsymbol{A})\leqslant\min\{m,n\}<m$. 所以,$\boldsymbol{\alpha}_1,\boldsymbol{\alpha}_2,\cdots,\boldsymbol{\alpha}_m$ 必线性相关.

推论 3 一组线性无关的 p 维向量,将每个向量增加 r 个分量后,成为一组 $p+r$ 维向量,则这组向量仍线性无关.

证明 设

$$\begin{aligned}\boldsymbol{\alpha}_1&=[a_{11},a_{12},\cdots,a_{1p}],\\ \boldsymbol{\alpha}_2&=[a_{21},a_{22},\cdots,a_{2p}],\\ &\vdots\\ \boldsymbol{\alpha}_m&=[a_{m1},a_{m2},\cdots,a_{mp}].\end{aligned}$$

每个向量增加 r 个分量后,得到

$$\boldsymbol{\beta}_1=[a_{11},a_{12},\cdots,a_{1p},a_{1p+1},\cdots,a_{1p+r}],$$
$$\boldsymbol{\beta}_2=[a_{21},a_{22},\cdots,a_{2p},a_{2p+1},\cdots,a_{2p+r}],$$
$$\vdots$$
$$\boldsymbol{\beta}_m=[a_{m1},a_{m2},\cdots,a_{mp},a_{mp+1},\cdots,a_{mp+r}].$$

作矩阵

$$\boldsymbol{A}=\begin{bmatrix}\boldsymbol{\alpha}_1\\\boldsymbol{\alpha}_2\\\vdots\\\boldsymbol{\alpha}_m\end{bmatrix},\boldsymbol{B}=\begin{bmatrix}\boldsymbol{\beta}_1\\\boldsymbol{\beta}_2\\\vdots\\\boldsymbol{\beta}_m\end{bmatrix}\begin{bmatrix}a_{11}&\cdots&a_{1p}&a_{1p+1}&\cdots&a_{1p+r}\\a_{21}&\cdots&a_{2p}&a_{2p+1}&\cdots&a_{2p+r}\\\vdots&&\vdots&\vdots&&\vdots\\a_{m1}&\cdots&a_{mp}&a_{mp+1}&\cdots&a_{mp+r}\end{bmatrix},$$

因为 $\boldsymbol{\alpha}_1,\boldsymbol{\alpha}_2,\cdots,\boldsymbol{\alpha}_m$ 线性无关,所以 $r(\boldsymbol{A})=m$,对于矩阵 $\boldsymbol{B}$,可以看到 $\boldsymbol{B}$ 中必有一个 m 阶子式不为零,所以 $r(\boldsymbol{B})=m$,从而知向量组 $\boldsymbol{\beta}_1,\boldsymbol{\beta}_2,\cdots,\boldsymbol{\beta}_m$ 线性无关.

定理 3.3 及其推论同样可以用于列向量的情形.

例 7　判断下列向量组的线性相关性.

(1)$\boldsymbol{\alpha}_1=[1,2],\boldsymbol{\alpha}_2=[3,-5],\boldsymbol{\alpha}_3=[4,1]$;

(2)$\boldsymbol{\alpha}_1=[1,-1,0,4]$,

$\boldsymbol{\alpha}_2=[2,0,3,1]$,

$\boldsymbol{\alpha}_3=[1,1,3,-3]$;

(3)$\boldsymbol{\alpha}_1=[1,2,3],\boldsymbol{\alpha}_2=[2,2,1],\boldsymbol{\alpha}_3=[3,4,3]$.

解　(1)向量组中含有 3 个 2 维向量,所以 $\boldsymbol{\alpha}_1,\boldsymbol{\alpha}_2,\boldsymbol{\alpha}_3$ 必线性相关.

(2)以 $\boldsymbol{\alpha}_1,\boldsymbol{\alpha}_2,\boldsymbol{\alpha}_3$ 为行向量构成矩阵 $\boldsymbol{A}$,即

$$\boldsymbol{A}=\begin{bmatrix}\boldsymbol{\alpha}_1\\\boldsymbol{\alpha}_2\\\boldsymbol{\alpha}_3\end{bmatrix}=\begin{bmatrix}1&-1&0&4\\2&0&3&1\\1&1&3&-3\end{bmatrix}\longrightarrow\begin{bmatrix}1&-1&0&4\\0&2&3&-7\\0&2&3&-7\end{bmatrix}$$
$$\longrightarrow\begin{bmatrix}1&-1&0&4\\0&2&3&-7\\0&0&0&0\end{bmatrix},$$

而 $r(\boldsymbol{A})=2<3$(向量的个数),所以 $\boldsymbol{\alpha}_1,\boldsymbol{\alpha}_2,\boldsymbol{\alpha}_3$ 线性相关.

(3)以 $\boldsymbol{\alpha}_1,\boldsymbol{\alpha}_2,\boldsymbol{\alpha}_3$ 为行构成矩阵 $\boldsymbol{A}$,即

$$\boldsymbol{A}=\begin{bmatrix}\boldsymbol{\alpha}_1\\\boldsymbol{\alpha}_2\\\boldsymbol{\alpha}_3\end{bmatrix}=\begin{bmatrix}1&2&3\\2&2&1\\3&4&3\end{bmatrix},$$

由 $|\boldsymbol{A}|=2$,知 $r(\boldsymbol{A})=3$,所以 $\boldsymbol{\alpha}_1,\boldsymbol{\alpha}_2,\boldsymbol{\alpha}_3$ 线性无关.

3.3 向量组的秩

3.3.1 等价向量组

设有两个 n 维向量组

(Ⅰ)$\boldsymbol{\alpha}_1,\boldsymbol{\alpha}_2,\cdots,\boldsymbol{\alpha}_r$;

(Ⅱ)$\boldsymbol{\beta}_1,\boldsymbol{\beta}_2,\cdots,\boldsymbol{\beta}_t$.

若向量组(Ⅰ)中每个向量都可由向量组(Ⅱ)中的向量线性表示,则称向量组(Ⅰ)可由向量组(Ⅱ)线性表示.

若向量组(Ⅰ)与(Ⅱ)可互相线性表示,则称向量组(Ⅰ)与向量组(Ⅱ)等价.

容易证明向量组之间的等价关系具有反身性、对称性、传递性.

定理 3.4 设有两个 n 维向量组

(Ⅰ)$\boldsymbol{\alpha}_1,\boldsymbol{\alpha}_2,\cdots,\boldsymbol{\alpha}_r$;

(Ⅱ)$\boldsymbol{\beta}_1,\boldsymbol{\beta}_2,\cdots,\boldsymbol{\beta}_t$.

若向量组(Ⅰ)线性无关,且向量组(Ⅰ)可由向量组(Ⅱ)线性表示,则 $r\leqslant t$.

证明 由题设向量组(Ⅰ)可由向量组(Ⅱ)线性表示,则有

$$\begin{cases}\boldsymbol{\alpha}_1=a_{11}\boldsymbol{\beta}_1+a_{12}\boldsymbol{\beta}_2+\cdots+a_{1t}\boldsymbol{\beta}_t,\\\boldsymbol{\alpha}_2=a_{21}\boldsymbol{\beta}_1+a_{22}\boldsymbol{\beta}_2+\cdots+a_{2t}\boldsymbol{\beta}_t,\\\quad\vdots\\\boldsymbol{\alpha}_r=a_{r1}\boldsymbol{\beta}_1+a_{r2}\boldsymbol{\beta}_2+\cdots+a_{rt}\boldsymbol{\beta}_t,\end{cases}\tag{1}$$

将 $\boldsymbol{\alpha}_i,\boldsymbol{\beta}_j(i=1,2,\cdots,r;j=1,2,\cdots,t)$视为行向量,上述表达式(1)可

写为矩阵形式

$$\begin{bmatrix}\boldsymbol{\alpha}_1\\ \boldsymbol{\alpha}_2\\ \vdots\\ \boldsymbol{\alpha}_r\end{bmatrix}=\begin{bmatrix}a_{11} & a_{12} & \cdots & a_{1t}\\ a_{21} & a_{22} & \cdots & a_{2t}\\ \vdots & \vdots & & \vdots\\ a_{r1} & a_{r2} & \cdots & a_{rt}\end{bmatrix}\begin{bmatrix}\boldsymbol{\beta}_1\\ \boldsymbol{\beta}_2\\ \vdots\\ \boldsymbol{\beta}_t\end{bmatrix},$$

若记

$$\boldsymbol{A}=\begin{bmatrix}\boldsymbol{\alpha}_1\\ \boldsymbol{\alpha}_2\\ \vdots\\ \boldsymbol{\alpha}_r\end{bmatrix},\boldsymbol{B}=\begin{bmatrix}a_{11} & a_{12} & \cdots & a_{1t}\\ a_{21} & a_{22} & \cdots & a_{2t}\\ \vdots & \vdots & & \vdots\\ a_{r1} & a_{r2} & \cdots & a_{rt}\end{bmatrix},\boldsymbol{C}=\begin{bmatrix}\boldsymbol{\beta}_1\\ \boldsymbol{\beta}_2\\ \vdots\\ \boldsymbol{\beta}_t\end{bmatrix},$$

则有

$$\boldsymbol{A}=\boldsymbol{BC}.$$

由定理 3.3 知，$r(\boldsymbol{A})=r$，又 $r(\boldsymbol{C})\leqslant t$，而

$$r(\boldsymbol{A})=r(\boldsymbol{BC})\leqslant\min\{r(\boldsymbol{B}),r(\boldsymbol{C})\}\leqslant r(\boldsymbol{C}),$$

所以 $r\leqslant t$.

推论 等价的线性无关向量组所含向量的个数相等.

证明 在定理 3.4 中，设向量组(Ⅰ)与向量组(Ⅱ)都是线性无关，且等价，则有 $r\leqslant t$ 及 $t\leqslant r$，即

$$r=t.$$

3.3.2 极大无关组和向量组的秩

定义 3.7 设向量组 $\boldsymbol{\alpha}_1,\boldsymbol{\alpha}_2,\cdots,\boldsymbol{\alpha}_m$ 的一个部分组 $\boldsymbol{\alpha}_{i_1},\boldsymbol{\alpha}_{i_2},\cdots,\boldsymbol{\alpha}_{i_r}$ $(r\leqslant m)$满足

(1)$\boldsymbol{\alpha}_{i_1},\boldsymbol{\alpha}_{i_2},\cdots,\boldsymbol{\alpha}_{i_r}$ 线性无关；

(2)向量组 $\boldsymbol{\alpha}_1,\boldsymbol{\alpha}_2,\cdots,\boldsymbol{\alpha}_m$ 中任意 $r+1$ 个(如果有的话)向量都线性相关，则称部分组 $\boldsymbol{\alpha}_{i_1},\boldsymbol{\alpha}_{i_2},\cdots,\boldsymbol{\alpha}_{i_r}$ 为原向量组 $\boldsymbol{\alpha}_1,\boldsymbol{\alpha}_2,\cdots,\boldsymbol{\alpha}_m$ 的一个极大线性无关部分组，简称为极大无关组.

例 1 求向量组 $\boldsymbol{\alpha}_1=[1,2,-1]$，$\boldsymbol{\alpha}_2=[0,2,2]$，$\boldsymbol{\alpha}_3=[2,6,0]$的一个极大无关组.

解 因为 $\boldsymbol{\alpha}_1,\boldsymbol{\alpha}_2$ 线性无关，而 $\boldsymbol{\alpha}_3=2\boldsymbol{\alpha}_1+\boldsymbol{\alpha}_2$，所以向量组 $\boldsymbol{\alpha}_1,\boldsymbol{\alpha}_2$ 是向量组 $\boldsymbol{\alpha}_1,\boldsymbol{\alpha}_2,\boldsymbol{\alpha}_3$ 的一个极大无关组.事实上，向量组 $\boldsymbol{\alpha}_1,\boldsymbol{\alpha}_2,\boldsymbol{\alpha}_3$ 中任意 2 个向量都不成比例，即任意两个向量都线性无关，而 3 个向量必线性相关，所以，其中任意 2 个向量都可以构成一个极大无关组.

由此说明：一般地说，一个向量组的极大无关组不唯一.

由极大无关组的定义、等价向量组的概念及定理 3.4 的推论，易知：

(1)向量组与其极大无关组等价；

(2)向量组的任意两个极大无关组等价；

(3)向量组的极大无关组所含的向量个数是唯一的.

定义 3.8 向量组 $\boldsymbol{\alpha}_1,\boldsymbol{\alpha}_2,\cdots,\boldsymbol{\alpha}_m$ 的极大无关组中所含向量的个数称为这个向量组的秩.记为 $r(\boldsymbol{\alpha}_1,\boldsymbol{\alpha}_2,\cdots,\boldsymbol{\alpha}_m)$.

由以上结论可知等价的向量组的秩相等.

由向量组的极大无关组的定义及向量组的秩的定义可知，秩为 r 的向量组中，任意 $r+1$ 个向量必线性相关，并且，其中的任意 r 个线性无关的向量都可以作为该向量组的一个极大无关组.

定义 3.9 矩阵的行向量组的秩称为矩阵的行秩，矩阵的列向量组的秩称为矩阵的列秩.

定理 3.5 矩阵 $\boldsymbol{A}$ 的秩等于矩阵 $\boldsymbol{A}$ 的行秩，也等于矩阵 $\boldsymbol{A}$ 的列秩.

证明 设 $r(\boldsymbol{A})=r$，则矩阵 $\boldsymbol{A}$ 可经过初等行变换化为阶梯形矩阵 $\boldsymbol{B}$，$\boldsymbol{B}$ 中有且只有 r 个非零行，这 r 个非零行所在的 r 个行向量必线性无关，即是一个极大无关组，所以矩阵 $\boldsymbol{A}$ 的行向量组的秩等于 r.同理，矩阵 $\boldsymbol{A}$ 的列向量组的秩也等于 r.

例 2 求下列向量组的秩，并求出它的一个极大无关组.设

$$\boldsymbol{\alpha}_1=[1,0,2,3,-4],$$

$$\boldsymbol{\alpha}_2=[1,4,-9,-6,22],$$

$$\boldsymbol{\alpha}_3=[6,4,1,9,2],$$

$$\boldsymbol{\alpha}_4=[7,1,0,-1,3].$$

解　以 $\boldsymbol{\alpha}_1,\boldsymbol{\alpha}_2,\boldsymbol{\alpha}_3,\boldsymbol{\alpha}_4$ 为行向量构成矩阵 $\boldsymbol{A}$,对 $\boldsymbol{A}$ 进行初等行变换将其化为阶梯形矩阵,即

$$\boldsymbol{A}=\begin{pmatrix}\boldsymbol{\alpha}_1\\ \boldsymbol{\alpha}_2\\ \boldsymbol{\alpha}_3\\ \boldsymbol{\alpha}_4\end{pmatrix}=\begin{pmatrix}1&0&2&3&-4\\1&4&-9&-6&22\\6&4&1&9&2\\7&1&0&-1&3\end{pmatrix}\begin{matrix}\boldsymbol{\alpha}_1\\ \boldsymbol{\alpha}_2\\ \boldsymbol{\alpha}_3\\ \boldsymbol{\alpha}_4\end{matrix}$$

$$\longrightarrow\begin{pmatrix}1&0&2&3&-4\\0&4&-11&-9&26\\0&4&-11&-9&26\\0&1&-14&-22&31\end{pmatrix}\begin{matrix}\boldsymbol{\alpha}_1\\ \boldsymbol{\alpha}_2-\boldsymbol{\alpha}_1\\ \boldsymbol{\alpha}_3-6\boldsymbol{\alpha}_1\\ \boldsymbol{\alpha}_4-7\boldsymbol{\alpha}_1\end{matrix}$$

$$\longrightarrow\begin{pmatrix}1&0&2&3&-4\\0&1&-14&-22&31\\0&4&-11&-9&26\\0&0&0&0&0\end{pmatrix}\begin{matrix}\boldsymbol{\alpha}_1\\ \boldsymbol{\alpha}_4-7\boldsymbol{\alpha}_1\\ \boldsymbol{\alpha}_2-\boldsymbol{\alpha}_1\\ \boldsymbol{\alpha}_3-\boldsymbol{\alpha}_2-5\boldsymbol{\alpha}_1\end{matrix}$$

$$\longrightarrow\begin{pmatrix}1&0&2&3&-4\\0&1&-14&-22&31\\0&0&45&79&-98\\0&0&0&0&0\end{pmatrix}\begin{matrix}\boldsymbol{\alpha}_1\\ \boldsymbol{\alpha}_4-7\boldsymbol{\alpha}_1\\ -4\boldsymbol{\alpha}_4+\boldsymbol{\alpha}_2+27\boldsymbol{\alpha}_1\\ \boldsymbol{\alpha}_3-\boldsymbol{\alpha}_2-5\boldsymbol{\alpha}_1\end{matrix}.$$

所以,$r(\boldsymbol{A})=r(\boldsymbol{\alpha}_1,\boldsymbol{\alpha}_2,\boldsymbol{\alpha}_3,\boldsymbol{\alpha}_4)=3$,它的一个极大无关组是 $\boldsymbol{\alpha}_1,\boldsymbol{\alpha}_2,\boldsymbol{\alpha}_4$.

例 3　设两个 n 维向量组

(Ⅰ)$\boldsymbol{\alpha}_1,\boldsymbol{\alpha}_2,\cdots,\boldsymbol{\alpha}_s$;

(Ⅱ)$\boldsymbol{\beta}_1,\boldsymbol{\beta}_2,\cdots,\boldsymbol{\beta}_t$.

若向量组(Ⅰ)可由向量组(Ⅱ)线性表示,试证

$$r(\text{Ⅰ})\leqslant r(\text{Ⅱ}).$$

证明　设 $r(\text{Ⅰ})=r_1$, $r(\text{Ⅱ})=r_2$,不妨设 $\boldsymbol{\alpha}_1,\boldsymbol{\alpha}_2,\cdots,\boldsymbol{\alpha}_{r_1}$ 和 $\boldsymbol{\beta}_1,\boldsymbol{\beta}_2,\cdots,\boldsymbol{\beta}_{r_2}$ 分别是向量组(Ⅰ)和(Ⅱ)的极大无关组.

由向量组(Ⅰ)可由向量组(Ⅱ)线性表示可知,向量组(Ⅰ)的极大无关组 $\boldsymbol{\alpha}_1,\boldsymbol{\alpha}_2,\cdots,\boldsymbol{\alpha}_{r_1}$ 也可由向量组(Ⅱ)线性表示,又 $\boldsymbol{\beta}_1,\boldsymbol{\beta}_2,\cdots,\boldsymbol{\beta}_{r_2}$ 是

向量组(Ⅱ)的一个极大无关组,必与向量组(Ⅱ)等价.所以,$\boldsymbol{\alpha}_1,\boldsymbol{\alpha}_2,\cdots,\boldsymbol{\alpha}_{r_1}$必可由$\boldsymbol{\beta}_1,\boldsymbol{\beta}_2,\cdots,\boldsymbol{\beta}_{r_2}$线性表示.

由于$\boldsymbol{\alpha}_1,\boldsymbol{\alpha}_2,\cdots,\boldsymbol{\alpha}_{r_1}$是向量组(Ⅰ)的一个极大无关组,必线性无关,则由定理3.4可知,$r_1\leqslant r_2$,即

$$r(\text{Ⅰ})\leqslant r(\text{Ⅱ}).$$

3.4 向量空间 $\mathbf{R}^n$ 的基、维数、坐标

3.4.1 向量空间 $\mathbf{R}^n$ 的基、维数、坐标

定义3.10 设$\boldsymbol{\alpha}_1,\boldsymbol{\alpha}_2,\cdots,\boldsymbol{\alpha}_n$是向量空间$\mathbf{R}^n$的一组向量,若满足

(1)$\boldsymbol{\alpha}_1,\boldsymbol{\alpha}_2,\cdots,\boldsymbol{\alpha}_n$线性无关;

(2)对于$\mathbf{R}^n$中任意的向量$\boldsymbol{\alpha}$,有

$$\boldsymbol{\alpha}=x_1\boldsymbol{\alpha}_1+x_2\boldsymbol{\alpha}_2+\cdots+x_n\boldsymbol{\alpha}_n,$$

则称$\boldsymbol{\alpha}_1,\boldsymbol{\alpha}_2,\cdots,\boldsymbol{\alpha}_n$是向量空间$\mathbf{R}^n$的一组基(或一个基底),一组基中所含向量的个数$n$称为向量空间$\mathbf{R}^n$的维数,记作$\dim\mathbf{R}^n=n$,有序实数组$[x_1,x_2,\cdots,x_n]^{\mathrm{T}}$(亦可记为$[\mathrm{x}_1\quad \mathrm{x}_2\quad \mathrm{x}_n]^{\mathrm{T}}$)称为向量$\boldsymbol{\alpha}$在基$\boldsymbol{\alpha}_1,\boldsymbol{\alpha}_2,\cdots,\boldsymbol{\alpha}_n$下的坐标.

由这个定义及有关的性质可知:

(1)向量空间$\mathbf{R}^n$的基是不唯一的,并且在n维向量空间中任意的n个线性无关的向量都是向量空间的一组基;

(2)向量空间的基是一组有序向量组,同一组向量若排列顺序不同,则视为不同的基;

(3)对于向量空间中任意的向量$\boldsymbol{\alpha}$,在取定的一组基下的坐标是唯一的,常常表示为下列形式

$$\begin{aligned}\boldsymbol{\alpha}&=x_1\boldsymbol{\alpha}_1+x_2\boldsymbol{\alpha}_2+\cdots+x_n\boldsymbol{\alpha}_n\\&=[\boldsymbol{\alpha}_1\quad\boldsymbol{\alpha}_2\quad\cdots\quad\boldsymbol{\alpha}_n]\begin{bmatrix}x_1\\x_2\\\vdots\\x_n\end{bmatrix};\end{aligned}$$

(4)在 n 维向量空间 $\mathbf{R}^n$ 中,向量组

$$\boldsymbol{\varepsilon}_1=\begin{bmatrix}1\\0\\\vdots\\0\end{bmatrix},\quad \boldsymbol{\varepsilon}_2=\begin{bmatrix}0\\1\\\vdots\\0\end{bmatrix},\quad \cdots,\quad \boldsymbol{\varepsilon}_3=\begin{bmatrix}0\\0\\\vdots\\1\end{bmatrix}$$

称为 $\mathbf{R}^n$ 的一组标准基(自然基).

3.4.2 子空间

若非空集合 $\mathbf{V}$ 中的任意两个元素进行某种运算后,其结果仍是该集合 $\mathbf{V}$ 中的元素,则称集合 $\mathbf{V}$ 对这种运算封闭.

例如,全体实数的集合 $\mathbf{R}$,对于数的加法、减法、乘法、除法(除数不为零)运算都封闭;全体整数的集合,对于数的加法、减法、乘法运算封闭,而对于除法运算不封闭;n 维向量空间 $\mathbf{R}^n$ 对于向量的加法及数乘运算封闭.

定义 3.11 设 $\boldsymbol{W}$ 是向量空间 $\mathbf{R}^n$ 的一个非空子集合,若 $\boldsymbol{W}$ 对于 $\mathbf{R}^n$ 中定义的向量的加法及数与向量的乘法运算都封闭,则称 $\boldsymbol{W}$ 是向量空间 $\mathbf{R}^n$ 的一个子空间.

由定义易知,向量空间 $\mathbf{R}^n$ 的子空间 $\boldsymbol{W}$ 也是向量空间.这是因为,非空集合 $\boldsymbol{W}$ 对于 $\mathbf{R}^n$ 中定义的加法及数乘运算封闭,则必然满足向量空间 $\mathbf{R}^n$ 中的8条运算规律.

例如,$\boldsymbol{W}=\left\{\boldsymbol{\alpha}=\begin{bmatrix}a_1\\a_2\\\vdots\\a_n\end{bmatrix}\in\mathbf{R}^n\ \middle|\ \sum_{i=1}^{n}a_i=0\right\}$就是 $\mathbf{R}^n$ 的子空间.

在向量空间 $\mathbf{R}^n$ 中,只含有一个零向量的子集合$\left\{\mathbf{0}=\begin{bmatrix}0\\0\\\vdots\\0\end{bmatrix}\right\}$是 $\mathbf{R}^n$ 的一个子空间,称为零子空间;$\mathbf{R}^n$ 自身自然是 $\mathbf{R}^n$ 的一个子空间,称这两个子空间为平凡子空间,$\mathbf{R}^n$ 的其他子空间称为非平凡子空间.

3.5 向量的内积、正交化、正交矩阵

3.5.1 向量的内积

定义 3.12 设有两个 n 维实向量

$$\boldsymbol{\alpha}=\begin{bmatrix}a_1\\a_2\\\vdots\\a_n\end{bmatrix},\quad \boldsymbol{\beta}=\begin{bmatrix}b_1\\b_2\\\vdots\\b_n\end{bmatrix},$$

定义实数

$$(\boldsymbol{\alpha},\boldsymbol{\beta})=a_1b_1+a_2b_2+\cdots+a_nb_n=\sum_{i=1}^{n}a_ib_i$$

为向量 $\boldsymbol{\alpha}$ 与 $\boldsymbol{\beta}$ 的内积.

在向量空间 $\mathbf{R}^n$ 中,我们定义了向量的内积,这时也称之为欧氏空间 $\mathbf{R}^n$.

内积是向量之间的一种运算,用矩阵记号如下表示:

当 $\boldsymbol{\alpha},\boldsymbol{\beta}$ 都是行向量时,有$(\boldsymbol{\alpha},\boldsymbol{\beta})=\boldsymbol{\alpha}\boldsymbol{\beta}^{\mathrm{T}}$,当 $\boldsymbol{\alpha},\boldsymbol{\beta}$ 都是列向量时,有$(\boldsymbol{\alpha},\boldsymbol{\beta})=\boldsymbol{\alpha}^{\mathrm{T}}\boldsymbol{\beta}$.

根据定义,容易证明内积具有下列运算性质:

(1)$(\boldsymbol{\alpha},\boldsymbol{\beta})=(\boldsymbol{\beta},\boldsymbol{\alpha})$;

(2)$(\boldsymbol{\alpha}+\boldsymbol{\beta},\boldsymbol{\gamma})=(\boldsymbol{\alpha},\boldsymbol{\gamma})+(\boldsymbol{\beta},\boldsymbol{\gamma})$;

(3)$(k\boldsymbol{\alpha},\boldsymbol{\beta})=k(\boldsymbol{\alpha},\boldsymbol{\beta})$;

(4)$(\boldsymbol{\alpha},\boldsymbol{\alpha})\geqslant 0$,当且仅当 $\boldsymbol{\alpha}=\mathbf{0}$ 时等号成立.

其中 $\boldsymbol{\alpha},\boldsymbol{\beta},\boldsymbol{\gamma}$ 是任意 n 维实向量,$k\in\mathbf{R}$.

由于$(\boldsymbol{\alpha},\boldsymbol{\alpha})\geqslant 0$,于是我们可以利用内积来定义向量的长度.

定义 3.13 称非负实数$\sqrt{(\boldsymbol{\alpha},\boldsymbol{\alpha})}$为 n 维实向量 $\boldsymbol{\alpha}$ 的长度,记为

$$|\boldsymbol{\alpha}|=\sqrt{(\boldsymbol{\alpha},\boldsymbol{\alpha})}.$$

显然,任何非零向量的长度为正实数,零向量的长度为零.

由定义有 $|k\boldsymbol{\alpha}|=\sqrt{(k\boldsymbol{\alpha},k\boldsymbol{\alpha})}=\sqrt{k^2(\boldsymbol{\alpha},\boldsymbol{\alpha})}=|k||\boldsymbol{\alpha}|$.

长度为1的向量称为单位向量.将向量 $\boldsymbol{\alpha}$ 作运算 $\frac{\boldsymbol{\alpha}}{|\boldsymbol{\alpha}|}$,称为将向量 $\boldsymbol{\alpha}$ 单位化.

3.5.2　标准正交基

定义 3.14　若欧氏空间 $\mathbf{R}^n$ 中的两个非零向量 $\boldsymbol{\alpha}$ 与 $\boldsymbol{\beta}$ 的内积

$$(\boldsymbol{\alpha},\boldsymbol{\beta})=0,$$

则称向量 $\boldsymbol{\alpha}$ 与 $\boldsymbol{\beta}$ 正交.

显然,零向量与任何向量都正交.

若非零向量组 $\boldsymbol{\alpha}_1,\boldsymbol{\alpha}_2,\cdots,\boldsymbol{\alpha}_m$ 两两正交,则称 $\boldsymbol{\alpha}_1,\boldsymbol{\alpha}_2,\cdots,\boldsymbol{\alpha}_m$ 为正交向量组.

由单位向量所组成的正交向量组称为标准正交向量组,此时有

$$(\boldsymbol{\alpha}_i,\boldsymbol{\alpha}_j)=\begin{cases}1, & i=j,\\ 0, & i\neq j\end{cases}\quad (i,j=1,2,\cdots,m).$$

例如,在欧氏空间 $\mathbf{R}^4$ 中,向量组

$$\boldsymbol{\alpha}_1=\begin{bmatrix}1\\0\\-1\\0\end{bmatrix},\quad \boldsymbol{\alpha}_2=\begin{bmatrix}0\\1\\0\\1\end{bmatrix},\quad \boldsymbol{\alpha}_3=\begin{bmatrix}1\\0\\1\\0\end{bmatrix}$$

是正交向量组;而向量组

$$\boldsymbol{\beta}_1=\begin{bmatrix}\frac{1}{\sqrt{2}}\\0\\-\frac{1}{\sqrt{2}}\\0\end{bmatrix},\quad \boldsymbol{\beta}_2=\begin{bmatrix}0\\\frac{1}{\sqrt{2}}\\0\\\frac{1}{\sqrt{2}}\end{bmatrix},\quad \boldsymbol{\beta}_3=\begin{bmatrix}\frac{1}{\sqrt{2}}\\0\\\frac{1}{\sqrt{2}}\\0\end{bmatrix}$$

是标准正交向量组.

定理 3.6　设 $\boldsymbol{\alpha}_1,\boldsymbol{\alpha}_2,\cdots,\boldsymbol{\alpha}_m$ 是一个正交向量组,则向量组 $\boldsymbol{\alpha}_1,\boldsymbol{\alpha}_2,\cdots,\boldsymbol{\alpha}_m$ 必线性无关.

证明　设有一组常数 $k_1,k_2,\cdots,k_m$,使得

$$k_1\boldsymbol{\alpha}_1+k_2\boldsymbol{\alpha}_2+\cdots+k_m\boldsymbol{\alpha}_m=\mathbf{0}.$$

上式两端同时与 $\boldsymbol{\alpha}_i(i=1,2,\cdots,m)$ 作内积,得

$$k_1(\boldsymbol{\alpha}_i,\boldsymbol{\alpha}_1)+k_2(\boldsymbol{\alpha}_i,\boldsymbol{\alpha}_2)+\cdots+k_i(\boldsymbol{\alpha}_i,\boldsymbol{\alpha}_i)+\cdots+k_m(\boldsymbol{\alpha}_i,\boldsymbol{\alpha}_m)=0.$$

因为 $\boldsymbol{\alpha}_1,\boldsymbol{\alpha}_2,\cdots,\boldsymbol{\alpha}_m$ 是正交向量组,所以

$(\boldsymbol{\alpha}_i,\boldsymbol{\alpha}_j)>0$,当 $i=j$ 时;

$(\boldsymbol{\alpha}_i,\boldsymbol{\alpha}_j)=0$,当 $i\neq j$ 时.

于是有

$$k_i(\boldsymbol{\alpha}_i,\boldsymbol{\alpha}_i)=0,$$

即 $$k_i=0\quad(i=1,2,\cdots,m).$$

因此,$\boldsymbol{\alpha}_1,\boldsymbol{\alpha}_2,\cdots,\boldsymbol{\alpha}_m$ 线性无关.

在 n 维欧氏空间 $\mathbf{R}^n$ 中,若 $\boldsymbol{\alpha}_1,\boldsymbol{\alpha}_2,\cdots,\boldsymbol{\alpha}_n$ 是一个正交向量组,则由定理 3.6 可知,$\boldsymbol{\alpha}_1,\boldsymbol{\alpha}_2,\cdots,\boldsymbol{\alpha}_n$ 必线性无关,因此 $\boldsymbol{\alpha}_1,\boldsymbol{\alpha}_2,\cdots,\boldsymbol{\alpha}_n$ 构成 $\mathbf{R}^n$ 的一组基,此时称 $\boldsymbol{\alpha}_1,\boldsymbol{\alpha}_2,\cdots,\boldsymbol{\alpha}_n$ 为欧氏空间 $\mathbf{R}^n$ 的一组正交基.若 $\boldsymbol{\alpha}_1,\boldsymbol{\alpha}_2,\cdots,\boldsymbol{\alpha}_n$ 是一组标准正交向量组,则称之为 $\mathbf{R}^n$ 的一组标准正交基(也称之为正交规范基).

例如,欧氏空间 $\mathbf{R}^3$ 中的单位向量组

$$\boldsymbol{\varepsilon}_1=\begin{bmatrix}1\\0\\0\end{bmatrix},\quad \boldsymbol{\varepsilon}_2=\begin{bmatrix}0\\1\\0\end{bmatrix},\quad \boldsymbol{\varepsilon}_3=\begin{bmatrix}0\\0\\1\end{bmatrix}$$

就是 $\mathbf{R}^3$ 的一组标准正交基.

3.5.3 施密特正交化方法

在欧氏空间 $\mathbf{R}^n$ 中,我们可以从一组线性无关的向量 $\boldsymbol{\alpha}_1,\boldsymbol{\alpha}_2,\cdots,\boldsymbol{\alpha}_m$ 出发,采用下面的方法将 $\boldsymbol{\alpha}_1,\boldsymbol{\alpha}_2,\cdots,\boldsymbol{\alpha}_m$ 正交化,得到一组正交向量组 $\boldsymbol{\beta}_1,\boldsymbol{\beta}_2,\cdots,\boldsymbol{\beta}_m$.取

$$\boldsymbol{\beta}_1=\boldsymbol{\alpha}_1;$$

$$\boldsymbol{\beta}_2=\boldsymbol{\alpha}_2-\frac{(\boldsymbol{\beta}_1,\boldsymbol{\alpha}_2)}{(\boldsymbol{\beta}_1,\boldsymbol{\beta}_1)}\boldsymbol{\beta}_1;$$

$$\vdots$$

$$\boldsymbol{\beta}_m=\boldsymbol{\alpha}_m-\frac{(\boldsymbol{\beta}_1,\boldsymbol{\alpha}_m)}{(\boldsymbol{\beta}_1,\boldsymbol{\beta}_1)}\boldsymbol{\beta}_1-\frac{(\boldsymbol{\beta}_2,\boldsymbol{\alpha}_m)}{(\boldsymbol{\beta}_2,\boldsymbol{\beta}_2)}\boldsymbol{\beta}_2-\cdots-\frac{(\boldsymbol{\beta}_{m-1},\boldsymbol{\alpha}_m)}{(\boldsymbol{\beta}_{m-1},\boldsymbol{\beta}_{m-1})}\boldsymbol{\beta}_{m-1}.$$

容易验证 $\boldsymbol{\beta}_1,\boldsymbol{\beta}_2,\cdots,\boldsymbol{\beta}_m$ 是一个正交向量组.这个正交化过程称为施密特正交化方法.若再将 $\boldsymbol{\beta}_1,\boldsymbol{\beta}_2,\cdots,\boldsymbol{\beta}_m$ 单位化:

$$\boldsymbol{\gamma}_1=\frac{\boldsymbol{\beta}_1}{|\boldsymbol{\beta}_1|},\quad \boldsymbol{\gamma}_2=\frac{\boldsymbol{\beta}_2}{|\boldsymbol{\beta}_2|},\quad \cdots,\quad \boldsymbol{\gamma}_m=\frac{\boldsymbol{\beta}_m}{|\boldsymbol{\beta}_m|},$$

则向量组 $\boldsymbol{\gamma}_1,\boldsymbol{\gamma}_2,\cdots,\boldsymbol{\gamma}_m$ 是一组标准正交向量组.

在欧氏空间 $\mathbf{R}^n$ 中,若 $\boldsymbol{\alpha}_1,\boldsymbol{\alpha}_2,\cdots,\boldsymbol{\alpha}_n$ 是一组基,必然线性无关,则可以通过上述方法得到一组正交基 $\boldsymbol{\beta}_1,\boldsymbol{\beta}_2,\cdots,\boldsymbol{\beta}_n$,进而可以得到一组标准正交基 $\boldsymbol{\gamma}_1,\boldsymbol{\gamma}_2,\cdots,\boldsymbol{\gamma}_n$.

例1 已知欧氏空间 $\mathbf{R}^4$ 中的向量组

$$\boldsymbol{\alpha}_1=\begin{bmatrix}1\\0\\1\\0\end{bmatrix},\quad \boldsymbol{\alpha}_2=\begin{bmatrix}1\\0\\0\\1\end{bmatrix},\quad \boldsymbol{\alpha}_3=\begin{bmatrix}1\\1\\0\\0\end{bmatrix},$$

试用施密特正交化方法求出一组标准正交向量组.

解 取 $\boldsymbol{\beta}_1=\boldsymbol{\alpha}_1=\begin{bmatrix}1\\0\\1\\0\end{bmatrix}$,

$$\boldsymbol{\beta}_2=\boldsymbol{\alpha}_2-\frac{(\boldsymbol{\beta}_1,\boldsymbol{\alpha}_2)}{(\boldsymbol{\beta}_1,\boldsymbol{\beta}_1)}\boldsymbol{\beta}_1=\begin{bmatrix}1\\0\\0\\1\end{bmatrix}-\frac{1}{2}\begin{bmatrix}1\\0\\1\\0\end{bmatrix}=\begin{bmatrix}\frac{1}{2}\\0\\-\frac{1}{2}\\1\end{bmatrix},$$

$$\boldsymbol{\beta}_3=\boldsymbol{\alpha}_3-\frac{(\boldsymbol{\beta}_1,\boldsymbol{\alpha}_3)}{(\boldsymbol{\beta}_1,\boldsymbol{\beta}_1)}\boldsymbol{\beta}_1-\frac{(\boldsymbol{\beta}_2,\boldsymbol{\alpha}_3)}{(\boldsymbol{\beta}_2,\boldsymbol{\beta}_2)}\boldsymbol{\beta}_2$$

$$=\begin{bmatrix}1\\1\\0\\0\end{bmatrix}-\frac{1}{2}\begin{bmatrix}1\\0\\1\\0\end{bmatrix}-\frac{\frac{1}{2}}{\frac{3}{2}}\begin{bmatrix}\frac{1}{2}\\0\\-\frac{1}{2}\\1\end{bmatrix}=\begin{bmatrix}\frac{1}{3}\\1\\-\frac{1}{3}\\-\frac{1}{3}\end{bmatrix};$$

再单位化

$$\boldsymbol{\gamma}_1=\frac{\boldsymbol{\beta}_1}{|\boldsymbol{\beta}_1|}=\begin{bmatrix}\frac{1}{\sqrt{2}}\\0\\\frac{1}{\sqrt{2}}\\0\end{bmatrix},\quad \boldsymbol{\gamma}_2=\frac{\boldsymbol{\beta}_2}{|\boldsymbol{\beta}_2|}=\begin{bmatrix}\frac{1}{\sqrt{6}}\\0\\-\frac{1}{\sqrt{6}}\\\frac{2}{\sqrt{6}}\end{bmatrix},\quad \boldsymbol{\gamma}_3=\frac{\boldsymbol{\beta}_3}{|\boldsymbol{\beta}_3|}=\begin{bmatrix}\frac{1}{2\sqrt{3}}\\\frac{3}{2\sqrt{3}}\\-\frac{1}{2\sqrt{3}}\\-\frac{1}{2\sqrt{3}}\end{bmatrix},$$

则 $\boldsymbol{\gamma}_1,\boldsymbol{\gamma}_2,\boldsymbol{\gamma}_3$ 是所求的标准正交向量组.

3.5.4 正交矩阵

定义 3.15 设 $\boldsymbol{A}$ 是 n 阶实方阵,若满足

$$\boldsymbol{A}^{\mathrm{T}}\boldsymbol{A}=\boldsymbol{A}\boldsymbol{A}^{\mathrm{T}}=\boldsymbol{E},$$

则称 $\boldsymbol{A}$ 为正交矩阵.由此可知 $\boldsymbol{A}^{-1}=\boldsymbol{A}^{\mathrm{T}}$.

设 $\boldsymbol{A}$ 是 n 阶实方阵,将 $\boldsymbol{A}$ 按列进行分块,则

$$\boldsymbol{A}=[\boldsymbol{\alpha}_1\quad\boldsymbol{\alpha}_2\quad\cdots\quad\boldsymbol{\alpha}_n],\text{则 } \boldsymbol{A}^{\mathrm{T}}=\begin{bmatrix}\boldsymbol{\alpha}_1^{\mathrm{T}}\\\boldsymbol{\alpha}_2^{\mathrm{T}}\\\vdots\\\boldsymbol{\alpha}_n^{\mathrm{T}}\end{bmatrix}.$$

考察

$$A^{T}A=\begin{bmatrix}\alpha_1^{T}\\ \alpha_2^{T}\\ \vdots\\ \alpha_n^{T}\end{bmatrix}\begin{bmatrix}\alpha_1 & \alpha_2 & \cdots & \alpha_n\end{bmatrix}=\begin{bmatrix}\alpha_1^{T}\alpha_1 & \alpha_1^{T}\alpha_2 & \cdots & \alpha_1^{T}\alpha_n\\ \alpha_2^{T}\alpha_1 & \alpha_2^{T}\alpha_2 & \cdots & \alpha_2^{T}\alpha_n\\ \vdots & \vdots & & \vdots\\ \alpha_n^{T}\alpha_1 & \alpha_n^{T}\alpha_2 & \cdots & \alpha_n^{T}\alpha_n\end{bmatrix},$$

这里由于 α_i,α_j 都是 n 维列向量,所以 $\alpha_i^{T}\alpha_j$ 表示 α_i 与 α_j 的内积.

若 A 是正交矩阵,则有 $A^{T}A=E$,即有

$$(\alpha_i,\alpha_j)=\alpha_i^{T}\alpha_j=\begin{cases}1, & i=j,\\ 0, & i\neq j.\end{cases}$$

这就说明,$\alpha_1,\alpha_2,\cdots,\alpha_n$ 是一组标准正交向量组.

反之,若 n 维列向量组 $\alpha_1,\alpha_2,\cdots,\alpha_n$ 是标准正交向量组,即

$$(\alpha_i,\alpha_j)=\begin{cases}1, & i=j,\\ 0, & i\neq j,\end{cases}$$

则有

$$A^{T}A=E,$$

即 A 是正交矩阵.

同理可证 A 的行向量组的情形,于是有下面的定理.

定理 3.7 n 阶实方阵 A 是正交矩阵的充分必要条件是 A 的列(行)向量组是标准正交向量组.

正交矩阵具有下列性质:

(1)若 A 是正交矩阵,则 $|A|=\pm 1$;

(2)若 A 是正交矩阵,则 A^{-1},A^{T},A^{*} 都是正交矩阵;

(3)若 A,B 是同阶正交矩阵,则 AB,BA 也是正交矩阵.

以上性质的证明留给读者作为练习.

例 2 设 X 是 n 维实列向量,且 $X^{T}X=1$.令

$$H=E-2XX^{T},$$

试证 H 是对称的正交矩阵.

证明 因为 X 是 n 维实列向量,所以 $H=E-2XX^{T}$ 是 n 阶实方阵,且

$$H^{T}=(E-2XX^{T})^{T}=E^{T}-2(XX^{T})^{T}=E-2XX^{T}=H,$$

即 $\boldsymbol{H}$ 是实对称矩阵. 而

$$\begin{aligned}\boldsymbol{H}^{\mathrm{T}}\boldsymbol{H} &= (\boldsymbol{E}-2\boldsymbol{X}\boldsymbol{X}^{\mathrm{T}})(\boldsymbol{E}-2\boldsymbol{X}\boldsymbol{X}^{\mathrm{T}})\\ &= \boldsymbol{E}-4\boldsymbol{X}\boldsymbol{X}^{\mathrm{T}}+4\boldsymbol{X}\boldsymbol{X}^{\mathrm{T}}\boldsymbol{X}\boldsymbol{X}^{\mathrm{T}}\\ &= \boldsymbol{E}-4\boldsymbol{X}\boldsymbol{X}^{\mathrm{T}}+4\boldsymbol{X}(\boldsymbol{X}^{\mathrm{T}}\boldsymbol{X})\boldsymbol{X}^{\mathrm{T}}\\ &= \boldsymbol{E}-4\boldsymbol{X}\boldsymbol{X}^{\mathrm{T}}+4\boldsymbol{X}\boldsymbol{X}^{\mathrm{T}}\\ &= \boldsymbol{E}.\end{aligned}$$

所以,$\boldsymbol{H}$ 是正交矩阵.

本章小结

一、n 维向量的概念

n 维向量可以看作一个行矩阵(行向量)或列矩阵(列向量). 对向量的运算只有线性运算(向量的加法及数与向量的乘法),其运算规律与矩阵的线性运算规律相同.

二、向量组的线性相关性

(1)向量组的线性相关、线性无关的定义. 在线性组合式

$$k_1\boldsymbol{\alpha}_1+k_2\boldsymbol{\alpha}_2+\cdots+k_m\boldsymbol{\alpha}_m=\mathbf{0}$$

中,由系数 $k_1,k_2,\cdots,k_m$ 是否不全为零来决定向量组 $\boldsymbol{\alpha}_1,\boldsymbol{\alpha}_2,\cdots,\boldsymbol{\alpha}_m$ 的线性相关性. 即当 $k_1,k_2,\cdots,k_m$ 不全为零时,上式成立,则向量组 $\boldsymbol{\alpha}_1,\boldsymbol{\alpha}_2,\cdots,\boldsymbol{\alpha}_m$ 线性相关;只有当 $k_1=k_2=\cdots=k_m=0$ 时,上式成立,则向量组 $\boldsymbol{\alpha}_1,\boldsymbol{\alpha}_2,\cdots,\boldsymbol{\alpha}_m$ 线性无关.

(2)向量组的极大无关组和向量组的秩的概念及求法. 其中涉及等价向量组的定义和性质.

(3)向量组的线性相关性的判别方法比较多,可用向量组线性相关性的定义及由定义得出的结论直接判别;在建立了矩阵的秩与向量组的秩的关系之后,可利用矩阵的秩来判别;利用等价向量组的性质判别等. 因为方法比较多,因此需要熟记一些定理、性质及结论,才能顺利地确定向量组的线性相关性.

三、n 维向量空间的有关概念

n 维实向量空间 $\mathbf{R}^n$ 的概念,向量空间的基、维数、坐标的概念及

子空间的概念.

四、欧氏空间

定义了向量内积的 n 维实向量空间 $\mathbf{R}^n$ 称为欧氏空间.在欧氏空间中有了正交的概念之后,利用施密特正交化方法可将一组线性无关的向量组化成一组标准正交向量组.

习 题 3

1.判断下列论断是否正确:

(1)若当数 $k_1=k_2=\cdots=k_m=0$ 时,

$$k_1\boldsymbol{\alpha}_1+k_2\boldsymbol{\alpha}_2+\cdots+k_m\boldsymbol{\alpha}_m=\mathbf{0}$$

成立,则向量组 $\boldsymbol{\alpha}_1,\boldsymbol{\alpha}_2,\cdots,\boldsymbol{\alpha}_m$ 线性无关;

(2)若有 m 个不全为零的数 $k_1,k_2,\cdots,k_m$,使得

$$k_1\boldsymbol{\alpha}_1+k_2\boldsymbol{\alpha}_2+\cdots+k_m\boldsymbol{\alpha}_m\neq\mathbf{0}$$

则向量组 $\boldsymbol{\alpha}_1,\boldsymbol{\alpha}_2,\cdots,\boldsymbol{\alpha}_m$ 线性无关;

(3)若向量组 $\boldsymbol{\alpha}_1,\boldsymbol{\alpha}_2,\cdots,\boldsymbol{\alpha}_r$ 线性无关,而向量 $\boldsymbol{\alpha}_{r+1}$ 不能由向量组 $\boldsymbol{\alpha}_1,\boldsymbol{\alpha}_2,\cdots,\boldsymbol{\alpha}_r$ 线性表示,则向量组 $\boldsymbol{\alpha}_1,\boldsymbol{\alpha}_2,\cdots,\boldsymbol{\alpha}_r,\boldsymbol{\alpha}_{r+1}$ 线性无关;

(4)若向量组 $\boldsymbol{\alpha}_1,\boldsymbol{\alpha}_2,\cdots,\boldsymbol{\alpha}_r$ 线性无关,则其中每一个向量都不可由其余向量线性表示;

(5)若向量组 $\boldsymbol{\alpha}_1,\boldsymbol{\alpha}_2,\cdots,\boldsymbol{\alpha}_r$ 线性相关,则其中每一个向量都可由其余向量线性表示;

(6)若向量组 $\boldsymbol{\alpha}_1,\boldsymbol{\alpha}_2,\cdots,\boldsymbol{\alpha}_r(r\geqslant 2)$ 线性相关,则其中必有两个向量成比例.

2.设 $3(\boldsymbol{\alpha}_1-\boldsymbol{\alpha})+2(\boldsymbol{\alpha}_2+\boldsymbol{\alpha})=5(\boldsymbol{\alpha}_3+\boldsymbol{\alpha})$,其中

$$\boldsymbol{\alpha}_1=\begin{pmatrix}2\\5\\1\\3\end{pmatrix},\quad \boldsymbol{\alpha}_2=\begin{pmatrix}10\\1\\5\\10\end{pmatrix},\quad \boldsymbol{\alpha}_3=\begin{pmatrix}4\\1\\-1\\1\end{pmatrix},$$

求向量 $\boldsymbol{\alpha}$.

3.判断下列向量组的线性相关性:

(1) $\boldsymbol{\alpha}_1=[1,0,1]$, $\boldsymbol{\alpha}_2=[4,2,-7]$,

$\boldsymbol{\alpha}_3=[1,5,4]$, $\boldsymbol{\alpha}_4=[3,2,-2]$;

(2) $\boldsymbol{\alpha}_1=[-1,1,3]$, $\boldsymbol{\alpha}_2=[2,3,2]$, $\boldsymbol{\alpha}_3=[-2,4,0]$;

(3) $\boldsymbol{\alpha}_1=[1,1,3,1]$, $\boldsymbol{\alpha}_2=[2,2,7,-1]$,

$\boldsymbol{\alpha}_3=[3,-1,2,4]$;

(4) $\boldsymbol{\alpha}_1=[1,1,3,1]$, $\boldsymbol{\alpha}_2=[-1,3,1,7]$,

$\boldsymbol{\alpha}_3=[-1,1,-1,3]$.

4. 设向量组 $\boldsymbol{\alpha}_1,\boldsymbol{\alpha}_2,\cdots,\boldsymbol{\alpha}_m$ 线性无关,且向量组

$$\begin{aligned}\boldsymbol{\beta}_1&=\boldsymbol{\alpha}_1,\\ \boldsymbol{\beta}_2&=\boldsymbol{\alpha}_1+\boldsymbol{\alpha}_2,\\ &\vdots\\ \boldsymbol{\beta}_m&=\boldsymbol{\alpha}_1+\boldsymbol{\alpha}_2+\cdots+\boldsymbol{\alpha}_m.\end{aligned}$$

试证:向量组 $\boldsymbol{\beta}_1,\boldsymbol{\beta}_2,\cdots,\boldsymbol{\beta}_m$ 也线性无关.

5. 设向量组 $\boldsymbol{\alpha}_1,\boldsymbol{\alpha}_2,\boldsymbol{\alpha}_3$ 线性无关,而向量组

$$\begin{aligned}\boldsymbol{\beta}_1&=\boldsymbol{\alpha}_1-\boldsymbol{\alpha}_3,\\ \boldsymbol{\beta}_2&=-2\boldsymbol{\alpha}_1+2\boldsymbol{\alpha}_2,\\ \boldsymbol{\beta}_3&=3\boldsymbol{\alpha}_1-5\boldsymbol{\alpha}_2+2\boldsymbol{\alpha}_3.\end{aligned}$$

试判定向量组 $\boldsymbol{\beta}_1,\boldsymbol{\beta}_2,\boldsymbol{\beta}_3$ 的线性相关性.

6. 证明:向量组 $\boldsymbol{\alpha}_1,\boldsymbol{\alpha}_2,\cdots,\boldsymbol{\alpha}_m$(其中 $\boldsymbol{\alpha}_1\neq 0$)线性相关的充分必要条件是至少有一个向量 $\boldsymbol{\alpha}_i$($1<i\leqslant m$)可以由 $\boldsymbol{\alpha}_1,\boldsymbol{\alpha}_2,\cdots,\boldsymbol{\alpha}_{i-1}$ 线性表示.

7. 求下列各向量组的秩,并求出它的一个极大无关组:

(1) $\boldsymbol{\alpha}_1=[1,0,2,3,-4]$, $\boldsymbol{\alpha}_2=[6,4,1,-1,2]$,

$\boldsymbol{\alpha}_3=[1,4,-9,-16,22]$, $\boldsymbol{\alpha}_4=[7,1,0,-1,3]$;

(2) $\boldsymbol{\alpha}_1=[1,-1,2,4]$, $\boldsymbol{\alpha}_2=[0,3,1,2]$,

$\boldsymbol{\alpha}_3=[3,0,7,14]$, $\boldsymbol{\alpha}_4=[1,-1,2,0]$;

(3) $\boldsymbol{\alpha}_1=[1,1,0]$, $\boldsymbol{\alpha}_2=[0,2,0]$, $\boldsymbol{\alpha}_3=[0,0,3]$;

(4) $\boldsymbol{\alpha}_1=[1,2,-1,4]$, $\boldsymbol{\alpha}_2=[4,-1,-5,-6]$,

$\boldsymbol{\alpha}_3=[1,-3,-4,-7]$, $\boldsymbol{\alpha}_4=[1,2,1,3]$.

8.已知 n 维单位向量组 $\boldsymbol{\varepsilon}_1,\boldsymbol{\varepsilon}_2,\cdots,\boldsymbol{\varepsilon}_n$ 可以由 n 维向量组 $\boldsymbol{\alpha}_1,\boldsymbol{\alpha}_2,\cdots,\boldsymbol{\alpha}_n$ 线性表示,证明向量组 $\boldsymbol{\alpha}_1,\boldsymbol{\alpha}_2,\cdots,\boldsymbol{\alpha}_n$ 线性无关.

9.秩为 r 的向量组 $\boldsymbol{\alpha}_1,\boldsymbol{\alpha}_2,\cdots,\boldsymbol{\alpha}_m$ 中的每一个向量都可以由它的一个部分组 $\boldsymbol{\alpha}_{i_1},\boldsymbol{\alpha}_{i_2},\cdots,\boldsymbol{\alpha}_{i_r}$ 线性表示,证明 $\boldsymbol{\alpha}_{i_1},\boldsymbol{\alpha}_{i_2},\cdots,\boldsymbol{\alpha}_{i_r}$ 是向量组 $\boldsymbol{\alpha}_1,\boldsymbol{\alpha}_2,\cdots,\boldsymbol{\alpha}_m$ 的一个极大无关组.

10.在向量空间 $\mathbf{R}^3$ 中,求向量 $\boldsymbol{\beta}=\begin{bmatrix}3\\5\\-6\end{bmatrix}$ 在基 $\boldsymbol{\alpha}_1=\begin{bmatrix}1\\1\\1\end{bmatrix}$, $\boldsymbol{\alpha}_2=\begin{bmatrix}1\\0\\1\end{bmatrix}$, $\boldsymbol{\alpha}_3=\begin{bmatrix}0\\-1\\-1\end{bmatrix}$ 下的坐标.

11.判别下列各子集合是否是向量空间 $\mathbf{R}^3$ 的子空间:

(1) $\boldsymbol{W}_1=\left\{\boldsymbol{\alpha}=\begin{bmatrix}a_1\\a_2\\a_3\end{bmatrix}\in\mathbf{R}^3 \mid a_1:a_2:a_3=1:2:3\right\}$;

(2) $\boldsymbol{W}_2=\left\{\boldsymbol{\alpha}=\begin{bmatrix}a_1\\a_2\\a_3\end{bmatrix}\in\mathbf{R}^3 \mid a_1+a_2-2a_3=0\right\}$;

(3) $\boldsymbol{W}_3=\left\{\boldsymbol{\alpha}=\begin{bmatrix}a_1\\a_2\\a_3\end{bmatrix}\in\mathbf{R}^3 \mid a_3=2\right\}$;

(4) $\boldsymbol{W}_4=\left\{\boldsymbol{\alpha}=\begin{bmatrix}a_1\\a_2\\a_3\end{bmatrix}\in\mathbf{R}^3 \mid a_1=a_3^2\right\}$.

12.将向量组 $\boldsymbol{\alpha}_1=\begin{bmatrix}1\\1\\-1\\-1\end{bmatrix}$, $\boldsymbol{\alpha}_2=\begin{bmatrix}1\\0\\1\\0\end{bmatrix}$, $\boldsymbol{\alpha}_3=\begin{bmatrix}1\\1\\-1\\0\end{bmatrix}$, $\boldsymbol{\alpha}_4=\begin{bmatrix}0\\1\\-1\\-1\end{bmatrix}$ 正交

化、单位化.

13. 设 $\boldsymbol{A},\boldsymbol{B}$ 都是 n 阶正交矩阵,且 $|\boldsymbol{A}|=-|\boldsymbol{B}|$,则 $|\boldsymbol{A}+\boldsymbol{B}|=0$.

14. 设 $\boldsymbol{\alpha}_1,\boldsymbol{\alpha}_2$ 是向量空间 $\mathbf{R}^n$ 中的两个列向量,证明:对于 n 阶正交矩阵 $\boldsymbol{A}$,总有

$$(\boldsymbol{A}\boldsymbol{\alpha}_1,\boldsymbol{A}\boldsymbol{\alpha}_2)=(\boldsymbol{\alpha}_1,\boldsymbol{\alpha}_2).$$

15. 设 $\boldsymbol{\alpha}_1,\boldsymbol{\alpha}_2,\cdots,\boldsymbol{\alpha}_n$ 是向量空间 $\mathbf{R}^n$ 的一组标准正交基,$\boldsymbol{A}$ 是 n 阶正交矩阵,则 $\boldsymbol{A}\boldsymbol{\alpha}_1,\boldsymbol{A}\boldsymbol{\alpha}_2,\cdots,\boldsymbol{A}\boldsymbol{\alpha}_n$ 也是向量空间 $\boldsymbol{R}^n$ 的一组标准正交基.

16. 已知

$$\boldsymbol{A}=\begin{bmatrix} a & -\frac{3}{7} & \frac{2}{7} \\ \frac{2}{7} & b & c \\ -\frac{3}{7} & \frac{2}{7} & d \end{bmatrix}$$

是正交矩阵,试求出 a,b,c,d 的值.

第4章　线性方程组

在第1章中,我们利用克拉默法则讨论了关于 n 个未知数 n 个线性方程所组成的线性方程组解的情形,即线性方程组

$$\begin{cases} a_{11}x_1 + a_{12}x_2 + \cdots + a_{1n}x_n = b_1, \\ a_{21}x_1 + a_{22}x_2 + \cdots + a_{2n}x_n = b_2, \\ \quad\vdots \\ a_{n1}x_1 + a_{n2}x_2 + \cdots + a_{nn}x_n = b_n. \end{cases}$$

当系数行列式 $D\neq0$ 时,该方程组有唯一解.但是在实际问题中,当系数行列式 $D=0$ 时,方程组的解是什么情形;当方程的个数与未知数的个数不相等时,方程组的解又是什么情形,这些问题克拉默法则是无法解决的.本章讨论一般形式的线性方程组解的情形.

线性方程组的一般形式为

$$\begin{cases} a_{11}x_1 + a_{12}x_2 + \cdots + a_{1n}x_n = b_1, \\ a_{21}x_1 + a_{22}x_2 + \cdots + a_{2n}x_n = b_2, \\ \quad\vdots \\ a_{m1}x_1 + a_{m2}x_2 + \cdots + a_{mn}x_n = b_m. \end{cases} \tag{1}$$

我们主要讨论下面三个问题:

(1)方程组(1)是否有解,在什么条件下有解(解的存在性);

(2)若方程组(1)有解,有多少解?如何求解?

(3)若方程组(1)的解不唯一,不同解之间的关系如何(解的结构).

4.1 线性方程组有解的判别

对于方程组(1),若记系数组成的矩阵为

$$\mathbf{A}=\begin{bmatrix} a_{11} & a_{12} & \cdots & a_{1n} \\ a_{21} & a_{22} & \cdots & a_{2n} \\ \vdots & \vdots & & \vdots \\ a_{m1} & a_{m2} & \cdots & a_{mn} \end{bmatrix},$$

称 $\mathbf{A}$ 为方程组(1)的系数矩阵.记矩阵

$$\overline{\mathbf{A}}=[\mathbf{A}\ \boldsymbol{\beta}]=\begin{bmatrix} a_{11} & a_{12} & \cdots & a_{1n} & b_1 \\ a_{21} & a_{22} & \cdots & a_{2n} & b_2 \\ \vdots & \vdots & & \vdots & \vdots \\ a_{m1} & a_{m2} & \cdots & a_{mn} & b_m \end{bmatrix}.$$

称 $\overline{\mathbf{A}}$ 为方程组(1)的增广矩阵.若记

$$\mathbf{X}=\begin{bmatrix} x_1 \\ x_2 \\ \vdots \\ x_n \end{bmatrix},\quad \boldsymbol{\beta}=\begin{bmatrix} b_1 \\ b_2 \\ \vdots \\ b_m \end{bmatrix},$$

则方程组(1)可以写成矩阵表达形式

$$\mathbf{AX}=\boldsymbol{\beta}.$$

若将增广矩阵 $\overline{\mathbf{A}}$ 按列分块,即 $\overline{\mathbf{A}}=[\boldsymbol{\alpha}_1\quad \boldsymbol{\alpha}_2\quad \cdots\quad \boldsymbol{\alpha}_n\quad \boldsymbol{\beta}]$,则每块为一个列向量,这时方程组(1)可以写成向量形式

$$x_1\boldsymbol{\alpha}_1+x_2\boldsymbol{\alpha}_2+\cdots+x_n\boldsymbol{\alpha}_n=\boldsymbol{\beta}.$$

定理 4.1 线性方程组(1)有解的充分必要条件是 $r(\mathbf{A})=r(\overline{\mathbf{A}})$.

证明 考察两个向量组

(Ⅰ)$\boldsymbol{\alpha}_1,\boldsymbol{\alpha}_2,\cdots,\boldsymbol{\alpha}_n$;

(Ⅱ)$\boldsymbol{\alpha}_1,\boldsymbol{\alpha}_2,\cdots,\boldsymbol{\alpha}_n,\boldsymbol{\beta}$.

可知它们分别是系数矩阵 $\mathbf{A}$ 与增广矩阵 $\overline{\mathbf{A}}$ 的列向量组.

先证充分性.

设 $r(\boldsymbol{A})=r(\overline{\boldsymbol{A}})=r$，即向量组(Ⅰ)$\boldsymbol{\alpha}_1,\boldsymbol{\alpha}_2,\cdots,\boldsymbol{\alpha}_n$ 与向量组(Ⅱ)$\boldsymbol{\alpha}_1,\boldsymbol{\alpha}_2,\cdots,\boldsymbol{\alpha}_n,\boldsymbol{\beta}$ 具有相同的秩 r. 取向量组(Ⅰ)的一个极大无关组 $\boldsymbol{\alpha}_{i_1},\boldsymbol{\alpha}_{i_2},\cdots,\boldsymbol{\alpha}_{i_r}$，显然它也是向量组(Ⅱ)的一个极大无关组. 则向量 $\boldsymbol{\beta}$ 可由极大无关组 $\boldsymbol{\alpha}_{i_1},\boldsymbol{\alpha}_{i_2},\cdots,\boldsymbol{\alpha}_{i_r}$ 线性表示，因此向量 $\boldsymbol{\beta}$ 可由向量组(Ⅰ)$\boldsymbol{\alpha}_1,\boldsymbol{\alpha}_2,\cdots,\boldsymbol{\alpha}_n$ 线性表示为

$$\boldsymbol{\beta}=k_1\boldsymbol{\alpha}_1+k_2\boldsymbol{\alpha}_2\cdots+k_n\boldsymbol{\alpha}_n,$$

即向量 $\begin{bmatrix}k_1\\k_2\\\vdots\\k_n\end{bmatrix}$ 是方程组(1)的解.

再证必要性.

设方程组(1)有解为

$$\boldsymbol{X}_0=\begin{bmatrix}\lambda_1\\\lambda_2\\\vdots\\\lambda_n\end{bmatrix},$$

即有

$$\boldsymbol{\beta}=\lambda_1\boldsymbol{\alpha}_1+\lambda_2\boldsymbol{\alpha}_2+\cdots+\lambda_n\boldsymbol{\alpha}_n,$$

从而可知向量组(Ⅱ)可由向量组(Ⅰ)线性表示，显然向量组(Ⅰ)可由向量组(Ⅱ)线性表示，于是向量组(Ⅰ)与向量组(Ⅱ)等价. 因此，

$$r(\boldsymbol{A})=r(\overline{\boldsymbol{A}}).$$

方程组有解时，我们称该方程组相容；方程组无解时，则称该方程组不相容.

由定理 4.1 可知，当方程组

$$x_1\boldsymbol{\alpha}_1+x_2\boldsymbol{\alpha}_2+\cdots+x_n\boldsymbol{\alpha}_n=\boldsymbol{\beta}$$

有解时，$r(\boldsymbol{A})=r(\overline{\boldsymbol{A}})$.

若 $r(\boldsymbol{A})=r(\overline{\boldsymbol{A}})=n$，即 $\boldsymbol{\alpha}_1,\boldsymbol{\alpha}_2,\cdots,\boldsymbol{\alpha}_n$ 线性无关，由第 3 章定理 3.2 可知，$\boldsymbol{\beta}$ 可由 $\boldsymbol{\alpha}_1,\boldsymbol{\alpha}_2,\cdots,\boldsymbol{\alpha}_n$ 唯一地线性表示，进而可知方程组(1)

有唯一解.

若 $r(\boldsymbol{A})=r(\overline{\boldsymbol{A}})=r<n$，即 $\boldsymbol{\alpha}_1,\boldsymbol{\alpha}_2,\cdots,\boldsymbol{\alpha}_n$ 线性相关，此时，$\boldsymbol{\beta}$ 由 $\boldsymbol{\alpha}_1,\boldsymbol{\alpha}_2,\cdots,\boldsymbol{\alpha}_n$ 表出的线性表达式不唯一，进而可知方程组(1)的解不唯一，有无穷多解.

由初等数学中解线性方程组的知识可知，在解线性方程组过程中，对方程组施行下列 3 种变形：

(1)互换方程组中某两个方程的位置；

(2)用一个非零数 k 乘以某一个方程；

(3)将某一个方程的 k 倍加到另一个方程上.

此 3 种变形称为对方程组进行初等变换. 同时可知，一个线性方程组经过初等变换后所得到的方程组与原方程组是同解方程组.

由于 n 元线性方程组 $\boldsymbol{AX}=\boldsymbol{\beta}$ 中的每一个方程与其增广矩阵 $\overline{\boldsymbol{A}}$ 中的一行是对应的，因此，对方程组 $\boldsymbol{AX}=\boldsymbol{\beta}$ 进行初等变换相当于对其增广矩阵 $\overline{\boldsymbol{A}}$ 进行相应的初等行变换；反之亦然.

例 1 讨论线性方程组

$$\begin{cases} x_1+x_2-2x_3=1, \\ 2x_1+4x_2+5x_3=-3, \\ -2x_1-2x_2+4x_3=0 \end{cases}$$

解的情况.

解 判断该线性方程组是否有解，即需要分别求出系数矩阵 $\boldsymbol{A}$ 的秩和增广矩阵 $\overline{\boldsymbol{A}}$ 的秩. 对增广矩阵 $\overline{\boldsymbol{A}}$ 施行初等行变换

$$\overline{\boldsymbol{A}}=\begin{bmatrix} 1 & 1 & -2 & 1 \\ 2 & 4 & 5 & -3 \\ -2 & -2 & 4 & 0 \end{bmatrix} \to \begin{bmatrix} 1 & 1 & -2 & 1 \\ 0 & 2 & 9 & -5 \\ 0 & 0 & 0 & 2 \end{bmatrix}.$$

显然，$r(\boldsymbol{A})=2$，$r(\overline{\boldsymbol{A}})=3$，即 $r(\boldsymbol{A})\neq r(\overline{\boldsymbol{A}})$，所以该方程组无解(不相容).

例 2 求解线性方程组

$$\begin{cases} x_1+2x_2+x_3=2, \\ x_1-x_2+x_3=2, \\ 3x_1+x_2-2x_3=1. \end{cases}$$

解　对方程组的增广矩阵 $\bar{A}$ 施行初等行变换

$$\bar{A}=\begin{bmatrix}1 & 2 & 1 & 2\\1 & -1 & 1 & 2\\3 & 1 & -2 & 1\end{bmatrix}\to\begin{bmatrix}1 & 2 & 1 & 2\\0 & -3 & 0 & 0\\0 & -5 & -5 & -5\end{bmatrix}\to$$

$$\begin{bmatrix}1 & 2 & 1 & 2\\0 & 1 & 1 & 1\\0 & 1 & 0 & 0\end{bmatrix}\to\begin{bmatrix}1 & 2 & 1 & 2\\0 & 1 & 1 & 1\\0 & 0 & 1 & 1\end{bmatrix}.$$

由于 $r(A)=r(\bar{A})=3$,所以方程组有唯一解.

原方程组的同解方程组为

$$\begin{cases}x_1+2x_2+x_3=2,\\ \qquad x_2+x_3=1,\\ \qquad\qquad x_3=1,\end{cases}$$

可得其解为

$$\begin{cases}x_1=1,\\x_2=0,\\x_3=1.\end{cases}$$

例 3　求解线性方程组

$$\begin{cases}x_1+3x_2-x_3-2x_4=1,\\2x_1-x_2+2x_3+3x_4=2,\\3x_1+2x_2+x_3+x_4=3,\\x_1-4x_2+3x_3+5x_4=1.\end{cases}$$

解　对方程组的增广矩阵 $\bar{A}$ 施行初等行变换

$$\bar{A}=\begin{bmatrix}1 & 3 & -1 & -2 & 1\\2 & -1 & 2 & 3 & 2\\3 & 2 & 1 & 1 & 3\\1 & -4 & 3 & 5 & 1\end{bmatrix}\to\begin{bmatrix}1 & 3 & -1 & -2 & 1\\0 & -7 & 4 & 7 & 0\\0 & -7 & 4 & 7 & 0\\0 & -7 & 4 & 7 & 0\end{bmatrix}\to$$

$$\begin{bmatrix}1 & 3 & -1 & -2 & 1\\0 & 7 & -4 & -7 & 0\\0 & 0 & 0 & 0 & 0\\0 & 0 & 0 & 0 & 0\end{bmatrix},$$

由于 $r(\mathbf{A})=r(\overline{\mathbf{A}})=2<4$,所以方程组有解,并注意到 2 阶行列式

$$\begin{vmatrix}1 & 3\\0 & 7\end{vmatrix}=7\neq 0,$$

因此原方程组的同解方程组为

$$\begin{cases}x_1+3x_2=x_3+2x_4+1,\\ \qquad 7x_2=4x_3+7x_4,\end{cases}$$

其中 x_3,x_4 是自由未知量,可取任意实数. 方程组的解为

$$\begin{cases}x_1=-\dfrac{5}{7}x_3-x_4+1,\\ x_2=\dfrac{4}{7}x_3+x_4,\\ x_3=x_3,\\ x_4=x_4.\end{cases}$$

这时,方程组有无穷多解.

4.2 齐次线性方程组的通解

齐次线性方程组

$$\begin{cases}a_{11}x_1+a_{12}x_2+\cdots+a_{1n}x_n=0,\\ a_{21}x_1+a_{22}x_2+\cdots+a_{2n}x_n=0,\\ \quad\vdots\\ a_{m1}x_1+a_{m2}x_2+\cdots+a_{mn}x_n=0,\end{cases}\tag{2}$$

其矩阵表达形式为

$$\mathbf{AX}=\mathbf{0}.$$

由于 $r(\overline{\mathbf{A}})=r(\mathbf{A}\,\vdots\,\mathbf{0})=r(\mathbf{A})$,所以方程组(2)必有解. 根据上节的讨论,当 $r(\mathbf{A})=n$ 时,方程组(2)有唯一零解;当 $r(\mathbf{A})=r<n$ 时,

方程组(2)有无穷多解,它的全部解称为方程组的通解.

4.2.1　齐次线性方程组 $\boldsymbol{AX}=\boldsymbol{0}$ 的解的性质

性质 1　若 $\boldsymbol{X}_1,\boldsymbol{X}_2$ 是齐次线性方程组 $\boldsymbol{AX}=\boldsymbol{0}$ 的解,则 $\boldsymbol{X}_1+\boldsymbol{X}_2$ 也是齐次线性方程组 $\boldsymbol{AX}=\boldsymbol{0}$ 的解.

这是因为 $\boldsymbol{AX}_1=\boldsymbol{0},\boldsymbol{AX}_2=\boldsymbol{0}$,则有

$$\boldsymbol{A}(\boldsymbol{X}_1+\boldsymbol{X}_2)=\boldsymbol{AX}_1+\boldsymbol{AX}_2=\boldsymbol{0}+\boldsymbol{0}=\boldsymbol{0},$$

即 $\boldsymbol{X}_1+\boldsymbol{X}_2$ 也是齐次线性方程组 $\boldsymbol{AX}=\boldsymbol{0}$ 的解.

性质 2　若 $\boldsymbol{X}_1$ 是齐次线性方程组 $\boldsymbol{AX}=\boldsymbol{0}$ 的解,k 是任意常数,则 $k\boldsymbol{X}_1$ 也是齐次线性方程组 $\boldsymbol{AX}=\boldsymbol{0}$ 的解.

这是因为 $\boldsymbol{AX}_1=\boldsymbol{0}$,则有

$$\boldsymbol{A}(k\boldsymbol{X}_1)=k\boldsymbol{AX}_1=k\boldsymbol{0}=\boldsymbol{0},$$

即 $k\boldsymbol{X}_1$ 也是齐次线性方程组 $\boldsymbol{AX}=\boldsymbol{0}$ 的解.

综合性质 1、性质 2 可知,若向量 $\boldsymbol{X}_1,\boldsymbol{X}_2,\cdots,\boldsymbol{X}_t$ 都是齐次线性方程组 $\boldsymbol{AX}=\boldsymbol{0}$ 的解,则线性组合

$$k_1\boldsymbol{X}_1+k_2\boldsymbol{X}_2+\cdots+k_t\boldsymbol{X}_t$$

仍是齐次线性方程组 $\boldsymbol{AX}=\boldsymbol{0}$ 的解,其中,$k_1,k_2,\cdots,k_t$ 为任意常数.

由此可知,若齐次线性方程组 $\boldsymbol{AX}=\boldsymbol{0}$ 有非零解,则它必有无穷多个解,这无穷多个解构成一个 n 维向量集合.由向量空间的定义可知,该集合称为齐次线性方程组 $\boldsymbol{AX}=\boldsymbol{0}$ 的解空间(为 $\mathbf{R}^n$ 的一个子空间),求出该解空间的一组基,做出这组基的一切线性组合,便得到齐次线性方程组 $\boldsymbol{AX}=\boldsymbol{0}$ 的全部解.

4.2.2　齐次线性方程组 $\boldsymbol{AX}=\boldsymbol{0}$ 的基础解系和通解

定义 4.1　若向量 $\boldsymbol{\eta}_1,\boldsymbol{\eta}_2,\cdots,\boldsymbol{\eta}_t$ 是齐次线性方程组 $\boldsymbol{AX}=\boldsymbol{0}$ 的解空间的一组基,则称 $\boldsymbol{\eta}_1,\boldsymbol{\eta}_2,\cdots,\boldsymbol{\eta}_t$ 为该方程组的一个基础解系.

定义 4.2　齐次线性方程组 $\boldsymbol{AX}=\boldsymbol{0}$ 基础解系的一切线性组合

$$\boldsymbol{X}=k_1\boldsymbol{\eta}_1+k_2\boldsymbol{\eta}_2+\cdots+k_t\boldsymbol{\eta}_t,$$

其中 $k_1,k_2,\cdots,k_t$ 为任意常数,称为该方程组的通解或全部解.

由于向量空间的基不唯一,所以齐次线性方程组 $\boldsymbol{AX}=\boldsymbol{0}$ 的基础解系也不唯一;向量空间的维数是唯一的,因此基础解系中所含向量的个数也是唯一的.

定理 4.2 若 n 元齐次线性方程组 $\boldsymbol{AX}=\boldsymbol{0}$ 的系数矩阵 $\boldsymbol{A}$ 的秩 $r(\boldsymbol{A})=r<n$,则该方程组必存在基础解系,且任一个基础解系中含有 $n-r$ 个解向量.

证明 设齐次线性方程组

$$\begin{cases} a_{11}x_1+a_{12}x_2+\ +a_{1n}x_n=0, \\ a_{21}x_1+a_{22}x_2+\ +a_{2n}x_n=0, \\ \quad\vdots \\ a_{m1}x_1+a_{m2}x_2+\ +a_{mn}x_n=0 \end{cases} \tag{2}$$

的系数矩阵 $\boldsymbol{A}$ 的秩 $r(\boldsymbol{A})=r<n$,则 $\boldsymbol{A}$ 中必有不为零的 r 阶子式,不妨设其左上角的那个 r 阶子式

$$\begin{vmatrix} a_{11} & a_{12} & \cdots & a_{1r} \\ a_{21} & a_{22} & \cdots & a_{2r} \\ \vdots & \vdots & & \vdots \\ a_{r1} & a_{r2} & \cdots & a_{rr} \end{vmatrix} \neq 0.$$

对方程组(2)进行初等变换,得到的方程组

$$\begin{cases} a_{11}x_1+a_{12}x_2+\cdots+a_{1r}x_r=-a_{1\,r+1}x_{r+1}-\cdots-a_{1n}x_n \\ a_{21}x_1+a_{22}x_2+\cdots+a_{2r}x_r=-a_{2\,r+1}x_{r+1}-\cdots-a_{2n}x_n \\ \qquad\qquad\qquad\vdots \\ a_{r1}x_1+a_{r2}x_2+\cdots+a_{rr}x_r=-a_{r\,r+1}x_{r+1}-\cdots-a_{rn}x_n \end{cases} \tag{3}$$

必与方程组(2)是同解方程组,其中 $x_{r+1},\cdots,x_n$ 为自由未知量.任给自由未知量一组确定的值 $x_{r+1}^0,x_{r+2}^0,\cdots,x_n^0$,由克拉默法则可求得一组唯一对应的 $x_1^0,x_2^0,\cdots,x_r^0$.于是我们便得到齐次线性方程组(2)的一个解

$$\boldsymbol{X}_0=\begin{bmatrix}x_1^0\\x_2^0\\\vdots\\x_r^0\\x_{r+1}^0\\\vdots\\x_n^0\end{bmatrix}.$$

对 $n-r$ 个自由未知量分别取下列 $n-r$ 组数

$$\begin{bmatrix}x_{r+1}\\x_{r+2}\\\vdots\\x_n\end{bmatrix}=\begin{bmatrix}1\\0\\\vdots\\0\end{bmatrix},\begin{bmatrix}0\\1\\\vdots\\0\end{bmatrix},\cdots,\begin{bmatrix}0\\0\\\vdots\\1\end{bmatrix},$$

分别代入方程组(3),可以得到方程组的 $n-r$ 个解向量

$$\boldsymbol{\eta}_1=\begin{bmatrix}c_{11}\\c_{21}\\\vdots\\c_{r1}\\1\\0\\\vdots\\0\end{bmatrix},\quad \boldsymbol{\eta}_2=\begin{bmatrix}c_{12}\\c_{22}\\\vdots\\c_{r2}\\0\\1\\\vdots\\0\end{bmatrix},\quad \cdots,\quad \boldsymbol{\eta}_{n-r}=\begin{bmatrix}c_{1\,n-r}\\c_{2\,n-r}\\\vdots\\c_{r\,n-r}\\0\\0\\\vdots\\1\end{bmatrix}.$$

现在证明解向量 $\boldsymbol{\eta}_1,\boldsymbol{\eta}_2,\cdots,\boldsymbol{\eta}_{n-r}$ 是方程组(2)的一个基础解系,即证明 $\boldsymbol{\eta}_1,\boldsymbol{\eta}_2,\cdots,\boldsymbol{\eta}_{n-r}$ 是方程组(2)的解空间的一组基.

首先证明 $\boldsymbol{\eta}_1,\boldsymbol{\eta}_2,\cdots,\boldsymbol{\eta}_{n-r}$ 线性无关,设矩阵

$$C=(\boldsymbol{\eta}_1 \quad \boldsymbol{\eta}_2 \quad \cdots \quad \boldsymbol{\eta}_{n-r})=\begin{bmatrix} c_{11} & c_{12} & \cdots & c_{1\,n-r} \\ c_{21} & c_{22} & \cdots & c_{2\,n-r} \\ \vdots & \vdots & & \vdots \\ c_{r1} & c_{r2} & \cdots & c_{r\,n-r} \\ 1 & 0 & \cdots & 0 \\ 0 & 1 & \cdots & 0 \\ \vdots & \vdots & & \vdots \\ 0 & 0 & \cdots & 1 \end{bmatrix},$$

由于矩阵 $\boldsymbol{C}$ 是 $n\times(n-r)$ 矩阵，且其中有一个 $n-r$ 阶子式

$$\begin{vmatrix} 1 & 0 & \cdots & 0 \\ 0 & 1 & \cdots & 0 \\ \vdots & \vdots & & \vdots \\ 0 & 0 & \cdots & 1 \end{vmatrix}=1\neq 0,$$

所以 $r(\boldsymbol{C})=n-r$，即解向量 $\boldsymbol{\eta}_1,\boldsymbol{\eta}_2,\cdots,\boldsymbol{\eta}_{n-r}$ 线性无关.

其次证明方程组(2)的任意一个解向量都可以由 $\boldsymbol{\eta}_1,\boldsymbol{\eta}_2,\cdots,\boldsymbol{\eta}_{n-r}$ 线性表示.设

$$\boldsymbol{\eta}=\begin{bmatrix} k_1 \\ \vdots \\ k_r \\ k_{r+1} \\ \vdots \\ k_n \end{bmatrix}$$

是齐次线性方程组(2)的任意一个解向量.因为 $\boldsymbol{\eta}_1,\boldsymbol{\eta}_2,\cdots,\boldsymbol{\eta}_{n-r}$ 是齐次线性方程组(2)的解向量，所以线性组合

$$\boldsymbol{\zeta}=k_{r+1}\boldsymbol{\eta}_1+k_{r+2}\boldsymbol{\eta}_2+\cdots+k_n\boldsymbol{\eta}_{n-r}$$

也是方程组(2)的解向量.由于

$$\boldsymbol{\zeta}=k_{r+1}\begin{bmatrix}c_{11}\\c_{21}\\\vdots\\c_{r1}\\1\\0\\\vdots\\0\end{bmatrix}+k_{r+2}\begin{bmatrix}c_{12}\\c_{22}\\\vdots\\c_{r2}\\0\\1\\\vdots\\0\end{bmatrix}+\cdots+k_n\begin{bmatrix}c_{1\,n-r}\\c_{2\,n-r}\\\vdots\\c_{r\,n-r}\\0\\0\\\vdots\\1\end{bmatrix}$$

$$=\begin{bmatrix}k_{r+1}c_{11}+k_{r+2}c_{12}+\cdots+k_nc_{1\,n-r}\\\vdots\\k_{r+1}c_{r1}+k_{r+2}c_{r2}+\cdots+k_nc_{r\,n-r}\\k_{r+1}\\k_{r+2}\\\vdots\\k_n\end{bmatrix},$$

可知，$\boldsymbol{\zeta}$ 与 $\boldsymbol{\eta}$ 的自由未知量的取值对应相同，所以

$$\boldsymbol{\zeta}=\boldsymbol{\eta}=k_{r+1}\boldsymbol{\eta}_1+k_{r+2}\boldsymbol{\eta}_2+\cdots+k_n\boldsymbol{\eta}_{n-r},$$

即方程组(2)的任意一个解向量都可由 $\boldsymbol{\eta}_1,\boldsymbol{\eta}_2,\cdots,\boldsymbol{\eta}_{n-r}$ 线性表示.

根据向量空间的基的定义可知 $\boldsymbol{\eta}_1,\boldsymbol{\eta}_2,\cdots,\boldsymbol{\eta}_{n-r}$ 是齐次线性方程组(2)解空间的一组基，即是方程组(2)的一个基础解系.

定理 4.2 的证明过程给我们指出了求齐次线性方程组的基础解系的方法.

求出齐次线性方程组 $\boldsymbol{AX}=\boldsymbol{0}$ 的一个基础解系后，便可得到方程组的通解为

$$\boldsymbol{X}=k_1\boldsymbol{\eta}_1+k_2\boldsymbol{\eta}_2+\cdots+k_{n-r}\boldsymbol{\eta}_{n-r},$$

其中 $k_1,k_2,\cdots,k_{n-r}$ 为任意常数.

推论　设 n 元齐次线性方程组 $\boldsymbol{AX}=\boldsymbol{0}$ 的系数矩阵 $\boldsymbol{A}$ 的秩 $r(\boldsymbol{A})=r<n$，则任意 $n-r$ 个线性无关的解向量都是它的一个基础解系.

证明 由定理4.2可知,齐次线性方程组 $\boldsymbol{AX}=\boldsymbol{0}$ 的解空间的维数是 $n-r$,任意 $n-r+1$ 个解向量必线性相关,因此解空间中任意 $n-r$ 个线性无关的解向量都是一组基,即都是一个基础解系.

例1 求齐次线性方程组

$$\begin{cases} x_1+x_2+x_3+x_4=0, \\ 3x_1+3x_2+x_3=0, \\ -2x_1-2x_2+x_4=0, \\ 5x_1+5x_2+3x_3+2x_4=0 \end{cases}$$

的一个基础解系及全部解.

解 对系数矩阵 $\boldsymbol{A}$ 施行初等行变换化为阶梯形矩阵

$$\boldsymbol{A}=\begin{bmatrix} 1 & 1 & 1 & 1 \\ 3 & 3 & 1 & 0 \\ -2 & -2 & 0 & 1 \\ 5 & 5 & 3 & 2 \end{bmatrix} \to \begin{bmatrix} 1 & 1 & 1 & 1 \\ 0 & 0 & -2 & -3 \\ 0 & 0 & 2 & 3 \\ 0 & 0 & -2 & -3 \end{bmatrix} \to \begin{bmatrix} 1 & 1 & 1 & 1 \\ 0 & 0 & 2 & 3 \\ 0 & 0 & 0 & 0 \\ 0 & 0 & 0 & 0 \end{bmatrix}.$$

因为 $r(\boldsymbol{A})=2<4$,所以方程组有 $4-2=2$ 个自由未知量,因此方程组有无穷多解.由于 x_1,x_3 的系数组成的2阶行列式

$$\begin{vmatrix} 1 & 1 \\ 0 & 2 \end{vmatrix}=2\neq 0,$$

所以取 x_2,x_4 为自由未知量,得到同解方程组

$$\begin{cases} x_1=-x_2+\dfrac{1}{2}x_4, \\ x_3=-\dfrac{3}{2}x_4, \end{cases}$$

x_2,x_4 取两组数

$$\begin{pmatrix} x_2 \\ x_4 \end{pmatrix}=\begin{pmatrix} 1 \\ 0 \end{pmatrix}, \quad \begin{pmatrix} 0 \\ 1 \end{pmatrix},$$

代入方程组中得到

$$\begin{bmatrix} x_1 \\ x_3 \end{bmatrix} = \begin{bmatrix} -1 \\ 0 \end{bmatrix}, \quad \begin{bmatrix} \frac{1}{2} \\ -\frac{3}{2} \end{bmatrix},$$

于是得到原方程组的一个基础解系为

$$\boldsymbol{\eta}_1 = \begin{bmatrix} -1 \\ 1 \\ 0 \\ 0 \end{bmatrix}, \quad \boldsymbol{\eta}_2 = \begin{bmatrix} \frac{1}{2} \\ 0 \\ -\frac{3}{2} \\ 1 \end{bmatrix}.$$

方程组的通解为

$$\boldsymbol{X} = k_1 \boldsymbol{\eta}_1 + k_2 \boldsymbol{\eta}_2 = k_1 \begin{bmatrix} -1 \\ 1 \\ 0 \\ 0 \end{bmatrix} + k_2 \begin{bmatrix} \frac{1}{2} \\ 0 \\ -\frac{3}{2} \\ 1 \end{bmatrix},$$

其中 k_1, k_2 为任意常数.

例 2　设矩阵 $\boldsymbol{A} = (a_{ij})_{m\times n}, \boldsymbol{B} = (b_{ij})_{n\times s}$ 满足 $\boldsymbol{AB} = \boldsymbol{0}$,并且 $r(\boldsymbol{A}) = r$. 试证 $r(\boldsymbol{B}) \leqslant n - r$.

证明　将矩阵 $\boldsymbol{B}$ 按列分块为 $\boldsymbol{B} = [\boldsymbol{\beta}_1 \quad \boldsymbol{\beta}_2 \quad \cdots \quad \boldsymbol{\beta}_s]$,则

$$\begin{aligned} \boldsymbol{AB} &= \boldsymbol{A}[\boldsymbol{\beta}_1 \quad \boldsymbol{\beta}_2 \quad \cdots \quad \boldsymbol{\beta}_s] = [\boldsymbol{A\beta}_1 \quad \boldsymbol{A\beta}_2 \quad \cdots \quad \boldsymbol{A\beta}_s] \\ &= [\boldsymbol{0} \quad \boldsymbol{0} \quad \cdots \quad \boldsymbol{0}], \end{aligned}$$

即有

$$\boldsymbol{A\beta}_i = \boldsymbol{0} \quad (i = 1, 2, \cdots, s),$$

也就是说,矩阵 $\boldsymbol{B}$ 的列向量 $\boldsymbol{\beta}_1, \boldsymbol{\beta}_2, \cdots, \boldsymbol{\beta}_s$ 都是齐次线性方程组 $\boldsymbol{AX} = \boldsymbol{0}$ 的解向量. 由 $r(\boldsymbol{A}) = r$ 可知:当 $r = n$ 时,齐次线性方程组 $\boldsymbol{AX} = \boldsymbol{0}$ 只有零解,所以 $\boldsymbol{B} = \boldsymbol{0}$,即 $r(\boldsymbol{B}) = 0$;当 $r < n$ 时,齐次线性方程组 $\boldsymbol{AX} = \boldsymbol{0}$ 的任意一个基础解系中含有 $n - r$ 个解向量,因此有

$$r(\boldsymbol{B}) = r([\boldsymbol{\beta}_1 \quad \boldsymbol{\beta}_2 \quad \cdots \quad \boldsymbol{\beta}_s]) \leqslant n - r.$$

4.3 非齐次线性方程组的通解

设非齐次线性方程组为

$$\begin{cases} a_{11}x_1 + a_{12}x_2 + \cdots + a_{1n}x_n = b_1, \\ a_{21}x_1 + a_{22}x_2 + \cdots + a_{2n}x_n = b_2, \\ \quad \vdots \\ a_{m1}x_1 + a_{m2}x_2 + \cdots + a_{mn}x_n = b_m, \end{cases} \tag{1}$$

写成矩阵形式为

$$\boldsymbol{AX} = \boldsymbol{\beta},$$

其中

$$\boldsymbol{A} = \begin{bmatrix} a_{11} & a_{12} & \cdots & a_{1n} \\ a_{21} & a_{22} & \cdots & a_{2n} \\ \vdots & \vdots & & \vdots \\ a_{m1} & a_{m2} & \cdots & a_{mn} \end{bmatrix}, \quad \boldsymbol{X} = \begin{bmatrix} x_1 \\ x_2 \\ \vdots \\ x_n \end{bmatrix}, \quad \boldsymbol{\beta} = \begin{bmatrix} b_1 \\ b_2 \\ \vdots \\ b_m \end{bmatrix}.$$

当 $\boldsymbol{\beta} = \boldsymbol{0}$ 时,得到方程组(1)对应的齐次线性方程组

$$\boldsymbol{AX} = \boldsymbol{0},$$

称为方程组(1)的导出组.

4.3.1 非齐次线性方程组 $\boldsymbol{AX} = \boldsymbol{\beta}$ 解的性质

性质 1 若 $\boldsymbol{X}_1, \boldsymbol{X}_2$ 是非齐次线性方程组 $\boldsymbol{AX} = \boldsymbol{\beta}$ 的两个解,则 $\boldsymbol{X}_1 - \boldsymbol{X}_2$ 是其导出组 $\boldsymbol{AX} = \boldsymbol{0}$ 的解.

这是因为,$\boldsymbol{AX}_1 = \boldsymbol{\beta}, \boldsymbol{AX}_2 = \boldsymbol{\beta}$,则有

$$\boldsymbol{A}(\boldsymbol{X}_1 - \boldsymbol{X}_2) = \boldsymbol{AX}_1 - \boldsymbol{AX}_2 = \boldsymbol{\beta} - \boldsymbol{\beta} = \boldsymbol{0},$$

即 $\boldsymbol{X}_1 - \boldsymbol{X}_2$ 是其导出组 $\boldsymbol{AX} = \boldsymbol{0}$ 的解.

性质 2 若 $\boldsymbol{X}_1$ 是非齐次线性方程组 $\boldsymbol{AX} = \boldsymbol{\beta}$ 的一个解,$\boldsymbol{\eta}$ 是其导出组 $\boldsymbol{AX} = \boldsymbol{0}$ 的一个解,则 $\boldsymbol{X}_1 + \boldsymbol{\eta}$ 也是非齐次线性方程组 $\boldsymbol{AX} = \boldsymbol{\beta}$ 的解.

这是因为,$\boldsymbol{AX}_1 = \boldsymbol{\beta}, \boldsymbol{A\eta} = \boldsymbol{0}$,则有

$$A(X_1+\eta)=AX_1+A\eta=\beta+0=\beta,$$

即 $X_1+\eta$ 是非齐次线性方程组 $AX=\beta$ 的解.

4.3.2　非齐次线性方程组 $AX=\beta$ 的通解

由 4.1 的讨论可知,当 $r(A)=r(\bar{A})=n$ 时,方程组 $AX=\beta$ 有唯一解,此解由克拉默法则求出;当 $r(A)=r(\bar{A})=r<n$ 时,方程组 $AX=\beta$ 有 $n-r$ 个自由未知量,所以有无穷多解.下面讨论用有限个解向量来表示这无穷多解的表达式.

定理 4.3　若 X_0 是非齐次线性方程组 $AX=\beta$ 的一个解,η 是其导出组 $AX=0$ 的全部解,则 $X=X_0+\eta$ 是非齐次线性方程组 $AX=\beta$ 的全部解.

证明　由非齐次线性方程组 $AX=\beta$ 解的性质 2 可知,向量 $X_0+\eta$ 是非齐次线性方程组 $AX=\beta$ 的解向量.下面证明非齐次线性方程组 $AX=\beta$ 的任意一个解向量 ζ 都可以写成 X_0 与其导出组 $AX=0$ 的某一个解向量 η_0 的和.由于

$$\zeta=X_0-(X_0-\zeta),$$

令 $\eta_0=X_0-\zeta$,由非齐次线性方程组 $AX=\beta$ 解的性质 1 可知,η_0 是导出组 $AX=0$ 的一个解向量,即非齐次线性方程组 $AX=\beta$ 的任意一个解向量都是 X_0 与其导出组 $AX=0$ 的某一个解向量 η_0 的和.当 η 是导出组 $AX=0$ 的全部解时,$X=X_0+\eta$ 就是非齐次线性方程组 $AX=\beta$ 的全部解.

由定理 4.3 可知,若非齐次线性方程 $AX=\beta$ 有解,且 $r(A)=r(\bar{A})=r<n$,只需求出它的一个解,并求出其导出组 $AX=0$ 的一个基础解系 $\eta_1,\eta_2,\cdots,\eta_{n-r}$,则非齐次线性方程组 $AX=\beta$ 的全部解可以表示为

$$X=X_0+k_1\eta_1+k_2\eta_2+\cdots+k_{n-r}\eta_{n-r},$$

其中 $k_1,k_2,\cdots,k_{n-r}$ 是任意常数.

例 1　用导出组的基础解系表示下列线性方程组的全部解

$$\begin{cases} x_1 + x_2 + x_3 + x_4 + x_5 = 2, \\ 2x_1 + 3x_2 + x_3 + x_4 - 3x_5 = 0, \\ x_1 + 2x_3 + 2x_4 + 6x_5 = 6. \end{cases}$$

解 写出方程组的增广矩阵 $\overline{\mathbf{A}}$,并对它施行初等行变换化为阶梯形矩阵

$$\overline{\mathbf{A}} = \begin{bmatrix} 1 & 1 & 1 & 1 & 1 & 2 \\ 2 & 3 & 1 & 1 & -3 & 0 \\ 1 & 0 & 2 & 2 & 6 & 6 \end{bmatrix} \rightarrow \begin{bmatrix} 1 & 1 & 1 & 1 & 1 & 2 \\ 0 & 1 & -1 & -1 & -5 & -4 \\ 0 & -1 & 1 & 1 & 5 & 4 \end{bmatrix}$$

$$\rightarrow \begin{bmatrix} 1 & 1 & 1 & 1 & 1 & 2 \\ 0 & 1 & -1 & -1 & -5 & -4 \\ 0 & 0 & 0 & 0 & 0 & 0 \end{bmatrix}.$$

因为 $r(\mathbf{A}) = r(\overline{\mathbf{A}}) = 2 < 5$,所以方程组有无穷多解,其同解方程组为

$$\begin{cases} x_1 + x_2 + x_3 + x_4 + x_5 = 2, \\ x_2 - x_3 - x_4 - 5x_5 = -4. \end{cases}$$

由于 x_1, x_2 的系数组成的 2 阶行列式

$$\begin{vmatrix} 1 & 1 \\ 0 & 1 \end{vmatrix} = 1 \neq 0,$$

可取 x_3, x_4, x_5 为自由未知量,则同解方程组又可写成

$$\begin{cases} x_1 + x_2 = 2 - x_3 - x_4 - x_5, \\ x_2 = -4 + x_3 + x_4 + 5x_5. \end{cases}$$

令

$$\begin{bmatrix} x_3 \\ x_4 \\ x_5 \end{bmatrix} = \begin{bmatrix} 0 \\ 0 \\ 0 \end{bmatrix},$$

得到方程组的一个特解

$$\mathbf{X}_0 = \begin{bmatrix} 6 \\ -4 \\ 0 \\ 0 \\ 0 \end{bmatrix}.$$

原方程组的导出组的同解方程组为

$$\begin{cases} x_1+x_2=-x_3-x_4-x_5, \\ \quad\quad x_2=x_3+x_4+5x_5. \end{cases}$$

对自由未知量 x_3,x_4,x_5 分别取值为

$$\begin{bmatrix} x_3 \\ x_4 \\ x_5 \end{bmatrix}=\begin{bmatrix} 1 \\ 0 \\ 0 \end{bmatrix},\begin{bmatrix} 0 \\ 1 \\ 0 \end{bmatrix},\begin{bmatrix} 0 \\ 0 \\ 1 \end{bmatrix},$$

即可得到导出组的基础解系

$$\boldsymbol{\eta}_1=\begin{bmatrix} -2 \\ 1 \\ 1 \\ 0 \\ 0 \end{bmatrix},\quad \boldsymbol{\eta}_2=\begin{bmatrix} -2 \\ 1 \\ 0 \\ 1 \\ 0 \end{bmatrix},\quad \boldsymbol{\eta}_3=\begin{bmatrix} -6 \\ 5 \\ 0 \\ 0 \\ 1 \end{bmatrix}.$$

因此,原方程组的全部解为

$$\begin{aligned} \boldsymbol{X} &= \boldsymbol{X}_0+k_1\boldsymbol{\eta}_1+k_2\boldsymbol{\eta}_2+k_3\boldsymbol{\eta}_3 \\ &= \begin{bmatrix} 6 \\ -4 \\ 0 \\ 0 \\ 0 \end{bmatrix}+k_1\begin{bmatrix} -2 \\ 1 \\ 1 \\ 0 \\ 0 \end{bmatrix}+k_2\begin{bmatrix} -2 \\ 1 \\ 0 \\ 1 \\ 0 \end{bmatrix}+k_3\begin{bmatrix} -6 \\ 5 \\ 0 \\ 0 \\ 1 \end{bmatrix}, \end{aligned}$$

其中 k_1,k_2,k_3 为任意常数.

例 2　讨论 λ 取何值时,线性方程组

$$\begin{cases} \lambda x_1+x_2+x_3=\lambda-3, \\ x_1+\lambda x_2+x_3=-2, \\ x_1+x_2+\lambda x_3=-2 \end{cases}$$

有唯一解,无解,有无穷多解.在有无穷多解时,试用其导出组的基础解系表示其全部解.

解法一　对方程组的增广矩阵 $\bar{\boldsymbol{A}}$ 施行初等行变换化为阶梯形矩阵

$$\bar{\mathbf{A}}=\begin{bmatrix}\lambda & 1 & 1 & \lambda-3\\1 & \lambda & 1 & -2\\1 & 1 & \lambda & -2\end{bmatrix}\to\begin{bmatrix}1 & 1 & \lambda & -2\\0 & \lambda-1 & 1-\lambda & 0\\0 & 1-\lambda & 1-\lambda^2 & 3\lambda-3\end{bmatrix}$$

$$\to\begin{bmatrix}1 & 1 & \lambda & -2\\0 & \lambda-1 & 1-\lambda & 0\\0 & 0 & 2-\lambda-\lambda^2 & 3\lambda-3\end{bmatrix}\to\begin{bmatrix}1 & 1 & \lambda & -2\\0 & \lambda-1 & 1-\lambda & 0\\0 & 0 & (\lambda+2)(1-\lambda) & 3(\lambda-1)\end{bmatrix}.$$

当$\lambda\neq1$且$\lambda\neq-2$时,$r(\mathbf{A})=r(\bar{\mathbf{A}})=3$,等于未知量的个数,所以方程组有唯一解;

当$\lambda=-2$时,$r(\mathbf{A})=2$,$r(\bar{\mathbf{A}})=3$,即$r(\mathbf{A})\neq r(\bar{\mathbf{A}})$,所以方程组无解;

当$\lambda=1$时,$r(\mathbf{A})=r(\bar{\mathbf{A}})=1<3$,所以方程组有无穷多解.此时,增广矩阵$\bar{\mathbf{A}}$的等价矩阵为

$$\mathbf{A}\to\begin{bmatrix}1 & 1 & 1 & -2\\0 & 0 & 0 & 0\\0 & 0 & 0 & 0\end{bmatrix},$$

即得到与原方程组同解的方程组为

$$x_1+x_2+x_3=-2,$$

取x_2,x_3为自由未知量,并令

$$\begin{pmatrix}x_2\\x_3\end{pmatrix}=\begin{pmatrix}0\\0\end{pmatrix},$$

得到方程组的一个特解为

$$\mathbf{X}_0=\begin{bmatrix}-2\\0\\0\end{bmatrix}.$$

原方程组的导出组的同解方程组为

$$x_1=-x_2-x_3,$$

对自由未知量x_2,x_3分别取值为

$$\begin{pmatrix}x_2\\x_3\end{pmatrix}=\begin{pmatrix}1\\0\end{pmatrix},\begin{pmatrix}0\\1\end{pmatrix},$$

即可得到导出组的基础解系为

$$\boldsymbol{\eta}_1=\begin{bmatrix}-1\\1\\0\end{bmatrix},\quad \boldsymbol{\eta}_2=\begin{bmatrix}-1\\0\\1\end{bmatrix}.$$

因此,原方程组的全部解为

$$\begin{aligned}\boldsymbol{X}&=\boldsymbol{X}_0+k_1\boldsymbol{\eta}_1+k_2\boldsymbol{\eta}_2\\&=\begin{bmatrix}-2\\0\\0\end{bmatrix}+k_1\begin{bmatrix}-1\\1\\0\end{bmatrix}+k_2\begin{bmatrix}-1\\0\\1\end{bmatrix},\end{aligned}$$

其中 k_1,k_2 为任意常数.

解法二　先求系数矩阵 $\boldsymbol{A}$ 的行列式

$$|\boldsymbol{A}|=\begin{vmatrix}\lambda&1&1\\1&\lambda&1\\1&1&\lambda\end{vmatrix}=(\lambda+2)(\lambda-1)^2.$$

当 $\lambda\neq1$ 且 $\lambda\neq-2$ 时,$|\boldsymbol{A}|\neq0$,由克拉默法则可知,方程组有唯一解.

当 $\lambda=-2$ 时,对增广矩阵 $\overline{\boldsymbol{A}}$ 施行初等行变换

$$\overline{\boldsymbol{A}}=\begin{bmatrix}-2&1&1&-5\\1&-2&1&-2\\1&1&-2&-2\end{bmatrix}\to\begin{bmatrix}1&1&-2&-2\\0&-3&3&0\\0&3&-3&-9\end{bmatrix}$$

$$\to\begin{bmatrix}1&1&-2&-2\\0&-3&3&0\\0&0&0&-9\end{bmatrix}.$$

因为 $r(\boldsymbol{A})=2,r(\overline{\boldsymbol{A}})=3$,即 $r(\boldsymbol{A})\neq r(\overline{\boldsymbol{A}})$,所以方程组无解.

当 $\lambda=1$ 时,对增广矩阵 $\overline{\boldsymbol{A}}$ 施行初等行变换化为阶梯形矩阵

$$\overline{\boldsymbol{A}}=\begin{bmatrix}1&1&1&-2\\1&1&1&-2\\1&1&1&-2\end{bmatrix}\to\begin{bmatrix}1&1&1&-2\\0&0&0&0\\0&0&0&0\end{bmatrix}.$$

因为 $r(\boldsymbol{A})=r(\overline{\boldsymbol{A}})=1<3$,所以方程组有无穷多解.求方程组的全部解的过程与解法一相同.注意:此解法只适用于未知数的个数与方程的

个数相同的情形.

本章小结

本章利用矩阵和向量组的知识,解决了线性方程组的基本问题:

(1)线性方程组是否有解,在什么条件下有解?

(2)若线性方程组有解,有多少解?

(3)若线性方程组的解不唯一,不同解之间的关系如何(解的结构)? 又如何求解?

一、线性方程组相容性问题的讨论

n 元线性方程组

$$\begin{cases} a_{11}x_1 + a_{12}x_2 + \cdots + a_{1n}x_n = b_1, \\ a_{21}x_1 + a_{22}x_2 + \cdots + a_{2n}x_n = b_2, \\ \quad \vdots \\ a_{m1}x_1 + a_{m2}x_2 + \cdots + a_{mn}x_n = b_m. \end{cases} \tag{1}$$

写成矩阵形式为

$$\boldsymbol{AX} = \boldsymbol{\beta},$$

其中

$$\boldsymbol{A} = \begin{bmatrix} a_{11} & a_{12} & \cdots & a_{1n} \\ a_{21} & a_{22} & \cdots & a_{2n} \\ \vdots & \vdots & & \vdots \\ a_{m1} & a_{m2} & \cdots & a_{mn} \end{bmatrix}, \quad \boldsymbol{X} = \begin{bmatrix} x_1 \\ x_2 \\ \vdots \\ x_n \end{bmatrix}, \quad \boldsymbol{\beta} = \begin{bmatrix} b_1 \\ b_2 \\ \vdots \\ b_m \end{bmatrix}.$$

若将 $\boldsymbol{A}$ 按列分块为 $\boldsymbol{A} = [\boldsymbol{\alpha}_1 \quad \boldsymbol{\alpha}_2 \quad \cdots \quad \boldsymbol{\alpha}_n]$,则方程组(1)可表成向量组的线性组合形式

$$x_1\boldsymbol{\alpha}_1 + x_2\boldsymbol{\alpha}_2 + \cdots + x_n\boldsymbol{\alpha}_n = \boldsymbol{\beta}.$$

通过线性方程组的系数矩阵 $\boldsymbol{A}$ 的秩与增广矩阵 $\overline{\boldsymbol{A}}$ 的秩的关系的讨论确定方程组(1)解的情况.

当 $r(\boldsymbol{A}) \neq r(\overline{\boldsymbol{A}})$ 时,方程组无解.

当 $r(\boldsymbol{A}) = r(\overline{\boldsymbol{A}}) = r$ 时,方程组有解.

若 $r = n$,则方程组有唯一解;若 $r < n$,则方程组有无穷多解.

二、解线性方程组的具体作法

1. $r(\boldsymbol{A})=r(\overline{\boldsymbol{A}})=n$

若 $\boldsymbol{\beta}=\boldsymbol{0}$,则方程组为齐次线性方程组

$$\boldsymbol{AX}=\boldsymbol{0} \tag{2}$$

只有唯一零解.

若 $\boldsymbol{\beta}\neq\boldsymbol{0}$,则由克拉默法则可确定方程组只有唯一解.

2. $r(\boldsymbol{A})=r(\overline{\boldsymbol{A}})=r<n$

若 $\boldsymbol{\beta}=\boldsymbol{0}$,则对矩阵 $\boldsymbol{A}$ 施行初等行变换,将其化为阶梯形矩阵,得到与原方程组同解的方程组,正确选择 $n-r$ 个自由未知量后,求出基础解系 $\boldsymbol{\eta}_1,\boldsymbol{\eta}_2,\cdots,\boldsymbol{\eta}_{n-r}$,做出基础解系的一切线性组合

$$k_1\boldsymbol{\eta}_1+k_2\boldsymbol{\eta}_2+\cdots+k_{n-r}\boldsymbol{\eta}_{n-r}$$

(其中 $k_1,k_2,\cdots,k_{n-r}$ 为任意常数),即为方程组(2)的全部解.

若 $\boldsymbol{\beta}\neq\boldsymbol{0}$,则对方程组的增广矩阵 $\overline{\boldsymbol{A}}$ 施行初等行变换,将其化为阶梯形矩阵,得到与原方程组同解的方程组,正确选择 $n-r$ 个自由未知量后,求出它的任一个解 $\boldsymbol{X}_0$ 及它的导出组的全部解

$$\boldsymbol{\eta}=k_1\boldsymbol{\eta}_1+k_2\boldsymbol{\eta}_2+\cdots+k_{n-r}\boldsymbol{\eta}_{n-r},$$

$\boldsymbol{X}_0$ 与 $\boldsymbol{\eta}$ 之和即为线性方程组(1)的全部解

$$\boldsymbol{X}=\boldsymbol{X}_0+k_1\boldsymbol{\eta}_1+k_2\boldsymbol{\eta}_2+\cdots+k_{n-r}\boldsymbol{\eta}_{n-r},$$

其中 $k_1,k_2,\cdots,k_{n-r}$ 为任意常数.

习　题　4

1. 求下列齐次线性方程组的全部解:

(1) $$\begin{cases} x_1+x_2+2x_3-x_4=0,\\ 2x_1+x_2+x_3-x_4=0,\\ 2x_1+2x_2+x_3+2x_4=0; \end{cases}$$

(2) $$\begin{cases} x_1+2x_2+x_3-x_4=0,\\ 3x_1+6x_2-x_3-3x_4=0,\\ 5x_1+10x_2+x_3-5x_4=0; \end{cases}$$

(3) $\begin{cases} x_1+x_2+x_3+x_4+x_5=0, \\ 3x_1+2x_2+x_3+x_4-3x_5=0, \\ x_2+2x_3+2x_4+6x_5=0, \\ 5x_1+4x_2+3x_3+3x_4-x_5=0; \end{cases}$

(4) $\begin{cases} x_1-2x_2+4x_3-7x_4=0, \\ 2x_1+3x_2-x_3+5x_4=0, \\ 3x_1+x_2+2x_3-7x_4=0, \\ 4x_1+x_2-3x_3+6x_4=0. \end{cases}$

2. 求下列非齐次线性方程组的全部解：

(1) $\begin{cases} x_1+2x_2+x_3=2, \\ 3x_1+2x_2+2x_3=10, \\ 4x_1+4x_2+3x_3=0; \end{cases}$ (2) $\begin{cases} x_1-2x_2+4x_3=-5, \\ 2x_1+3x_2+x_3=4, \\ 3x_1+8x_2-2x_3=13; \end{cases}$

(3) $\begin{cases} x_1+4x_2-3x_3+5x_4=-2, \\ 2x_1+x_2-x_3+x_4=1, \\ 3x_1-2x_2+x_3-3x_4=4; \end{cases}$

(4) $\begin{cases} 2x_1+x_2-x_3+x_4=1, \\ 4x_1+2x_2-2x_3+x_4=2, \\ 2x_1+x_2-x_3-x_4=1. \end{cases}$

3. 当 λ 取何值时，方程组

$$\begin{cases} -2x_1+x_2+x_3=-2, \\ x_1-2x_2+x_3=\lambda, \\ x_1+x_2-2x_3=\lambda^2 \end{cases}$$

有解，并求出它的全部解.

4. 当 λ 取何值时，方程组

$$\begin{cases} (2-\lambda)x_1+2x_2-2x_3=1, \\ 2x_1+(5-\lambda)x_2-4x_3=2, \\ -2x_1-4x_2+(5-\lambda)x_3=-1-\lambda \end{cases}$$

有唯一解、无解或有无穷多解？并在有无穷多解时求出其全部解.

5. 四元非齐次线性方程组的系数矩阵的秩等于 3，已知 $\boldsymbol{\alpha}_1, \boldsymbol{\alpha}_2, \boldsymbol{\alpha}_3$ 是它的三个解向量，其中

$$\boldsymbol{\alpha}_1 = \begin{bmatrix} 2 \\ 0 \\ 5 \\ -1 \end{bmatrix}, \quad \boldsymbol{\alpha}_2 + \boldsymbol{\alpha}_3 = \begin{bmatrix} 1 \\ 9 \\ 8 \\ 8 \end{bmatrix},$$

求该非齐次线性方程组的全部解.

6. 求与向量 $\boldsymbol{\alpha} = \begin{bmatrix} 1 \\ 1 \\ 1 \\ 1 \end{bmatrix}$ 正交的一个标准正交向量组.

7. 设 $\boldsymbol{A} = (a_{ij})_{m \times n}$，$\boldsymbol{B} = (b_{ij})_{n \times s}$，证明 $\boldsymbol{AB} = \boldsymbol{0}$ 的充分必要条件是矩阵 $\boldsymbol{B}$ 的每一列向量都是齐次线性方程组 $\boldsymbol{AX} = \boldsymbol{0}$ 的解.

8. 设 $\boldsymbol{\zeta}_1, \boldsymbol{\zeta}_2, \cdots, \boldsymbol{\zeta}_s$ 是非齐次线性方程组 $\boldsymbol{AX} = \boldsymbol{\beta}$ 的 s 个解向量，$k_1, k_2, \cdots, k_s$ 是实数，且

$$k_1 + k_2 + \cdots + k_s = 1,$$

证明

$$\boldsymbol{X} = k_1 \boldsymbol{\zeta}_1 + k_2 \boldsymbol{\zeta}_2 + \cdots + k_s \boldsymbol{\zeta}_s$$

也是方程组 $\boldsymbol{AX} = \boldsymbol{\beta}$ 的解向量.

9. 设 $\boldsymbol{A}$ 是 n 阶方阵，且 $\boldsymbol{A} \neq \boldsymbol{0}$，证明若存在 n 阶非零矩阵 $\boldsymbol{B}$，使 $\boldsymbol{AB} = \boldsymbol{0}$，则 $|\boldsymbol{A}| = 0$.

10. 设 $\boldsymbol{A}$ 是 n 阶方阵，$\boldsymbol{B}$ 是 $n \times s$ 矩阵，且 $r(\boldsymbol{B}) = n$，证明若 $\boldsymbol{AB} = \boldsymbol{0}$，则 $\boldsymbol{A} = \boldsymbol{0}$.

第 5 章　矩阵的相似对角形

对角矩阵是最简单的一类矩阵.相似的两个矩阵有许多共同的性质,因此,可通过与方阵 $\boldsymbol{A}$ 相似的对角矩阵的性质来研究方阵 $\boldsymbol{A}$ 的性质.本章将利用方阵的特征值与特征向量来讨论方阵 $\boldsymbol{A}$ 与对角矩阵的相似问题.

5.1　方阵的特征值与特征向量

定义 5.1　设 $\boldsymbol{A}$ 是 n 阶方阵,若数 λ 和 n 维非零列向量 $\boldsymbol{X}$,使关系式

$$\boldsymbol{AX}=\lambda\boldsymbol{X}$$

成立,则称数 λ 是方阵 $\boldsymbol{A}$ 的一个特征值,非零列向量 $\boldsymbol{X}$ 是方阵 $\boldsymbol{A}$ 的属于特征值 λ 的特征向量.

将上式移项写成

$$(\lambda\boldsymbol{E}-\boldsymbol{A})\boldsymbol{X}=\boldsymbol{0},$$

这是一个 n 个未知数 n 个方程的齐次线性方程组,它有非零解向量的充分必要条件是系数行列式

$$|\lambda\boldsymbol{E}-\boldsymbol{A}|=0,$$

即

$$\begin{vmatrix} \lambda-a_{11} & -a_{12} & \cdots & -a_{1n} \\ -a_{21} & \lambda-a_{22} & \cdots & -a_{2n} \\ \vdots & \vdots & & \vdots \\ -a_{n1} & -a_{n2} & \cdots & \lambda-a_{nn} \end{vmatrix}=0.$$

上式是以 λ 为未知数的一元 n 次方程,称之为方阵 $\boldsymbol{A}$ 的特征方程.其左端 $|\lambda\boldsymbol{E}-\boldsymbol{A}|$ 是关于 λ 的 n 次多项式,记作 $f(\lambda)$,称之为方阵

$\boldsymbol{A}$ 的特征多项式. 显然，方阵 $\boldsymbol{A}$ 的特征值就是特征方程

$$|\lambda \boldsymbol{E}-\boldsymbol{A}|=0$$

的根. 在复数范围内特征方程 $|\lambda \boldsymbol{E}-\boldsymbol{A}|=0$ 根的个数与方程的次数相等. 因此，n 阶方阵 $\boldsymbol{A}$ 有 n 个特征值 $\lambda_1,\lambda_2,\cdots,\lambda_n$（含重根）；对于每一个特征值 $\lambda_i(i=1,2,\cdots,n)$，解相应的齐次线性方程组

$$(\lambda_i \boldsymbol{E}-\boldsymbol{A})\boldsymbol{X}=\boldsymbol{0},$$

可得非零解向量 $\boldsymbol{X}_i$，称 $\boldsymbol{X}_i$ 为方阵 $\boldsymbol{A}$ 的属于特征值 λ_i 的特征向量.

下面讨论特征值与特征向量的一些基本性质.

性质 1　设 $\boldsymbol{X}_1$ 是方阵 $\boldsymbol{A}$ 的属于特征值 λ_i 的特征向量，对于任意的非零常数 k，则 $k\boldsymbol{X}_1$ 也是方阵 $\boldsymbol{A}$ 的属于特征值 λ_i 的特征向量.

这是因为，$\boldsymbol{A}\boldsymbol{X}_1=\lambda_i\boldsymbol{X}_1$，对于 $k\neq 0$ 有

$$\boldsymbol{A}(k\boldsymbol{X}_1)=k\boldsymbol{A}\boldsymbol{X}_1=k\lambda_i\boldsymbol{X}_1=\lambda_i(k\boldsymbol{X}_1),$$

所以 $k\boldsymbol{X}_1$ 也是 $\boldsymbol{A}$ 的属于 λ_i 的特征向量.

性质 2　设 $\boldsymbol{X}_1,\boldsymbol{X}_2$ 都是方阵 $\boldsymbol{A}$ 的属于特征值 λ_i 的特征向量，则当 $\boldsymbol{X}_1+\boldsymbol{X}_2\neq\boldsymbol{0}$ 时，$\boldsymbol{X}_1+\boldsymbol{X}_2$ 也是方阵 $\boldsymbol{A}$ 的属于特征值 λ_i 的特征向量.

这是因为，$\boldsymbol{A}\boldsymbol{X}_1=\lambda_i\boldsymbol{X}_1$，$\boldsymbol{A}\boldsymbol{X}_2=\lambda_i\boldsymbol{X}_2$，对于 $\boldsymbol{X}_1+\boldsymbol{X}_2\neq\boldsymbol{0}$ 有

$$\boldsymbol{A}(\boldsymbol{X}_1+\boldsymbol{X}_2)=(\boldsymbol{A}\boldsymbol{X}_1+\boldsymbol{A}\boldsymbol{X}_2)=\lambda_i\boldsymbol{X}_1+\lambda_i\boldsymbol{X}_2=\lambda_i(\boldsymbol{X}_1+\boldsymbol{X}_2),$$

所以 $\boldsymbol{X}_1+\boldsymbol{X}_2$ 也是 $\boldsymbol{A}$ 的属于 λ_i 的特征向量.

综合以上两个性质可知，方阵 $\boldsymbol{A}$ 的属于同一特征值 λ_i 的有限个特征向量 $\boldsymbol{X}_1,\boldsymbol{X}_2,\cdots,\boldsymbol{X}_t$ 的任何一个非零线性组合

$$\boldsymbol{X}=k_1\boldsymbol{X}_1+k_2\boldsymbol{X}_2+\cdots+k_t\boldsymbol{X}_t\neq\boldsymbol{0}$$

也是方阵 $\boldsymbol{A}$ 的属于特征值 λ_i 的特征向量.

性质 3　方阵 $\boldsymbol{A}$ 与它的转置矩阵 $\boldsymbol{A}^{\mathrm{T}}$ 具有相同的特征值.

这是因为，$f(\lambda)=|\lambda\boldsymbol{E}-\boldsymbol{A}|$，$g(\lambda)=|\lambda\boldsymbol{E}-\boldsymbol{A}^{\mathrm{T}}|$，而

$$g(\lambda)=|\lambda\boldsymbol{E}-\boldsymbol{A}^{\mathrm{T}}|=|(\lambda\boldsymbol{E}-\boldsymbol{A})^{\mathrm{T}}|=|\lambda\boldsymbol{E}-\boldsymbol{A}|=f(\lambda),$$

这表明 $\boldsymbol{A}$ 与 $\boldsymbol{A}^{\mathrm{T}}$ 具有相同的特征多项式，进而可知 $\boldsymbol{A}$ 与 $\boldsymbol{A}^{\mathrm{T}}$ 具有相同的特征值.

需要指出，方阵 $\boldsymbol{A}$ 与它的转置矩阵 $\boldsymbol{A}^{\mathrm{T}}$ 的属于同一个特征值 λ_i 的

特征向量不一定相同.

定理 5.1 设 $\lambda_1,\lambda_2,\cdots,\lambda_m$ 是 n 阶方阵 $\boldsymbol{A}$ 的 m 个互不相同的特征值,$\boldsymbol{X}_1,\boldsymbol{X}_2,\cdots,\boldsymbol{X}_m$ 是 $\boldsymbol{A}$ 的分别属于 $\lambda_1,\lambda_2,\cdots,\lambda_m$ 的特征向量,则 $\boldsymbol{X}_1,\boldsymbol{X}_2,\cdots,\boldsymbol{X}_m$ 线性无关.

证明 令

$$k_1\boldsymbol{X}_1+k_2\boldsymbol{X}_2+\cdots+k_m\boldsymbol{X}_m=\boldsymbol{0}, \tag{1}$$

由题设有 $\boldsymbol{AX}_i=\lambda_i\boldsymbol{X}_i(i=1,2,\cdots,m)$,用 $\boldsymbol{A}$ 左乘式(1)两端,得

$$\boldsymbol{A}k_1\boldsymbol{X}_1+\boldsymbol{A}k_2\boldsymbol{X}_2+\cdots+\boldsymbol{A}k_m\boldsymbol{X}_m=\boldsymbol{0},$$

即有

$$\lambda_1(k_1\boldsymbol{X}_1)+\lambda_2(k_2\boldsymbol{X}_2)+\cdots+\lambda_m(k_m\boldsymbol{X}_m)=\boldsymbol{0}, \tag{2}$$

用 $\boldsymbol{A}$ 左乘式(2)两端,得

$$\lambda_1^2(k_1\boldsymbol{X}_1)+\lambda_2^2(k_2\boldsymbol{X}_2)+\cdots+\lambda_m^2(k_m\boldsymbol{X}_m)=\boldsymbol{0}, \tag{3}$$

$$\vdots$$

以此类推,得

$$\lambda_1^{m-2}(k_1\boldsymbol{X}_1)+\lambda_2^{m-2}(k_2\boldsymbol{X}_2)+\cdots+\lambda_m^{m-2}(k_m\boldsymbol{X}_m)=\boldsymbol{0}, \tag{$m-1$}$$

最后用 $\boldsymbol{A}$ 左乘式$(m-1)$两端,得

$$\lambda_1^{m-1}(k_1\boldsymbol{X}_1)+\lambda_2^{m-1}(k_2\boldsymbol{X}_2)+\cdots+\lambda_m^{m-1}(k_m\boldsymbol{X}_m)=\boldsymbol{0}. \tag{m}$$

把上述 m 个式子合写成矩阵形式,得

$$[k_1\boldsymbol{X}_1\quad k_2\boldsymbol{X}_2\quad\cdots\quad k_m\boldsymbol{X}_m]\begin{bmatrix}1&\lambda_1&\cdots&\lambda_1^{m-1}\\1&\lambda_2&\cdots&\lambda_2^{m-1}\\\vdots&\vdots&&\vdots\\1&\lambda_m&\cdots&\lambda_m^{m-1}\end{bmatrix}=[\boldsymbol{0}\quad\boldsymbol{0}\quad\cdots\quad\boldsymbol{0}],$$

由于 $\lambda_1,\lambda_2,\cdots,\lambda_m$ 互不相同,根据范德蒙行列式,有

$$\begin{vmatrix}1&\lambda_1&\cdots&\lambda_1^{m-1}\\1&\lambda_2&\cdots&\lambda_2^{m-1}\\\vdots&\vdots&&\vdots\\1&\lambda_m&\cdots&\lambda_m^{m-1}\end{vmatrix}=\begin{vmatrix}1&1&\cdots&1\\\lambda_1&\lambda_2&\cdots&\lambda_m\\\vdots&\vdots&&\vdots\\\lambda_1^{m-1}&\lambda_2^{m-1}&\cdots&\lambda_m^{m-1}\end{vmatrix}$$

$$= \prod_{1 \leqslant j < i \leqslant m} (\lambda_i - \lambda_j) \neq 0.$$

于是有

$$[k_1 \boldsymbol{X}_1 \quad k_2 \boldsymbol{X}_2 \quad \cdots \quad k_m \boldsymbol{X}_m] = [\boldsymbol{0} \quad \boldsymbol{0} \quad \cdots \quad \boldsymbol{0}],$$

但 $\boldsymbol{X}_i \neq \boldsymbol{0}(i=1,2,\cdots,m)$，所以只有

$$k_1 = k_2 = \cdots = k_m = 0,$$

因此，$\boldsymbol{X}_1, \boldsymbol{X}_2, \cdots, \boldsymbol{X}_m$ 线性无关.

例 1　求矩阵

$$\boldsymbol{A} = \begin{bmatrix} 1 & -1 & 1 \\ 1 & 3 & -1 \\ 1 & 1 & 1 \end{bmatrix}$$

的特征值和特征向量.

解　$\boldsymbol{A}$ 的特征多项式为

$$|\lambda \boldsymbol{E} - \boldsymbol{A}| = \begin{vmatrix} \lambda - 1 & 1 & -1 \\ -1 & \lambda - 3 & 1 \\ -1 & -1 & \lambda - 1 \end{vmatrix} = (\lambda - 2)^2 (\lambda - 1),$$

所以，$\boldsymbol{A}$ 的特征值为 $\lambda_1 = \lambda_2 = 2, \lambda_3 = 1$.

对于 $\lambda_1 = \lambda_2 = 2$，解相应的齐次线性方程组

$$(2\boldsymbol{E} - \boldsymbol{A})\boldsymbol{X} = \boldsymbol{0},$$

即

$$\begin{bmatrix} 1 & 1 & -1 \\ -1 & -1 & 1 \\ -1 & -1 & 1 \end{bmatrix} \begin{bmatrix} x_1 \\ x_2 \\ x_3 \end{bmatrix} = \begin{bmatrix} 0 \\ 0 \\ 0 \end{bmatrix}.$$

由于 $r(2\boldsymbol{E} - \boldsymbol{A}) = 1$，求出方程组的基础解系为

$$\boldsymbol{X}_1 = \begin{bmatrix} -1 \\ 1 \\ 0 \end{bmatrix}, \boldsymbol{X}_2 = \begin{bmatrix} 1 \\ 0 \\ 1 \end{bmatrix}.$$

$\boldsymbol{X}_1, \boldsymbol{X}_2$ 是 $\boldsymbol{A}$ 的属于 $\lambda_1 = \lambda_2 = 2$ 的两个线性无关的特征向量，而 $\boldsymbol{A}$ 的属于 $\lambda_1 = \lambda_2 = 2$ 的全部特征向量为

$$k_1 \boldsymbol{X}_1 + k_2 \boldsymbol{X}_2 \quad (k_1, k_2 \text{ 是不同时为零的任意常数}).$$

对于 $\lambda_3=1$,解相应的齐次线性方程组

$$(1\boldsymbol{E}-\boldsymbol{A})\boldsymbol{X}=\boldsymbol{0},$$

即

$$\begin{bmatrix} 0 & 1 & -1 \\ -1 & -2 & 1 \\ -1 & -1 & 0 \end{bmatrix}\begin{bmatrix} x_1 \\ x_2 \\ x_3 \end{bmatrix}=\begin{bmatrix} 0 \\ 0 \\ 0 \end{bmatrix},$$

由于 $r(\boldsymbol{E}-\boldsymbol{A})=2$,求出方程组的基础解系为

$$\boldsymbol{X}_3=\begin{bmatrix} -1 \\ 1 \\ 1 \end{bmatrix},$$

$\boldsymbol{X}_3$ 是 $\boldsymbol{A}$ 的属于 $\lambda_3=1$ 的特征向量,而 $\boldsymbol{A}$ 的属于 $\lambda_3=1$ 的全部特征向量为

$$k_3\boldsymbol{X}_3 \quad (k_3\neq 0).$$

例 2 设 n 阶方阵 $\boldsymbol{A}$ 满足 $\boldsymbol{A}^2=\boldsymbol{A}$(称 $\boldsymbol{A}$ 是幂等矩阵),试证:$\boldsymbol{A}$ 的特征值只能是 0 或 1.

证明 设 λ 是方阵 $\boldsymbol{A}$ 的任意一个特征值,$\boldsymbol{X}\neq\boldsymbol{0}$ 是 $\boldsymbol{A}$ 的属于 λ 的特征向量,即有

$$\boldsymbol{AX}=\lambda\boldsymbol{X},$$

等式两边左乘 $\boldsymbol{A}$,得到

$$\boldsymbol{A}^2\boldsymbol{X}=\boldsymbol{A}\lambda\boldsymbol{X},$$

因为 $\boldsymbol{A}^2=\boldsymbol{A}$,$\boldsymbol{AX}=\lambda\boldsymbol{X}$,所以

$$\lambda\boldsymbol{X}=\lambda^2\boldsymbol{X},$$

或

$$(\lambda-\lambda^2)\boldsymbol{X}=\boldsymbol{0}.$$

由于 $\boldsymbol{X}\neq\boldsymbol{0}$,于是

$$\lambda-\lambda^2=0,$$

即

$$\lambda=0 \text{ 或 } \lambda=1.$$

例 3 证明:n 阶方阵 $\boldsymbol{A}=(a_{ij})$ 的全部特征值之和为 $\sum\limits_{i=1}^{n}a_{ii}$,且 $\boldsymbol{A}$

的全部特征值之积为$|\boldsymbol{A}|$.

证明　设 n 阶方阵$\boldsymbol{A}$ 为

$$\begin{bmatrix} a_{11} & a_{12} & \cdots & a_{1n} \\ a_{21} & a_{22} & \cdots & a_{2n} \\ \vdots & \vdots & & \vdots \\ a_{n1} & a_{n2} & \cdots & a_{nn} \end{bmatrix},$$

$\boldsymbol{A}$ 的特征多项式为

$$|\lambda \boldsymbol{E} - \boldsymbol{A}| = \begin{vmatrix} \lambda - a_{11} & -a_{12} & \cdots & -a_{1n} \\ -a_{21} & \lambda - a_{22} & \cdots & -a_{2n} \\ \vdots & \vdots & & \vdots \\ -a_{n1} & -a_{n2} & \cdots & \lambda - a_{nn} \end{vmatrix},$$

由于行列式中的每一项的 n 个元素都是取自行列式的不同行、不同列,因此,主对角线上的 n 个元素的乘积

$$(\lambda - a_{11})(\lambda - a_{22})\cdots(\lambda - a_{nn})$$

必是其中的一项.其余各项至多只包含$(n-2)$个主对角线上的元素,也就是说这些项中,λ 的最高次数是$n-2$,所以特征多项式中含 λ 的n 次与 $n-1$ 次的项只能出现在

$$(\lambda - a_{11})(\lambda - a_{22})\cdots(\lambda - a_{nn})$$

这一项中,即

$$|\lambda \boldsymbol{E} - \boldsymbol{A}| = \lambda^n - (a_{11} + a_{22} + \cdots + a_{nn})\lambda^{n-1} + \cdots + c_{n-1}\lambda + c_n. \quad (4)$$

由于式(4)是关于 λ 的恒等式,令 $\lambda = 0$,可得

$$|-\boldsymbol{A}| = c_n,$$

即

$$c_n = (-1)^n |\boldsymbol{A}|.$$

若 $\lambda_1, \lambda_2, \cdots, \lambda_n$ 是特征多项式$f(\lambda) = |\lambda \boldsymbol{E} - \boldsymbol{A}|$的 n 个根,必有

$$\begin{aligned} f(\lambda) = |\lambda \boldsymbol{E} - \boldsymbol{A}| &= (\lambda - \lambda_1)(\lambda - \lambda_2)\cdots(\lambda - \lambda_n) \\ &= \lambda^n - (\lambda_1 + \lambda_2 + \cdots + \lambda_n)\lambda^{n-1} + \cdots + (-1)^n \prod_{i=1}^{n} \lambda_i. \end{aligned} \quad (5)$$

比较式(4)与式(5),便可得到

$$\sum_{i=1}^{n} a_{ii} = \sum_{i=1}^{n} \lambda_i ,$$
$$|\boldsymbol{A}| = \prod_{i=1}^{n} \lambda_i .$$

称 A 的主对角线上元素之和 $\sum_{i=1}^{n} a_{ii}$ 为矩阵 $\boldsymbol{A}$ 的迹,记为 $\mathrm{tr}(\boldsymbol{A})$.因此有

$$\mathrm{tr}(\boldsymbol{A}) = \sum_{i=1}^{n} a_{ii} = \sum_{i=1}^{n} \lambda_i .$$

5.2 相似矩阵

定义 5.2 设 $\boldsymbol{A},\boldsymbol{B}$ 都是 n 阶方阵,若存在 n 阶可逆矩阵 $\boldsymbol{C}$,使得

$$\boldsymbol{C}^{-1}\boldsymbol{A}\boldsymbol{C} = \boldsymbol{B},$$

则称矩阵 $\boldsymbol{A}$ 与矩阵 $\boldsymbol{B}$ 相似,记为 $\boldsymbol{A} \sim \boldsymbol{B}$;称可逆矩阵 $\boldsymbol{C}$ 为相似变换矩阵.

相似是两个矩阵之间的一种关系.不难验证相似关系具有以下性质:

(1)反身性:即 $\boldsymbol{A} \sim \boldsymbol{A}$;

(2)对称性:若 $\boldsymbol{A} \sim \boldsymbol{B}$,则 $\boldsymbol{B} \sim \boldsymbol{A}$;

(3)传递性:若 $\boldsymbol{A} \sim \boldsymbol{B},\boldsymbol{B} \sim \boldsymbol{C}$,则 $\boldsymbol{A} \sim \boldsymbol{C}$.

相似矩阵还具有下列性质.

(1)相似矩阵的行列式相等,因而相似矩阵同时可逆,或同时不可逆.

证明 设 $\boldsymbol{A} \sim \boldsymbol{B}$,则存在同阶可逆矩阵 $\boldsymbol{C}$,使得

$$\boldsymbol{B} = \boldsymbol{C}^{-1}\boldsymbol{A}\boldsymbol{C},$$

两边同时取行列式,得

$$|\boldsymbol{B}| = |\boldsymbol{C}^{-1}\boldsymbol{A}\boldsymbol{C}| = |\boldsymbol{C}^{-1}||\boldsymbol{A}||\boldsymbol{C}| = |\boldsymbol{A}|.$$

(2)可逆的相似矩阵,它们的逆矩阵也相似.

证明 设 $\boldsymbol{A},\boldsymbol{B}$ 均为可逆方阵,且 $\boldsymbol{A} \sim \boldsymbol{B}$,则存在同阶可逆矩阵 $\boldsymbol{C}$,使得

$$\boldsymbol{B}=\boldsymbol{C}^{-1}\boldsymbol{A}\boldsymbol{C},$$

于是有

$$\boldsymbol{B}^{-1}=(\boldsymbol{C}^{-1}\boldsymbol{A}\boldsymbol{C})^{-1}=\boldsymbol{C}^{-1}\boldsymbol{A}^{-1}(\boldsymbol{C}^{-1})^{-1}=\boldsymbol{C}^{-1}\boldsymbol{A}^{-1}\boldsymbol{C},$$

即

$$\boldsymbol{A}^{-1}\sim\boldsymbol{B}^{-1}.$$

(3)若 $\boldsymbol{A}\sim\boldsymbol{B}$,则 $k\boldsymbol{A}\sim k\boldsymbol{B}$, $\boldsymbol{A}^m\sim\boldsymbol{B}^m$,其中 k 是任意常数, m 是任意正整数.

证明　设 $\boldsymbol{A}\sim\boldsymbol{B}$,则存在同阶可逆矩阵 $\boldsymbol{C}$,使得

$$\boldsymbol{B}=\boldsymbol{C}^{-1}\boldsymbol{A}\boldsymbol{C},$$

从而有

$$k\boldsymbol{B}=k\boldsymbol{C}^{-1}\boldsymbol{A}\boldsymbol{C}=\boldsymbol{C}^{-1}(k\boldsymbol{A})\boldsymbol{C},$$

即

$$k\boldsymbol{A}\sim k\boldsymbol{B},$$

$$\begin{aligned}\boldsymbol{B}^m&=(\boldsymbol{C}^{-1}\boldsymbol{A}\boldsymbol{C})^m=(\boldsymbol{C}^{-1}\boldsymbol{A}\boldsymbol{C})(\boldsymbol{C}^{-1}\boldsymbol{A}\boldsymbol{C})\cdots(\boldsymbol{C}^{-1}\boldsymbol{A}\boldsymbol{C})\\&=\boldsymbol{C}^{-1}\boldsymbol{A}^m\boldsymbol{C},\end{aligned}$$

即

$$\boldsymbol{A}^m\sim\boldsymbol{B}^m.$$

(4)若 $\boldsymbol{A}\sim\boldsymbol{B}$, $f(x)$是一个多项式,则 $f(\boldsymbol{A})\sim f(\boldsymbol{B})$.

证明　设 $f(x)=a_0+a_1x+\cdots+a_mx^m$,

因为 $\boldsymbol{A}\sim\boldsymbol{B}$,所以存在同阶可逆矩阵 $\boldsymbol{C}$,使得

$$\boldsymbol{B}=\boldsymbol{C}^{-1}\boldsymbol{A}\boldsymbol{C},$$

于是有

$$\begin{aligned}f(\boldsymbol{B})&=a_0\boldsymbol{E}+a_1\boldsymbol{B}+\cdots+a_m\boldsymbol{B}^m\\&=a_0\boldsymbol{E}+a_1(\boldsymbol{C}^{-1}\boldsymbol{A}\boldsymbol{C})+\cdots+a_m(\boldsymbol{C}^{-1}\boldsymbol{A}\boldsymbol{C})^m\\&=a_0\boldsymbol{E}+\boldsymbol{C}^{-1}(a_1\boldsymbol{A})\boldsymbol{C}+\cdots+\boldsymbol{C}^{-1}(a_m\boldsymbol{A}^m)\boldsymbol{C}\\&=\boldsymbol{C}^{-1}(a_0\boldsymbol{E}+a_1\boldsymbol{A}+\cdots+a_m\boldsymbol{A}^m)\boldsymbol{C}\\&=\boldsymbol{C}^{-1}f(\boldsymbol{A})\boldsymbol{C},\end{aligned}$$

即

$$f(\boldsymbol{A})\sim f(\boldsymbol{B}).$$

(5)相似矩阵具有相同的特征多项式,从而有相同的特征值.

证明 设 $\boldsymbol{A}\sim\boldsymbol{B}$,则存在同阶可逆矩阵 $\boldsymbol{C}$,使得

$$\boldsymbol{B}=\boldsymbol{C}^{-1}\boldsymbol{A}\boldsymbol{C},$$

而

$$\begin{aligned}|\lambda\boldsymbol{E}-\boldsymbol{B}|&=|\lambda\boldsymbol{E}-\boldsymbol{C}^{-1}\boldsymbol{A}\boldsymbol{C}|=|\boldsymbol{C}^{-1}(\lambda\boldsymbol{E}-\boldsymbol{A})\boldsymbol{C}|\\&=|\boldsymbol{C}^{-1}||\lambda\boldsymbol{E}-\boldsymbol{A}||\boldsymbol{C}|=|\lambda\boldsymbol{E}-\boldsymbol{A}|,\end{aligned}$$

即矩阵 $\boldsymbol{A}$ 与 $\boldsymbol{B}$ 具有相同的特征多项式,从而有相同的特征值.

在这里必须指出,具有相同特征值的两个 n 阶方阵并不一定相似.

例如,矩阵 $\boldsymbol{A}=\begin{pmatrix}1&0\\3&1\end{pmatrix}$与 2 阶单位矩阵 $\boldsymbol{E}=\begin{pmatrix}1&0\\0&1\end{pmatrix}$的特征值都是 $\lambda_1=\lambda_2=1$.但对于任何 2 阶可逆矩阵 $\boldsymbol{C}$,恒有

$$\boldsymbol{C}^{-1}\boldsymbol{E}\boldsymbol{C}=\boldsymbol{E}\neq\boldsymbol{A}.$$

即单位矩阵 $\boldsymbol{E}$ 只能与其自身相似,而不能与矩阵 $\boldsymbol{A}$ 相似,这就说明,两个同阶方阵具有相同特征值只是它们相似的必要条件,并非充分条件.

5.3 矩阵的相似对角形

定理 5.2 n 阶方阵 $\boldsymbol{A}$ 与对角矩阵 $\boldsymbol{\Lambda}$ 相似的充分必要条件是矩阵 $\boldsymbol{A}$ 有 n 个线性无关的特征向量.

证明 必要性.

设 n 阶方阵 $\boldsymbol{A}$ 与对角矩阵 $\boldsymbol{\Lambda}=\mathrm{diag}(\lambda_1,\lambda_2,\cdots,\lambda_n)$相似,则存在 n 阶可逆矩阵 $\boldsymbol{C}$,使得

$$\boldsymbol{C}^{-1}\boldsymbol{A}\boldsymbol{C}=\boldsymbol{\Lambda}=\begin{bmatrix}\lambda_1&&&\\&\lambda_2&&\\&&\ddots&\\&&&\lambda_n\end{bmatrix},$$

即可得

$$\boldsymbol{AC}=\boldsymbol{C\Lambda}.$$

将矩阵 $\boldsymbol{C}$ 按列分块为

$$\boldsymbol{C}=[\boldsymbol{X}_1 \quad \boldsymbol{X}_2 \quad \cdots \quad \boldsymbol{X}_n],$$

即有

$$\boldsymbol{A}[\boldsymbol{X}_1 \quad \boldsymbol{X}_2 \quad \cdots \quad \boldsymbol{X}_n]=[\boldsymbol{X}_1 \quad \boldsymbol{X}_2 \quad \cdots \quad \boldsymbol{X}_n]\begin{bmatrix}\lambda_1 & & & \\ & \lambda_2 & & \\ & & \ddots & \\ & & & \lambda_n\end{bmatrix},$$

$$[\boldsymbol{AX}_1 \quad \boldsymbol{AX}_2 \quad \cdots \quad \boldsymbol{AX}_n]=[\lambda_1\boldsymbol{X}_1 \quad \lambda_2\boldsymbol{X}_2 \quad \cdots \quad \lambda_n\boldsymbol{X}_n],$$

于是有

$$\boldsymbol{AX}_i=\lambda_i\boldsymbol{X}_i \quad (i=1,2,\cdots,n).$$

因为矩阵 $\boldsymbol{C}$ 可逆,所以 $\boldsymbol{X}_i\neq\boldsymbol{0}(i=1,2,\cdots,n)$,且向量组 $\boldsymbol{X}_1,\boldsymbol{X}_2,\cdots,\boldsymbol{X}_n$ 线性无关,由定义5.1知道,$\lambda_1,\lambda_2,\cdots,\lambda_n$ 是 n 阶方阵 $\boldsymbol{A}$ 的特征值,矩阵 $\boldsymbol{C}$ 的列向量 $\boldsymbol{X}_1,\boldsymbol{X}_2,\cdots,\boldsymbol{X}_n$ 是方阵 $\boldsymbol{A}$ 的分别属于特征值 $\lambda_1,\lambda_2,\cdots,\lambda_n$ 的 n 个线性无关的特征向量.

充分性.

设 $\lambda_1,\lambda_2,\cdots,\lambda_n$ 是 n 阶方阵 $\boldsymbol{A}$ 的 n 个特征值,$\boldsymbol{X}_1,\boldsymbol{X}_2,\cdots,\boldsymbol{X}_n$ 是方阵 $\boldsymbol{A}$ 的分别属于 $\lambda_1,\lambda_2,\cdots,\lambda_n$ 的线性无关的特征向量,即有

$$\boldsymbol{AX}_i=\lambda_i\boldsymbol{X}_i \quad (i=1,2,\cdots,n).$$

作矩阵 $\boldsymbol{C}=[\boldsymbol{X}_1 \quad \boldsymbol{X}_2 \quad \cdots \quad \boldsymbol{X}_n]$,于是有

$$\begin{aligned}\boldsymbol{AC}&=\boldsymbol{A}[\boldsymbol{X}_1 \quad \boldsymbol{X}_2 \quad \cdots \quad \boldsymbol{X}_n]\\&=[\boldsymbol{AX}_1 \quad \boldsymbol{AX}_2 \quad \cdots \quad \boldsymbol{AX}_n]\\&=[\lambda_1\boldsymbol{X}_1 \quad \lambda_2\boldsymbol{X}_2 \quad \cdots \quad \lambda_n\boldsymbol{X}_n]\\&=[\boldsymbol{X}_1 \quad \boldsymbol{X}_2 \quad \cdots \quad \boldsymbol{X}_n]\begin{bmatrix}\lambda_1 & & & \\ & \lambda_2 & & \\ & & \ddots & \\ & & & \lambda_n\end{bmatrix}\end{aligned}$$

$$=C\begin{bmatrix}\lambda_1 & & & \\ & \lambda_2 & & \\ & & \ddots & \\ & & & \lambda_n\end{bmatrix}.$$

由 $\boldsymbol{X}_1,\boldsymbol{X}_2,\cdots,\boldsymbol{X}_n$ 线性无关可知矩阵 $\boldsymbol{C}$ 可逆，即有

$$\boldsymbol{C}^{-1}\boldsymbol{A}\boldsymbol{C}=\begin{bmatrix}\lambda_1 & & & \\ & \lambda_2 & & \\ & & \ddots & \\ & & & \lambda_n\end{bmatrix}=\boldsymbol{\Lambda}.$$

在这里需要指出，$\lambda_1,\lambda_2,\cdots,\lambda_n$ 的顺序与 $\boldsymbol{X}_1,\boldsymbol{X}_2,\cdots,\boldsymbol{X}_n$ 的顺序应该对应，若 $\lambda_1,\lambda_2,\cdots,\lambda_n$ 的排列顺序改变了，则 $\boldsymbol{X}_1,\boldsymbol{X}_2,\cdots,\boldsymbol{X}_n$ 的顺序也要相应地改变.

方阵 $\boldsymbol{A}$ 能与一个对角矩阵相似，我们也称方阵 $\boldsymbol{A}$ 可以对角化.

例 1 设

$$\boldsymbol{A}=\begin{bmatrix}1 & 0 & 0\\ -2 & 5 & -2\\ -2 & 4 & -1\end{bmatrix}.$$

(1)证明：矩阵 $\boldsymbol{A}$ 与对角矩阵相似；

(2)写出矩阵 $\boldsymbol{A}$ 的相似对角矩阵 $\boldsymbol{\Lambda}$ 及相似变换矩阵 $\boldsymbol{C}$；

(3)求 $\boldsymbol{A}^k$.

证明 (1) $\boldsymbol{A}$ 的特征多项式为

$$|\lambda\boldsymbol{E}-\boldsymbol{A}|=\begin{vmatrix}\lambda-1 & 0 & 0\\ 2 & \lambda-5 & 2\\ 2 & -4 & \lambda+1\end{vmatrix}=(\lambda-1)^2(\lambda-3),$$

所以，$\boldsymbol{A}$ 的特征值为 $\lambda_1=\lambda_2=1,\lambda_3=3$.

对于 $\lambda_1=\lambda_2=1$，解相应的齐次线性方程组

$$(1\boldsymbol{E}-\boldsymbol{A})\boldsymbol{X}=\boldsymbol{0},$$

即

$$\begin{bmatrix}0 & 0 & 0\\2 & -4 & 2\\2 & -4 & 2\end{bmatrix}\begin{bmatrix}x_1\\x_2\\x_3\end{bmatrix}=\begin{bmatrix}0\\0\\0\end{bmatrix},$$

由于 $r(\boldsymbol{E}-\boldsymbol{A})=1$,求出它的基础解系为

$$\boldsymbol{X}_1=\begin{bmatrix}2\\1\\0\end{bmatrix},\boldsymbol{X}_2=\begin{bmatrix}-1\\0\\1\end{bmatrix},$$

即是 $\boldsymbol{A}$ 的属于 $\lambda_1=\lambda_2=1$ 的线性无关的特征向量.

对于 $\lambda_3=3$,解相应的齐次线性方程组

$$(3\boldsymbol{E}-\boldsymbol{A})\boldsymbol{X}=\boldsymbol{0},$$

即

$$\begin{bmatrix}2 & 0 & 0\\2 & -2 & 2\\2 & -4 & 4\end{bmatrix}\begin{bmatrix}x_1\\x_2\\x_3\end{bmatrix}=\begin{bmatrix}0\\0\\0\end{bmatrix}.$$

由于 $r(3\boldsymbol{E}-\boldsymbol{A})=2$,求出它的基础解系为

$$\boldsymbol{X}_3=\begin{bmatrix}0\\1\\1\end{bmatrix},$$

即是 $\boldsymbol{A}$ 的属于 $\lambda_3=3$ 的特征向量.

由定理 5.1 可知,$\boldsymbol{X}_1,\boldsymbol{X}_2,\boldsymbol{X}_3$ 线性无关,根据定理 5.2,我们得出结论:3 阶方阵 $\boldsymbol{A}$ 与对角矩阵相似.

(2)由(1)可得可逆矩阵 $\boldsymbol{C}=[\boldsymbol{X}_1\quad \boldsymbol{X}_2\quad \boldsymbol{X}_3]$,于是有

$$\boldsymbol{C}^{-1}\boldsymbol{A}\boldsymbol{C}=\boldsymbol{\Lambda}=\mathrm{diag}(1,1,3).$$

(3)由(2)可得

$$\boldsymbol{A}=\boldsymbol{C}\begin{bmatrix}1 & & \\ & 1 & \\ & & 3\end{bmatrix}\boldsymbol{C}^{-1},$$

所以

$$\boldsymbol{A}^k=\left[\boldsymbol{C}\begin{bmatrix}1&&\\&1&\\&&3\end{bmatrix}\boldsymbol{C}^{-1}\right]^k$$

$$=\boldsymbol{C}\begin{bmatrix}1&&\\&1&\\&&3\end{bmatrix}\boldsymbol{C}^{-1}\boldsymbol{C}\begin{bmatrix}1&&\\&1&\\&&3\end{bmatrix}\boldsymbol{C}^{-1}\cdots\boldsymbol{C}\begin{bmatrix}1&&\\&1&\\&&3\end{bmatrix}\boldsymbol{C}^{-1}$$

$$=\boldsymbol{C}\begin{bmatrix}1&&\\&1&\\&&3\end{bmatrix}^k\boldsymbol{C}^{-1}$$

$$=\begin{bmatrix}2&-1&0\\1&0&1\\0&1&1\end{bmatrix}\begin{bmatrix}1&&\\&1&\\&&3^k\end{bmatrix}\begin{bmatrix}1&-1&1\\1&-2&2\\-1&2&-1\end{bmatrix}$$

$$=\begin{bmatrix}1&0&0\\1-3^k&-1+2\cdot3^k&1-3^k\\1-3^k&-2+2\cdot3^k&2-3^k\end{bmatrix}.$$

例 2 问矩阵

$$\boldsymbol{A}=\begin{bmatrix}2&-1&1\\0&3&-1\\2&1&3\end{bmatrix}$$

能否与对角矩阵相似.

解 $\boldsymbol{A}$ 的特征多项式为

$$|\lambda\boldsymbol{E}-\boldsymbol{A}|=\begin{vmatrix}\lambda-2&1&-1\\0&\lambda-3&1\\-2&-1&\lambda-3\end{vmatrix}=(\lambda-2)^2(\lambda-4),$$

所以,$\boldsymbol{A}$ 的特征值为$\lambda_1=\lambda_2=2,\lambda_3=4$.

对于 $\lambda_1=\lambda_2=2$,解相应的齐次线性方程组

$$(2\boldsymbol{E}-\boldsymbol{A})\boldsymbol{X}=\boldsymbol{0},$$

即

$$\begin{bmatrix} 0 & 1 & -1 \\ 0 & -1 & 1 \\ -2 & -1 & -1 \end{bmatrix}\begin{bmatrix} x_1 \\ x_2 \\ x_3 \end{bmatrix} = \begin{bmatrix} 0 \\ 0 \\ 0 \end{bmatrix},$$

由于 $r(2\boldsymbol{E}-\boldsymbol{A})=2$，求出它的基础解系为

$$\boldsymbol{X}_1 = \begin{bmatrix} -1 \\ 1 \\ 1 \end{bmatrix},$$

即是 $\boldsymbol{A}$ 的属于 $\lambda_1=\lambda_2=2$ 的特征向量.

对于 $\lambda_3=4$，解相应的齐次线性方程组

$$(4\boldsymbol{E}-\boldsymbol{A})\boldsymbol{X}=\boldsymbol{0},$$

即

$$\begin{bmatrix} 2 & 1 & -1 \\ 0 & 1 & 1 \\ -2 & -1 & 1 \end{bmatrix}\begin{bmatrix} x_1 \\ x_2 \\ x_3 \end{bmatrix} = \begin{bmatrix} 0 \\ 0 \\ 0 \end{bmatrix},$$

由于 $r(4\boldsymbol{E}-\boldsymbol{A})=2$，求出它的基础解系为

$$\boldsymbol{X}_2 = \begin{bmatrix} 1 \\ -1 \\ 1 \end{bmatrix},$$

即是 $\boldsymbol{A}$ 的属于 $\lambda_3=4$ 的特征向量.

由定理 5.1 可知，$\boldsymbol{X}_1,\boldsymbol{X}_2$ 线性无关. 而 3 阶方阵 $\boldsymbol{A}$ 只有 2 个线性无关的特征向量，由定理 5.2 知，矩阵 $\boldsymbol{A}$ 不能与对角矩阵相似.

定理 5.3　若 n 阶方阵 $\boldsymbol{A}$ 有 n 个互不相同的特征值 $\lambda_1,\lambda_2,\cdots,\lambda_n$ $(\lambda_i\neq\lambda_j,i\neq j,i,j=1,2,\cdots,n)$，则矩阵 $\boldsymbol{A}$ 与对角矩阵相似.

证明　设 $\lambda_1,\lambda_2,\cdots,\lambda_n$ 是 n 阶方阵 $\boldsymbol{A}$ 的 n 个互不相同的特征值，$\boldsymbol{X}_1,\boldsymbol{X}_2,\cdots,\boldsymbol{X}_n$ 是 $\boldsymbol{A}$ 的分别属于 $\lambda_1,\lambda_2,\cdots,\lambda_n$ 的特征向量. 由定理 5.1 可知，$\boldsymbol{X}_1,\boldsymbol{X}_2,\cdots,\boldsymbol{X}_n$ 线性无关，从而知 n 阶方阵 $\boldsymbol{A}$ 有 n 个线性无关的特征向量，所以，矩阵 $\boldsymbol{A}$ 与对角矩阵相似.

在这里需要指出，定理 5.3 只是矩阵 $\boldsymbol{A}$ 与对角矩阵相似的充分条件，并非必要条件. 也就是说，与对角矩阵相似的 n 阶方阵 $\boldsymbol{A}$ 不一定都

有 n 个互不相同的特征值,如本节例 1,3 阶方阵 $\boldsymbol{A}$ 有 2 个不同的特征值,而有 3 个线性无关的特征向量,所以可与对角矩阵相似.

5.4 实对称矩阵的相似对角形

定理 5.4 实对称矩阵的特征值都是实数.

证明 设 $\boldsymbol{A}=(a_{ij})_{n\times n}$ 是实对称矩阵,数 λ 是 $\boldsymbol{A}$ 的任一个特征值, $\boldsymbol{X}=\begin{bmatrix}x_1\\x_2\\\vdots\\x_n\end{bmatrix}$ 是 $\boldsymbol{A}$ 的属于 λ 的特征向量,即

$$\boldsymbol{AX}=\lambda\boldsymbol{X}.$$

上式两边取共轭转置,得

$$\overline{\boldsymbol{X}}^{\mathrm{T}}\overline{\boldsymbol{A}}^{\mathrm{T}}=\overline{\lambda}\overline{\boldsymbol{X}}^{\mathrm{T}},$$

由于 $\boldsymbol{A}$ 是实对称矩阵,因此,$\overline{\boldsymbol{A}}^{\mathrm{T}}=\boldsymbol{A}$,上式可写成

$$\overline{\boldsymbol{X}}^{\mathrm{T}}\boldsymbol{A}=\overline{\lambda}\overline{\boldsymbol{X}}^{\mathrm{T}},$$

两边右乘 $\boldsymbol{X}$,可得

$$\overline{\boldsymbol{X}}^{\mathrm{T}}\boldsymbol{AX}=\overline{\lambda}\overline{\boldsymbol{X}}^{\mathrm{T}}\boldsymbol{X}.$$

又由于 $\boldsymbol{AX}=\lambda\boldsymbol{X}$,所以

$$\lambda\overline{\boldsymbol{X}}^{\mathrm{T}}\boldsymbol{X}=\overline{\lambda}\overline{\boldsymbol{X}}^{\mathrm{T}}\boldsymbol{X},$$

即

$$(\lambda-\overline{\lambda})\overline{\boldsymbol{X}}^{\mathrm{T}}\boldsymbol{X}=0.$$

但 $\boldsymbol{X}\neq\boldsymbol{0}$,所以

$$\overline{\boldsymbol{X}}^{\mathrm{T}}\boldsymbol{X}=(\overline{x}_1,\overline{x}_2,\cdots,\overline{x}_n)\begin{bmatrix}x_1\\x_2\\\vdots\\x_n\end{bmatrix}=\sum_{i=1}^{n}\overline{x}_ix_i=\sum_{i=1}^{n}|x_i|^2>0,$$

故

$$\lambda=\overline{\lambda}.$$

这表明 λ 是实数.

定理 5.5　实对称矩阵 $\boldsymbol{A}$ 的属于不同特征值的特征向量是正交的.

证明　设 λ_1,λ_2 是实对称矩阵 $\boldsymbol{A}$ 的特征值,并且 $\lambda_1\neq\lambda_2$,而 $\boldsymbol{X}_1$,$\boldsymbol{X}_2$ 是 $\boldsymbol{A}$ 的分别属于 λ_1,λ_2 的特征向量,即

$$\boldsymbol{AX}_1=\lambda_1\boldsymbol{X}_1,\quad \boldsymbol{AX}_2=\lambda_2\boldsymbol{X}_2,$$

在 $\boldsymbol{AX}_1=\lambda_1\boldsymbol{X}_1$ 的两边同时取转置,得到

$$\boldsymbol{X}_1^{\mathrm{T}}\boldsymbol{A}^{\mathrm{T}}=\lambda_1\boldsymbol{X}_1^{\mathrm{T}},$$

由于 $\boldsymbol{A}^{\mathrm{T}}=\boldsymbol{A}$,上式写成

$$\boldsymbol{X}_1^{\mathrm{T}}\boldsymbol{A}=\lambda_1\boldsymbol{X}_1^{\mathrm{T}}.$$

上式两边右乘 $\boldsymbol{X}_2$,得

$$\boldsymbol{X}_1^{\mathrm{T}}\boldsymbol{AX}_2=\lambda_1\boldsymbol{X}_1^{\mathrm{T}}\boldsymbol{X}_2,$$

即

$$\lambda_2\boldsymbol{X}_1^{\mathrm{T}}\boldsymbol{X}_2=\lambda_1\boldsymbol{X}_1^{\mathrm{T}}\boldsymbol{X}_2,$$

$$(\lambda_2-\lambda_1)\boldsymbol{X}_1^{\mathrm{T}}\boldsymbol{X}_2=0,$$

由于 $\lambda_1\neq\lambda_2$,于是有

$$\boldsymbol{X}_1^{\mathrm{T}}\boldsymbol{X}_2=0,$$

即

$$(\boldsymbol{X}_1,\boldsymbol{X}_2)=0,$$

因此,$\boldsymbol{X}_1$ 与 $\boldsymbol{X}_2$ 正交.

定理 5.6　对于任何 n 阶实对称矩阵 $\boldsymbol{A}$,必存在 n 阶正交矩阵 $\boldsymbol{C}$,使得

$$\boldsymbol{C}^{-1}\boldsymbol{AC}=\boldsymbol{C}^{\mathrm{T}}\boldsymbol{AC}=\begin{bmatrix}\lambda_1 & & & \\ & \lambda_2 & & \\ & & \ddots & \\ & & & \lambda_n\end{bmatrix},$$

其中 $\lambda_1,\lambda_2,\cdots,\lambda_n$ 是 $\boldsymbol{A}$ 的 n 个特征值.

证明　对实对称矩阵 $\boldsymbol{A}$ 的阶数 n 作数学归纳法.

当 $n=1$ 时,定理的结论显然成立.

假设对于 $n-1$ 阶实对称矩阵,定理的结论成立.下面证明对于 n 阶实对称矩阵,定理的结论也成立.

设 $\boldsymbol{A}=(a_{ij})$ 是 n 阶实对称矩阵,λ_1 是 $\boldsymbol{A}$ 的特征值,$\boldsymbol{X}_1\neq\boldsymbol{0}$ 是 $\boldsymbol{A}$ 的属于 λ_1 的单位特征向量,有

$$\boldsymbol{A}\boldsymbol{X}_1=\lambda_1\boldsymbol{X}_1,\quad \boldsymbol{X}_1=\begin{bmatrix}a_1\\a_2\\\vdots\\a_n\end{bmatrix},\quad 且\sum_{i=1}^{n}a_i^2=1.$$

现在求一向量组,使它们与 $\boldsymbol{X}_1$ 组成一标准正交向量组.

设所求向量为 $\boldsymbol{X}=\begin{bmatrix}x_1\\x_2\\\vdots\\x_n\end{bmatrix}$,且满足 $(\boldsymbol{X}_1,\boldsymbol{X})=0$,即

$$\boldsymbol{X}_1^{\mathrm{T}}\boldsymbol{X}=0,$$

亦即

$$a_1x_1+a_2x_2+\cdots+a_nx_n=0.$$

由于 $r(\boldsymbol{X}_1^{\mathrm{T}})=1$,因此该齐次线性方程组的基础解系中含有 $n-1$ 个解向量

$$\boldsymbol{\alpha}_2,\boldsymbol{\alpha}_3,\cdots,\boldsymbol{\alpha}_n.$$

将这 $n-1$ 个 n 维向量正交化、单位化得到标准正交向量组

$$\boldsymbol{X}_2,\boldsymbol{X}_3,\cdots,\boldsymbol{X}_n,$$

则向量组

$$\boldsymbol{X}_1,\boldsymbol{X}_2,\cdots,\boldsymbol{X}_n$$

就是所要求的标准正交向量组,以它们为列向量构成正交矩阵

$$\boldsymbol{P}=[\boldsymbol{X}_1\quad\boldsymbol{X}_2\quad\cdots\quad\boldsymbol{X}_n].$$

因为

$$\boldsymbol{X}_i^{\mathrm{T}}\boldsymbol{A}\boldsymbol{X}_1=\lambda_1\boldsymbol{X}_i^{\mathrm{T}}\boldsymbol{X}_1=\lambda_1(\boldsymbol{X}_i,\boldsymbol{X}_1)=\begin{cases}\lambda_1, & i=1,\\0, & i\neq1.\end{cases}$$

又因为 $\boldsymbol{X}_i^{\mathrm{T}}\boldsymbol{A}\boldsymbol{X}_j$ 是一个实数,记为 b_{ij},即

$$\boldsymbol{X}_i^{\mathrm{T}}\boldsymbol{A}\boldsymbol{X}_j = b_{ij} \quad (i,j=1,2,\cdots,n),$$

则有

$$\boldsymbol{P}^{-1}\boldsymbol{A}\boldsymbol{P} = \boldsymbol{P}^{\mathrm{T}}\boldsymbol{A}\boldsymbol{P} = \begin{bmatrix} \boldsymbol{X}_1^{\mathrm{T}} \\ \boldsymbol{X}_2^{\mathrm{T}} \\ \vdots \\ \boldsymbol{X}_n^{\mathrm{T}} \end{bmatrix} \boldsymbol{A} [\boldsymbol{X}_1 \quad \boldsymbol{X}_2 \quad \cdots \quad \boldsymbol{X}_n]$$

$$= \begin{bmatrix} \boldsymbol{X}_1^{\mathrm{T}}\boldsymbol{A}\boldsymbol{X}_1 & \boldsymbol{X}_1^{\mathrm{T}}\boldsymbol{A}\boldsymbol{X}_2 & \cdots & \boldsymbol{X}_1^{\mathrm{T}}\boldsymbol{A}\boldsymbol{X}_n \\ \boldsymbol{X}_2^{\mathrm{T}}\boldsymbol{A}\boldsymbol{X}_1 & \boldsymbol{X}_2^{\mathrm{T}}\boldsymbol{A}\boldsymbol{X}_2 & \cdots & \boldsymbol{X}_2^{\mathrm{T}}\boldsymbol{A}\boldsymbol{X}_n \\ \vdots & \vdots & & \vdots \\ \boldsymbol{X}_n^{\mathrm{T}}\boldsymbol{A}\boldsymbol{X}_1 & \boldsymbol{X}_n^{\mathrm{T}}\boldsymbol{A}\boldsymbol{X}_2 & \cdots & \boldsymbol{X}_n^{\mathrm{T}}\boldsymbol{A}\boldsymbol{X}_n \end{bmatrix}$$

$$= \begin{bmatrix} \lambda_1 & b_{12} & \cdots & b_{1n} \\ 0 & b_{22} & \cdots & b_{2n} \\ \vdots & \vdots & & \vdots \\ 0 & b_{n2} & \cdots & b_{nn} \end{bmatrix}.$$

因为$(\boldsymbol{P}^{\mathrm{T}}\boldsymbol{A}\boldsymbol{P})^{\mathrm{T}} = \boldsymbol{P}^{\mathrm{T}}\boldsymbol{A}^{\mathrm{T}}(\boldsymbol{P}^{\mathrm{T}})^{\mathrm{T}} = \boldsymbol{P}^{\mathrm{T}}\boldsymbol{A}\boldsymbol{P}$，所以 $\boldsymbol{P}^{\mathrm{T}}\boldsymbol{A}\boldsymbol{P}$ 是实对称矩阵，从而知

$$b_{12} = b_{13} = \cdots = b_{1n} = 0.$$

记

$$\boldsymbol{B}_1 = \begin{bmatrix} b_{22} & b_{23} & \cdots & b_{2n} \\ b_{32} & b_{33} & \cdots & b_{3n} \\ \vdots & \vdots & & \vdots \\ b_{n2} & b_{n3} & \cdots & b_{nn} \end{bmatrix},$$

有

$$\boldsymbol{P}^{-1}\boldsymbol{A}\boldsymbol{P} = \boldsymbol{P}^{\mathrm{T}}\boldsymbol{A}\boldsymbol{P} = \begin{pmatrix} \lambda_1 & \boldsymbol{0} \\ \boldsymbol{0} & \boldsymbol{B}_1 \end{pmatrix},$$

因为 $\boldsymbol{B}_1$ 是 $n-1$ 阶实对称矩阵，由归纳法假设，存在 $n-1$ 阶正交矩阵 $\boldsymbol{Q}_1$，使得

$$Q_1^{-1}B_1Q_1=Q_1^{T}B_1Q_1=\begin{bmatrix}\lambda_2 & & & \\ & \lambda_3 & & \\ & & \ddots & \\ & & & \lambda_n\end{bmatrix}.$$

令

$$Q=\begin{pmatrix}1 & \mathbf{0}\\ \mathbf{0} & Q_1\end{pmatrix},$$

显然,Q 是 n 阶正交矩阵,于是有

$$Q^{-1}(P^{-1}AP)Q=Q^{T}(P^{T}AP)Q=\begin{pmatrix}1 & \mathbf{0}\\ \mathbf{0} & Q_1^{T}\end{pmatrix}\begin{pmatrix}\lambda_1 & \mathbf{0}\\ \mathbf{0} & B_1\end{pmatrix}\begin{pmatrix}1 & \mathbf{0}\\ \mathbf{0} & Q_1\end{pmatrix}$$

$$=\begin{bmatrix}\lambda_1 & \mathbf{0}\\ \mathbf{0} & Q_1^{T}B_1Q_1\end{bmatrix}=\begin{bmatrix}\lambda_1 & & & \\ & \lambda_2 & & \\ & & \ddots & \\ & & & \lambda_n\end{bmatrix}.$$

记 $C=PQ$,则 C 是 n 阶正交矩阵,且有

$$C^{-1}AC=C^{T}AC=\begin{bmatrix}\lambda_1 & & & \\ & \lambda_2 & & \\ & & \ddots & \\ & & & \lambda_n\end{bmatrix}.$$

因为 $A\sim\mathrm{diag}(\lambda_1,\lambda_2,\cdots,\lambda_n)$,所以,$\lambda_1,\lambda_2,\cdots,\lambda_n$ 是 A 的全部特征值.

根据数学归纳法原理,定理得证.

由 $C^{-1}AC=\mathrm{diag}(\lambda_1,\lambda_2,\cdots,\lambda_n)$ 可知,正交矩阵 C 的列向量 X_1,$X_2,\cdots,X_n$ 都是 A 的两两正交的单位特征向量,从而得到求正交矩阵 C 的步骤.

(1)由特征方程 $|\lambda E-A|=0$,求出 A 的全部特征值.

(2)对于 A 的每一个不同的特征值 $\lambda_i(i=1,2,\cdots,t)$,解相应的齐次线性方程组 $(\lambda_iE-A)X=\mathbf{0}$,求出它的一个基础解系:

$$\boldsymbol{\eta}_{i_1}, \boldsymbol{\eta}_{i_2}, \cdots, \boldsymbol{\eta}_{i_{s_i}},$$

其中 s_i 是特征值 λ_i 的重数.

(3)把 $\boldsymbol{\eta}_{i_1}, \boldsymbol{\eta}_{i_2}, \cdots, \boldsymbol{\eta}_{i_{s_i}}$ 正交化,单位化得标准正交向量组

$$\boldsymbol{X}_{i_1}, \boldsymbol{X}_{i_2}, \cdots, \boldsymbol{X}_{i_{s_i}},$$

即是 $\boldsymbol{A}$ 的属于特征值 λ_i 的两两正交的单位特征向量.

(4)把这 t 组向量合成一个向量组

$$\boldsymbol{X}_{1_1}, \boldsymbol{X}_{1_2}, \cdots, \boldsymbol{X}_{1_{s_1}}, \boldsymbol{X}_{2_1}, \boldsymbol{X}_{2_2}, \cdots, \boldsymbol{X}_{2_{s_2}}, \cdots, \boldsymbol{X}_{t_1}, \boldsymbol{X}_{t_2}, \cdots, \boldsymbol{X}_{t_{s_t}},$$

则它们还是标准正交向量组,且 $s_1 + s_2 + \cdots + s_t = n$. 以这 n 个向量作为列向量构成矩阵 $\boldsymbol{C}$,即为所求的正交矩阵.

例　设

$$\boldsymbol{A} = \begin{bmatrix} 4 & 2 & 2 \\ 2 & 4 & 2 \\ 2 & 2 & 4 \end{bmatrix},$$

求一正交矩阵 $\boldsymbol{C}$ 及对角矩阵 $\boldsymbol{\Lambda}$,使得 $\boldsymbol{C}^{-1}\boldsymbol{AC} = \boldsymbol{C}^{\mathrm{T}}\boldsymbol{AC} = \boldsymbol{\Lambda}$.

解　$\boldsymbol{A}$ 的特征多项式为

$$|\lambda \boldsymbol{E} - \boldsymbol{A}| = \begin{vmatrix} \lambda - 4 & -2 & -2 \\ -2 & \lambda - 4 & -2 \\ -2 & -2 & \lambda - 4 \end{vmatrix} = (\lambda - 2)^2(\lambda - 8),$$

所以,$\boldsymbol{A}$ 的特征值为 $\lambda_1 = \lambda_2 = 2, \lambda_3 = 8$.

对于 $\lambda_1 = \lambda_2 = 2$,解相应的齐次线性方程组

$$(2\boldsymbol{E} - \boldsymbol{A})\boldsymbol{X} = \boldsymbol{0},$$

即

$$\begin{bmatrix} -2 & -2 & -2 \\ -2 & -2 & -2 \\ -2 & -2 & -2 \end{bmatrix} \begin{bmatrix} x_1 \\ x_2 \\ x_3 \end{bmatrix} = \begin{bmatrix} 0 \\ 0 \\ 0 \end{bmatrix}.$$

由于 $r(2\boldsymbol{E} - \boldsymbol{A}) = 1$,求得基础解系为

$$\boldsymbol{\eta}_1 = \begin{bmatrix} -1 \\ 1 \\ 0 \end{bmatrix}, \boldsymbol{\eta}_2 = \begin{bmatrix} -1 \\ 0 \\ 1 \end{bmatrix},$$

即是 $\boldsymbol{A}$ 的属于 $\lambda_1=\lambda_2=2$ 的线性无关的特征向量.

把 $\boldsymbol{\eta}_1,\boldsymbol{\eta}_2$ 正交化,令

$$\boldsymbol{\beta}_1=\boldsymbol{\eta}_1=\begin{bmatrix}-1\\1\\0\end{bmatrix},$$

$$\boldsymbol{\beta}_2=\boldsymbol{\eta}_2-\frac{(\boldsymbol{\beta}_1,\boldsymbol{\eta}_2)}{(\boldsymbol{\beta}_1,\boldsymbol{\beta}_1)}\boldsymbol{\beta}_1=\begin{bmatrix}-1\\0\\1\end{bmatrix}-\frac{1}{2}\begin{bmatrix}-1\\1\\0\end{bmatrix}=\begin{bmatrix}-\frac{1}{2}\\-\frac{1}{2}\\1\end{bmatrix}.$$

把 $\boldsymbol{\beta}_1,\boldsymbol{\beta}_2$ 单位化,得

$$\boldsymbol{X}_1=\begin{bmatrix}-\frac{1}{\sqrt{2}}\\\frac{1}{\sqrt{2}}\\0\end{bmatrix},\boldsymbol{X}_2=\begin{bmatrix}-\frac{1}{\sqrt{6}}\\-\frac{1}{\sqrt{6}}\\\frac{2}{\sqrt{6}}\end{bmatrix}.$$

对于 $\lambda_3=8$,解相应的齐次线性方程组

$$(8\boldsymbol{E}-\boldsymbol{A})\boldsymbol{X}=\boldsymbol{0},$$

即

$$\begin{bmatrix}4&-2&-2\\-2&4&-2\\-2&-2&4\end{bmatrix}\begin{bmatrix}x_1\\x_2\\x_3\end{bmatrix}=\begin{bmatrix}0\\0\\0\end{bmatrix}.$$

由于 $r(8\boldsymbol{E}-\boldsymbol{A})=2$,求得基础解系为

$$\boldsymbol{\eta}_3=\begin{bmatrix}1\\1\\1\end{bmatrix},$$

即是 $\boldsymbol{A}$ 的属于 $\lambda_3=8$ 的特征向量,单位化,得

$$X_3=\begin{bmatrix}\frac{1}{\sqrt{3}}\\\frac{1}{\sqrt{3}}\\\frac{1}{\sqrt{3}}\end{bmatrix}.$$

令

$$C=[X_1\quad X_2\quad X_3]=\begin{bmatrix}-\frac{1}{\sqrt{2}} & -\frac{1}{\sqrt{6}} & \frac{1}{\sqrt{3}}\\\frac{1}{\sqrt{2}} & -\frac{1}{\sqrt{6}} & \frac{1}{\sqrt{3}}\\0 & \frac{2}{\sqrt{6}} & \frac{1}{\sqrt{3}}\end{bmatrix},$$

则 C 是正交矩阵,并且有

$$C^{-1}AC=C^{\mathrm{T}}AC=\begin{bmatrix}2 & & \\ & 2 & \\ & & 8\end{bmatrix}.$$

本 章 小 结

本章所讨论的问题是 n 阶方阵之间的一种重要关系——相似关系.由于相似矩阵具有许多共同性质,因此希望一个 n 阶方阵 A 能与方阵中最简单的矩阵——对角矩阵相似.于是推出 n 阶方阵 A 与对角矩阵相似的条件.在介绍了特征值和特征向量的概念及求法之后,我们利用这一概念来研究相似矩阵的问题.

一、方阵的特征值与特征向量

(1)设 $A=(a_{ij})$是 n 阶方阵,λ 是一个数,X 是 n 维非零列向量,若满足

$$AX=\lambda X,$$

则称数 λ 是 A 的特征值,X 是 A 的属于 λ 的特征向量.

(2)方阵 A 的特征值与特征向量的求法如下:

①对于 n 阶方阵 $\boldsymbol{A}$，利用特征方程

$$|\lambda \boldsymbol{E}-\boldsymbol{A}|=0,$$

求得 $\boldsymbol{A}$ 的全部特征值 $\lambda_1,\lambda_2,\cdots,\lambda_n$，

②解齐次线性方程组

$$(\lambda_i \boldsymbol{E}-\boldsymbol{A})\boldsymbol{X}=\boldsymbol{0},$$

得到属于 λ_i 的全部特征向量 $(i=1,2,\cdots,n)$.

二、相似矩阵

对于 n 阶方阵 $\boldsymbol{A},\boldsymbol{B}$，若存在 n 阶可逆矩阵 $\boldsymbol{C}$，使得

$$\boldsymbol{C}^{-1}\boldsymbol{A}\boldsymbol{C}=\boldsymbol{B},$$

则称矩阵 $\boldsymbol{A}$ 与 $\boldsymbol{B}$ 相似.

三、方阵 $\boldsymbol{A}$ 与对角形矩阵相似的条件

充分必要条件：n 阶方阵 $\boldsymbol{A}$ 有 n 个线性无关的特征向量.

充分条件：n 阶方阵 $\boldsymbol{A}$ 有 n 个互不相同的特征值.

四、实对称矩阵 $\boldsymbol{A}$ 与对角矩阵相似

实对称矩阵是一种特殊的矩阵. n 阶实对称矩阵必能与 n 阶对角矩阵相似，并且进一步可求得一个正交矩阵 $\boldsymbol{C}$，使得 $\boldsymbol{C}^{-1}\boldsymbol{A}\boldsymbol{C}=\boldsymbol{C}^{\mathrm{T}}\boldsymbol{A}\boldsymbol{C}$ 为对角矩阵.

习 题 5

1. 判断下列论述是否正确：

(1)设 λ_0 是矩阵 $\boldsymbol{A}$ 的一个特征值，则方程组 $(\lambda_0\boldsymbol{E}-\boldsymbol{A})\boldsymbol{X}=\boldsymbol{0}$ 的任意一个解向量都是 $\boldsymbol{A}$ 的属于 λ_0 的特征向量；

(2)设 λ_0 是矩阵 $\boldsymbol{A}$ 的一个特征值，$\boldsymbol{X}_1,\boldsymbol{X}_2,\cdots,\boldsymbol{X}_t$ 是 $\boldsymbol{A}$ 的属于 λ_0 的特征向量，则 $\boldsymbol{X}_1,\boldsymbol{X}_2,\cdots,\boldsymbol{X}_t$ 的任一线性组合：

$$k_1\boldsymbol{X}_1+k_2\boldsymbol{X}_2+\cdots+k_t\boldsymbol{X}_t$$

也都是 $\boldsymbol{A}$ 的属于 λ_0 的特征向量；

(3)设 λ_1,λ_2 是 n 阶方阵 $\boldsymbol{A}$ 的两个不同的特征值，有

$$\boldsymbol{A}\boldsymbol{X}_1=\lambda_1\boldsymbol{X}_1,\quad \boldsymbol{A}\boldsymbol{X}_2=\lambda_2\boldsymbol{X}_2,$$

则 $\boldsymbol{X}_1+\boldsymbol{X}_2$ 也是 $\boldsymbol{A}$ 的特征向量.

2. 求下列矩阵的特征值与特征向量：

(1) $\boldsymbol{A}=\begin{pmatrix}1 & -1\\ 2 & 4\end{pmatrix}$；

(2) $\boldsymbol{A}=\begin{bmatrix}5 & 6 & -3\\ -1 & 0 & 1\\ 1 & 2 & 1\end{bmatrix}$；

(3) $\boldsymbol{A}=\begin{bmatrix}-2 & 3 & 0\\ -3 & 4 & 0\\ 2 & 0 & 3\end{bmatrix}$；

(4) $\boldsymbol{A}=\begin{bmatrix}1 & -2 & 2\\ -2 & -2 & 4\\ 2 & 4 & -2\end{bmatrix}$.

3. 若 n 阶方阵 $\boldsymbol{A}$ 满足 $\boldsymbol{A}^2=2\boldsymbol{A}$，则 $\boldsymbol{A}$ 的特征值只能是 0 或 2.

4. 设 $\boldsymbol{A}$，$\boldsymbol{B}$ 都是 n 阶方阵，且 $|\boldsymbol{A}|\neq 0$，则 $\boldsymbol{AB}\sim\boldsymbol{BA}$.

5. 试证：与幂等矩阵 $\boldsymbol{A}(\boldsymbol{A}^2=\boldsymbol{A})$ 相似的矩阵 $\boldsymbol{B}$ 也是幂等矩阵.

6. 设 λ 是 n 阶方阵 $\boldsymbol{A}$ 的特征值，证明：

(1) λ^m 是 $\boldsymbol{A}^m$ 的特征值；

(2) 若 $\boldsymbol{A}$ 是可逆矩阵，则 λ^{-1} 是 $\boldsymbol{A}^{-1}$ 的特征值；

(3) 设 $f(x)=a_0+a_1x+\cdots+a_mx^m$ 是一个多项式，则 $f(\lambda)$ 是 $f(\boldsymbol{A})$ 的特征值.

7. 问下列矩阵能否与对角矩阵相似？

(1) $\boldsymbol{A}=\begin{bmatrix}1 & 0 & -3\\ 0 & 1 & 2\\ -1 & 0 & 3\end{bmatrix}$；

(2) $\boldsymbol{A}=\begin{bmatrix}-1 & 1 & 0\\ -4 & 3 & 0\\ 1 & 0 & 2\end{bmatrix}$.

8. 设

$$\boldsymbol{A}=\begin{bmatrix}1 & -2 & -4\\ -2 & x & -2\\ -4 & -2 & 1\end{bmatrix},\boldsymbol{\Lambda}=\begin{bmatrix}5 & & \\ & y & \\ & & -4\end{bmatrix},$$

且 $\boldsymbol{A}$ 与 $\boldsymbol{\Lambda}$ 相似.

(1)求 x 与 y;

(2)求一可逆矩阵 $\boldsymbol{C}$,使得 $\boldsymbol{C}^{-1}\boldsymbol{A}\boldsymbol{C}=\boldsymbol{\Lambda}$.

9. 设 3 阶方阵 $\boldsymbol{A}$ 的特征值是 $\lambda_1=1,\lambda_2=0,\lambda_3=-1$,$\boldsymbol{A}$ 的属于特征值的特征向量分别是

$$\boldsymbol{X}_1=\begin{bmatrix}1\\2\\2\end{bmatrix},\boldsymbol{X}_2=\begin{bmatrix}2\\-2\\1\end{bmatrix},\boldsymbol{X}_3=\begin{bmatrix}2\\1\\-2\end{bmatrix},$$

求矩阵 $\boldsymbol{A}$.

10. 设 n 阶方阵 $\boldsymbol{A}$ 有 n 个互不相同的特征值,且矩阵 $\boldsymbol{B}$ 与 $\boldsymbol{A}$ 有相同的特征值,证明存在 n 阶可逆矩阵 $\boldsymbol{P}$ 及 n 阶矩阵 $\boldsymbol{Q}$,使得

$$\boldsymbol{A}=\boldsymbol{PQ},\quad \boldsymbol{B}=\boldsymbol{QP}.$$

11. 求一正交矩阵 $\boldsymbol{C}$ 及对角矩阵 $\boldsymbol{\Lambda}$,使得 $\boldsymbol{C}^{-1}\boldsymbol{A}\boldsymbol{C}=\boldsymbol{C}^{\mathrm{T}}\boldsymbol{A}\boldsymbol{C}=\boldsymbol{\Lambda}$.

(1)$\boldsymbol{A}=\begin{bmatrix}2&-2&0\\-2&1&-2\\0&-2&0\end{bmatrix}$;

(2)$\boldsymbol{A}=\begin{bmatrix}3&4&-2\\4&3&2\\-2&2&6\end{bmatrix}$;

(3)$\boldsymbol{A}=\begin{bmatrix}3&1&0&-1\\1&3&-1&0\\0&-1&3&1\\-1&0&1&3\end{bmatrix}$.

第6章　二　次　型

在解析几何中,为了便于研究二次曲线

$$a_{11}x^2+2a_{12}xy+a_{22}y^2=a_0 \tag{1}$$

的几何性质,我们往往选择适当的坐标旋转变换

$$\begin{cases} x=x'\cos\theta-y'\sin\theta, \\ y=x'\sin\theta+y'\cos\theta, \end{cases} \tag{2}$$

把曲线方程(1)化为标准形

$$a'_{11}x'^2+a'_{22}y'^2=a'_0 \quad (a'_0=a_0).$$

方程(1)的左边是关于变量 x,y 的一个二次齐次多项式.从代数学的观点看,所谓化标准形就是通过变量的线性变换(2)化简一个二次齐次多项式,使之只含变量的平方项.在二次曲面的研究中也有类似的情形.在许多理论和实际问题中也常常会遇到这类问题.现在我们把它们归为二次型的问题.

6.1　二次型及其标准形

定义 6.1　含有 n 个变量 $x_1,x_2,\cdots,x_n$ 的一个二次齐次多项式

$$\begin{aligned} f(x_1,x_2,\cdots,x_n)=&a_{11}x_1^2+2a_{12}x_1x_2+\cdots+2a_{1n}x_1x_n \\ &+a_{22}x_2^2+2a_{23}x_2x_3+\cdots+2a_{2n}x_2x_n \\ &+\cdots+a_{nn}x_n^2, \end{aligned} \tag{1}$$

称为一个 n 元二次型.

当系数 a_{ij} 为复数时,称 $f(x_1,x_2,\cdots,x_n)$ 为复二次型,当系数 a_{ij} 为实数时,称 $f(x_1,x_2,\cdots,x_n)$ 为实二次型.本章仅讨论实二次型.

在(1)式中,取 $a_{ij}=a_{ji}$,则

$$2a_{ij}x_ix_j = a_{ij}x_ix_j + a_{ji}x_jx_i,$$

于是式(1)可写成

$$\begin{aligned} f(x_1,x_2,\cdots,x_n) &= a_{11}x_1^2 + a_{12}x_1x_2 + \cdots + a_{1n}x_1x_n \\ &\quad + a_{21}x_2x_1 + a_{22}x_2^2 + \cdots + a_{2n}x_2x_n \\ &\quad + \cdots\cdots \\ &\quad + a_{n1}x_nx_1 + a_{n2}x_nx_2 + \cdots + a_{nn}x_n^2 \\ &= x_1\sum_{j=1}^n a_{1j}x_j + x_2\sum_{j=1}^n a_{2j}x_j + \cdots + x_n\sum_{j=1}^n a_{nj}x_j \\ &= \sum_{i=1}^n\sum_{j=1}^n a_{ij}x_ix_j. \end{aligned} \tag{2}$$

利用矩阵的乘法,式(2)可写成

$$f(x_1,x_2,\cdots,x_n) = [x_1 \quad x_2 \quad \cdots \quad x_n]\begin{bmatrix} \sum_{j=1}^n a_{1j}x_j \\ \sum_{j=1}^n a_{2j}x_j \\ \vdots \\ \sum_{j=1}^n a_{nj}x_j \end{bmatrix}$$

$$= [x_1 \quad x_2 \quad \cdots \quad x_n]\begin{bmatrix} a_{11} & a_{12} & \cdots & a_{1n} \\ a_{21} & a_{22} & \cdots & a_{2n} \\ \vdots & \vdots & & \vdots \\ a_{n1} & a_{n2} & \cdots & a_{nn} \end{bmatrix}\begin{bmatrix} x_1 \\ x_2 \\ \vdots \\ x_n \end{bmatrix}.$$

若记

$$\mathbf{A} = \begin{bmatrix} a_{11} & a_{12} & \cdots & a_{1n} \\ a_{21} & a_{22} & \cdots & a_{2n} \\ \vdots & \vdots & & \vdots \\ a_{n1} & a_{n2} & \cdots & a_{nn} \end{bmatrix}, \quad \boldsymbol{X} = \begin{bmatrix} x_1 \\ x_2 \\ \vdots \\ x_n \end{bmatrix},$$

则

$$f(x_1,x_2,\cdots,x_n) = \sum_{i=1}^n\sum_{j=1}^n a_{ij}x_ix_j = \boldsymbol{X}^{\mathrm{T}}\mathbf{A}\boldsymbol{X}. \tag{3}$$

这就是二次型的矩阵表达式.因为 $a_{ij}=a_{ji}\quad(i,j=1,2,\cdots,n)$,所以 $\boldsymbol{A}^{\mathrm{T}}=\boldsymbol{A}$,称 $\boldsymbol{A}$ 为二次型(3)的矩阵.

例如,二次型 $f(x_1,x_2,x_3)=3x_1^2+2x_2^2-5x_3^2-2x_1x_2+3x_1x_3+4x^2x_3$ 的矩阵表达式为

$$f(x_1,x_2,x_3)=[x_1\quad x_2\quad x_3]\begin{bmatrix}3&-1&\frac{3}{2}\\-1&2&2\\\frac{3}{2}&2&-5\end{bmatrix}\begin{bmatrix}x_1\\x_2\\x_3\end{bmatrix}.$$

任给一个二次型,唯一地确定一个对称矩阵;反之,任给一个对称矩阵,也可以唯一地确定一个二次型.这样,二次型与对称矩阵之间就存在一一对应的关系.因此,表达式(3)中的对称矩阵 $\boldsymbol{A}$ 就叫作二次型 $f(x_1,x_2,\cdots,x_n)$ 的矩阵,而对称矩阵 $\boldsymbol{A}$ 的秩也叫作二次型 $f(x_1,x_2,\cdots,x_n)$的秩;$f(x_1,x_2,\cdots,x_n)$叫作对称矩阵 $\boldsymbol{A}$ 的二次型.

若 $f(x_1,x_2,\cdots,x_n)=k_1x_1^2+k_2x_2^2+\cdots+k_nx_n^2$,
则称为二次型的标准形(或法式).

若 $f(x_1,x_2,\cdots,x_n)=x_1^2+\cdots+x_p^2-x_{p+1}^2-\cdots-x_r^2$,
其中 $0\leqslant p\leqslant r\leqslant n$,$r$ 为二次型的秩,则称为二次型的正规形(或正规法式).

设由变量 $x_1,x_2,\cdots,x_n$ 到变量 $y_1,y_2,\cdots,y_n$ 的一个线性变换为

$$\begin{cases}x_1=c_{11}y_1+c_{12}y_2+\cdots+c_{1n}y_n,\\x_2=c_{21}y_1+c_{22}y_2+\cdots+c_{2n}y_n,\\\quad\vdots\\x_n=c_{n1}y_1+c_{n2}y_2+\cdots+c_{nn}y_n.\end{cases}\tag{4}$$

若记

$$\boldsymbol{X}=\begin{bmatrix}x_1\\x_2\\\vdots\\x_n\end{bmatrix},\quad\boldsymbol{Y}=\begin{bmatrix}y_1\\y_2\\\vdots\\y_n\end{bmatrix},\quad\boldsymbol{C}=\begin{bmatrix}c_{11}&c_{12}&\cdots&c_{1n}\\c_{21}&c_{22}&\cdots&c_{2n}\\\vdots&\vdots&&\vdots\\c_{n1}&c_{n2}&\cdots&c_{nn}\end{bmatrix},$$

则线性变换(4)可写成矩阵乘积的形式

$$\boldsymbol{X}=\boldsymbol{C}\boldsymbol{Y}.$$

当 $\boldsymbol{C}$ 为满秩矩阵时,称 $\boldsymbol{X}=\boldsymbol{C}\boldsymbol{Y}$ 为满秩线性变换;当 $\boldsymbol{C}$ 为正交矩阵时,称 $\boldsymbol{X}=\boldsymbol{C}\boldsymbol{Y}$ 为正交变换.

对于二次型,我们讨论的主要问题是,如何寻求一个满秩线性变换 $\boldsymbol{X}=\boldsymbol{C}\boldsymbol{Y}$,使二次型只含有平方项,从而得到二次型的标准形.当然首先要解决一个二次型 $f=\boldsymbol{X}^{\mathrm{T}}\boldsymbol{A}\boldsymbol{X}(\boldsymbol{A}^{\mathrm{T}}=\boldsymbol{A})$ 经过满秩线性变换 $\boldsymbol{X}=\boldsymbol{C}\boldsymbol{Y}$ 后,其结果是否仍是一个二次型?

定理 6.1 任何一个二次型 $f=\boldsymbol{X}^{\mathrm{T}}\boldsymbol{A}\boldsymbol{X}(\boldsymbol{A}^{\mathrm{T}}=\boldsymbol{A})$ 经过一个满秩线性变换 $\boldsymbol{X}=\boldsymbol{C}\boldsymbol{Y}$ 后,仍是一个二次型,并且其秩不改变.

证明 把所进行的满秩线性变换 $\boldsymbol{X}=\boldsymbol{C}\boldsymbol{Y}$ 代入二次型中,则有

$$f=\boldsymbol{X}^{\mathrm{T}}\boldsymbol{A}\boldsymbol{X}=(\boldsymbol{C}\boldsymbol{Y})^{\mathrm{T}}\boldsymbol{A}(\boldsymbol{C}\boldsymbol{Y})=\boldsymbol{Y}^{\mathrm{T}}(\boldsymbol{C}^{\mathrm{T}}\boldsymbol{A}\boldsymbol{C})\boldsymbol{Y}=\boldsymbol{Y}^{\mathrm{T}}\boldsymbol{B}\boldsymbol{Y},$$

其中 $\boldsymbol{B}=\boldsymbol{C}^{\mathrm{T}}\boldsymbol{A}\boldsymbol{C}$,且

$$\boldsymbol{B}^{\mathrm{T}}=(\boldsymbol{C}^{\mathrm{T}}\boldsymbol{A}\boldsymbol{C})^{\mathrm{T}}=\boldsymbol{C}^{\mathrm{T}}\boldsymbol{A}^{\mathrm{T}}(\boldsymbol{C}^{\mathrm{T}})^{\mathrm{T}}=\boldsymbol{C}^{\mathrm{T}}\boldsymbol{A}\boldsymbol{C}=\boldsymbol{B},$$

即 $\boldsymbol{B}$ 是对称矩阵.由二次型与对称矩阵的一一对应关系可知,$\boldsymbol{Y}^{\mathrm{T}}\boldsymbol{B}\boldsymbol{Y}$ 仍是一个二次型.

因为 $\boldsymbol{C}$ 为满秩矩阵,所以有

$$r(\boldsymbol{B})=r(\boldsymbol{C}^{\mathrm{T}}\boldsymbol{A}\boldsymbol{C})=r(\boldsymbol{A}).$$

定义 6.2 对于两个 n 阶方阵 $\boldsymbol{A}$ 与 $\boldsymbol{B}$,若存在 n 阶可逆矩阵 $\boldsymbol{C}$,使得

$$\boldsymbol{B}=\boldsymbol{C}^{\mathrm{T}}\boldsymbol{A}\boldsymbol{C},$$

则称矩阵 $\boldsymbol{A}$ 与矩阵 $\boldsymbol{B}$ 合同.

合同是矩阵之间的一种关系.不难验证,矩阵的合同关系具有反身性、对称性、传递性.

要使二次型 $f=\boldsymbol{X}^{\mathrm{T}}\boldsymbol{A}\boldsymbol{X}$ 经过满秩线性变换 $\boldsymbol{X}=\boldsymbol{C}\boldsymbol{Y}$ 化成标准形,也就是使

$$\boldsymbol{X}^{\mathrm{T}}\boldsymbol{A}\boldsymbol{X}=\boldsymbol{Y}^{\mathrm{T}}(\boldsymbol{C}^{\mathrm{T}}\boldsymbol{A}\boldsymbol{C})\boldsymbol{Y}=k_1y_1^2+k_2y_2^2+\cdots+k_ny_n^2$$

$$=[y_1, \quad y_2, \quad \cdots, \quad y_n]\begin{bmatrix} k_1 & & & \\ & k_2 & & \\ & & \ddots & \\ & & & k_n \end{bmatrix}\begin{bmatrix} y_1 \\ y_2 \\ \vdots \\ y_n \end{bmatrix}.$$

这个问题从矩阵的角度来说,就是对于一个实对称矩阵 $\boldsymbol{A}$,寻求一个可逆矩阵 $\boldsymbol{C}$,使得 $\boldsymbol{C}^{\mathrm{T}}\boldsymbol{AC}$ 为对角矩阵,即

$$\boldsymbol{C}^{\mathrm{T}}\boldsymbol{AC} = \mathrm{diag}\,(k_1, k_2, \cdots, k_n) = \begin{bmatrix} k_1 & & & \\ & k_2 & & \\ & & \ddots & \\ & & & k_n \end{bmatrix}.$$

此时,实对称矩阵 $\boldsymbol{A}$ 与对角矩阵合同.

综合以上的论述,可以把所得到的结果用两种不同的语言来叙述.

(1)用二次型的语言:任意一个实二次型 $f=\boldsymbol{X}^{\mathrm{T}}\boldsymbol{AX}$,都可经过一个满秩线性变换 $\boldsymbol{X}=\boldsymbol{CY}$ 化为标准形.

(2)用矩阵的语言:任意一个实对称矩阵 $\boldsymbol{A}$ 都合同于一个对角矩阵.即对于实对称矩阵 $\boldsymbol{A}$,总可以找到一个满秩矩阵 $\boldsymbol{C}$,使得 $\boldsymbol{C}^{\mathrm{T}}\boldsymbol{AC}$ 为对角矩阵.

下面通过具体的例题介绍化二次型为标准形的几种方法.

6.1.1 用正交变换法化二次型为标准形

在5.4的讨论中,我们知道对于任意一个 n 阶实对称矩阵 $\boldsymbol{A}$,一定存在 n 阶正交矩阵 $\boldsymbol{C}$,使得

$$\boldsymbol{C}^{-1}\boldsymbol{AC}=\boldsymbol{C}^{\mathrm{T}}\boldsymbol{AC}=\mathrm{diag}(\lambda_1, \lambda_2, \cdots, \lambda_n),$$

其中 $\lambda_1, \lambda_2, \cdots, \lambda_n$ 是 $\boldsymbol{A}$ 的 n 个特征值.用于二次型即有,对于任意的实二次型 $f=\boldsymbol{X}^{\mathrm{T}}\boldsymbol{AX}$,一定存在正交变换 $\boldsymbol{X}=\boldsymbol{CY}$,使得

$$\boldsymbol{X}^{\mathrm{T}}\boldsymbol{AX}=\boldsymbol{Y}^{\mathrm{T}}(\boldsymbol{C}^{\mathrm{T}}\boldsymbol{AC})\boldsymbol{Y}=\lambda_1 y_1^2+\lambda_2 y_2^2+\cdots+\lambda_n y_n^2.$$

例1 求一正交变换 $\boldsymbol{X}=\boldsymbol{CY}$,将实二次型

$$f(x_1, x_2, x_3)=x_1^2+4x_2^2+x_3^2-4x_1x_2-8x_1x_3-4x_2x_3$$

化为标准形.

解 二次型所对应的矩阵为

$$\boldsymbol{A}=\begin{bmatrix}1 & -2 & -4\\ -2 & 4 & -2\\ -4 & -2 & 1\end{bmatrix},$$

且 $$|\lambda\boldsymbol{E}-\boldsymbol{A}|=\begin{vmatrix}\lambda-1 & 2 & 4\\ 2 & \lambda-4 & 2\\ 4 & 2 & \lambda-1\end{vmatrix}=(\lambda-5)^2(\lambda+4),$$

即 $\boldsymbol{A}$ 的特征值为$\lambda_1=\lambda_2=5,\lambda_3=-4$.

对于 $\lambda_1=\lambda_2=5$,解齐次线性方程组$(5\boldsymbol{E}-\boldsymbol{A})\boldsymbol{X}=\boldsymbol{0}$,即

$$\begin{bmatrix}4 & 2 & 4\\ 2 & 1 & 2\\ 4 & 2 & 4\end{bmatrix}\begin{bmatrix}x_1\\ x_2\\ x_3\end{bmatrix}=\begin{bmatrix}0\\ 0\\ 0\end{bmatrix},$$

得基础解系

$$\boldsymbol{\alpha}_1=\begin{bmatrix}-1\\ 2\\ 0\end{bmatrix},\quad \boldsymbol{\alpha}_2=\begin{bmatrix}-1\\ 0\\ 1\end{bmatrix},$$

即是 $\boldsymbol{A}$ 的属于$\lambda_1=\lambda_2=5$ 的两个线性无关的特征向量.将 $\boldsymbol{\alpha}_1,\boldsymbol{\alpha}_2$ 正交化,得

$$\boldsymbol{\beta}_1=\boldsymbol{\alpha}_1=\begin{bmatrix}-1\\ 2\\ 0\end{bmatrix},$$

$$\boldsymbol{\beta}_2=\boldsymbol{\alpha}_2-\frac{(\boldsymbol{\beta}_1,\boldsymbol{\alpha}_2)}{(\boldsymbol{\beta}_1,\boldsymbol{\beta}_1)}\boldsymbol{\beta}_1=\begin{bmatrix}-1\\ 0\\ 1\end{bmatrix}-\frac{1}{5}\begin{bmatrix}-1\\ 2\\ 0\end{bmatrix}=\begin{bmatrix}-\frac{4}{5}\\ -\frac{2}{5}\\ 1\end{bmatrix}.$$

再单位化,得

$$X_1=\begin{bmatrix}-\dfrac{1}{\sqrt{5}}\\ \dfrac{2}{\sqrt{5}}\\ 0\end{bmatrix},\quad X_2=\begin{bmatrix}-\dfrac{4}{3\sqrt{5}}\\ -\dfrac{2}{3\sqrt{5}}\\ \dfrac{5}{3\sqrt{5}}\end{bmatrix}.$$

对于 $\lambda_3=-4$，解齐次线性方程组 $(-4\boldsymbol{E}-\boldsymbol{A})\boldsymbol{X}=\boldsymbol{0}$，即

$$\begin{bmatrix}-5 & 2 & 4\\ 2 & -8 & 2\\ 4 & 2 & -5\end{bmatrix}\begin{bmatrix}x_1\\ x_2\\ x_3\end{bmatrix}=\begin{bmatrix}0\\ 0\\ 0\end{bmatrix},$$

得基础解系

$$\boldsymbol{\alpha}_3=\begin{bmatrix}2\\ 1\\ 2\end{bmatrix},$$

即是 $\boldsymbol{A}$ 的属于 $\lambda_3=-4$ 的特征向量. 再单位化，得

$$X_3=\begin{bmatrix}\dfrac{2}{3}\\ \dfrac{1}{3}\\ \dfrac{2}{3}\end{bmatrix}.$$

于是得到正交矩阵

$$\boldsymbol{C}=[X_1\quad X_2\quad X_3]=\begin{bmatrix}-\dfrac{1}{\sqrt{5}} & -\dfrac{4}{3\sqrt{5}} & \dfrac{2}{3}\\ \dfrac{2}{\sqrt{5}} & -\dfrac{2}{3\sqrt{5}} & \dfrac{1}{3}\\ 0 & \dfrac{5}{3\sqrt{5}} & \dfrac{2}{3}\end{bmatrix},$$

使得

$$C^{\mathrm{T}}AC=C^{-1}AC=\begin{bmatrix}5 & & \\ & 5 & \\ & & -4\end{bmatrix}.$$

对于实二次型 $f=\boldsymbol{X}^{\mathrm{T}}\boldsymbol{A}\boldsymbol{X}$,将正交变换 $\boldsymbol{X}=\boldsymbol{C}\boldsymbol{Y}$ 代入二次型中,则二次型化为标准形

$$f=5y_1^2+5y_2^2-4y_3^2.$$

6.1.2 用拉格朗日配方法化二次型为标准形

例 2 用配方法化实二次型

$$f(x_1,x_2,x_3)=x_1^2+2x_1x_2-4x_1x_3-3x_2^2-6x_2x_3+x_3^2$$

为标准形,并求出所用的满秩线性变换.

解 由于 $f(x_1,x_2,x_3)$中含有变量 x_1 的平方项,所以把含 x_1 的项归并在一起,配方可得

$$\begin{aligned}f(x_1,x_2,x_3)=&[x_1^2+2x_1(x_2-2x_3)+(x_2-2x_3)^2]\\&-(x_2-2x_3)^2-3x_2^2-6x_2x_3+x_3^2\\=&(x_1+x_2-2x_3)^2-4x_2^2-2x_2x_3-3x_3^2\\=&(x_1+x_2-2x_3)^2-4\left(x_2^2+\frac{1}{2}x_2x_3+\frac{1}{16}x_3^2\right)\\&+\frac{1}{4}x_3^2-3x_3^2\\=&(x_1+x_2-2x_3)^2-4\left(x_2+\frac{1}{4}x_3\right)^2-\frac{11}{4}x_3^2.\end{aligned}$$

令

$$\begin{cases}y_1=x_1+x_2-2x_3,\\y_2=x_2+\frac{1}{4}x_3,\\y_3=x_3,\end{cases}$$

即

$$\begin{cases} x_1 = y_1 - y_2 + \dfrac{9}{4} y_3, \\ x_2 = \qquad y_2 - \dfrac{1}{4} y_3, \\ x_3 = \qquad\qquad y_3. \end{cases}$$

记

$$C = \begin{bmatrix} 1 & -1 & \dfrac{9}{4} \\ 0 & 1 & -\dfrac{1}{4} \\ 0 & 0 & 1 \end{bmatrix},$$

则 $|C| = 1 \neq 0$,所求的满秩线性变换为

$$\begin{bmatrix} x_1 \\ x_2 \\ x_3 \end{bmatrix} = \begin{bmatrix} 1 & -1 & \dfrac{9}{4} \\ 0 & 1 & -\dfrac{1}{4} \\ 0 & 0 & 1 \end{bmatrix} \begin{bmatrix} y_1 \\ y_2 \\ y_3 \end{bmatrix}, \text{或 } X = CY,$$

于是将二次型化为标准形

$$f = y_1^2 - 4y_2^2 - \frac{11}{4} y_3^2.$$

例 3　用配方法化实二次型

$$f(x_1, x_2, x_3) = 2x_1x_2 + 2x_1x_3 - 6x_2x_3$$

为标准形,并求出所用的满秩线性变换.

解　在 $f(x_1, x_2, x_3)$ 中不含平方项,但含有 x_1x_2 乘积项,因此先作一个满秩线性变换,使其出现平方项.令

$$\begin{cases} x_1 = y_1 + y_2, \\ x_2 = y_1 - y_2, \\ x_3 = \qquad\quad y_3, \end{cases}$$

所以　$C_1 = \begin{bmatrix} 1 & 1 & 0 \\ 1 & -1 & 0 \\ 0 & 0 & 1 \end{bmatrix}$,　$|C_1| = -2 \neq 0$,

即作满秩线性变换

$$\begin{bmatrix} x_1 \\ x_2 \\ x_3 \end{bmatrix} = \begin{bmatrix} 1 & 1 & 0 \\ 1 & -1 & 0 \\ 0 & 0 & 1 \end{bmatrix} \begin{bmatrix} y_1 \\ y_2 \\ y_3 \end{bmatrix}, \text{或 } \boldsymbol{X} = \boldsymbol{C}_1 \boldsymbol{Y},$$

将二次型化为

$$\begin{aligned} f(x_1, x_2, x_3) &= 2(y_1 + y_2)(y_1 - y_2) + 2(y_1 + y_2)y_3 - 6(y_1 - y_2)y_3 \\ &= 2y_1^2 - 2y_2^2 - 4y_1y_3 + 8y_2y_3 = g(y_1, y_2, y_3). \end{aligned}$$

这时，在 $g(y_1, y_2, y_3)$ 中含有 y_1 的平方项，可把含 y_1 的项归并在一起，配方得

$$\begin{aligned} f &= 2(y_1^2 - 2y_1y_3 + y_3^2) - 2y_2^2 + 8y_2y_3 - 2y_3^2 \\ &= 2(y_1 - y_3)^2 - 2(y_2^2 - 4y_2y_3 + 4y_3^2) + 6y_3^2 \\ &= 2(y_1 - y_3)^2 - 2(y_2 - 2y_3)^2 + 6y_3^2. \end{aligned}$$

令

$$\begin{cases} z_1 = y_1 \qquad - y_3, \\ z_2 = \qquad y_2 - 2y_3, \\ z_3 = \qquad\qquad y_3, \end{cases}$$

即
$$\begin{cases} y_1 = z_1 \qquad + z_3, \\ y_2 = \qquad z_2 + 2z_3, \\ y_3 = \qquad\qquad z_3. \end{cases}$$

作变换

$$\begin{bmatrix} y_1 \\ y_2 \\ y_3 \end{bmatrix} = \begin{bmatrix} 1 & 0 & 1 \\ 0 & 1 & 2 \\ 0 & 0 & 1 \end{bmatrix} \begin{bmatrix} z_1 \\ z_2 \\ z_3 \end{bmatrix},$$

所以
$$\boldsymbol{C}_2 = \begin{bmatrix} 1 & 0 & 1 \\ 0 & 1 & 2 \\ 0 & 0 & 1 \end{bmatrix}, |\boldsymbol{C}_2| = 1 \neq 0,$$

即
$$\boldsymbol{Y} = \boldsymbol{C}_2 \boldsymbol{Z}.$$

于是将二次型化为标准形

$$f=2z_1^2-2z_2^2+6z_3^2.$$

这里将实二次型化为标准形经过了两次满秩线性变换 $\boldsymbol{X}=\boldsymbol{C}_1\boldsymbol{Y}$，$\boldsymbol{Y}=\boldsymbol{C}_2\boldsymbol{Z}$，于是 $\boldsymbol{X}=\boldsymbol{C}_1\boldsymbol{C}_2\boldsymbol{Z}$ 就是将二次型化为标准形所用的满秩线性变换，其中满秩线性变换矩阵为

$$\boldsymbol{C}=\boldsymbol{C}_1\boldsymbol{C}_2=\begin{bmatrix}1&1&0\\1&-1&0\\0&0&1\end{bmatrix}\begin{bmatrix}1&0&1\\0&1&2\\0&0&1\end{bmatrix}=\begin{bmatrix}1&1&3\\1&-1&-1\\0&0&1\end{bmatrix}.$$

在一个二次型的标准形中，系数不为零的平方项的个数是由二次型的秩唯一确定的，它与所做的满秩线性变换无关. 至于标准形中平方项的系数，就不是唯一确定的. 例如，二次型

$$f(x_1,x_2,x_3)=2x_1x_2+2x_1x_3-6x_2x_3.$$

经过满秩线性变换

$$\begin{bmatrix}x_1\\x_2\\x_3\end{bmatrix}=\begin{bmatrix}1&1&3\\1&-1&-1\\0&0&1\end{bmatrix}\begin{bmatrix}y_1\\y_2\\y_3\end{bmatrix}$$

得到标准形

$$f=2y_1^2-2y_2^2+6y_3^2.$$

而经过另一个满秩线性变换

$$\begin{bmatrix}x_1\\x_2\\x_3\end{bmatrix}=\begin{bmatrix}1&\frac{1}{2}&1\\1&-\frac{1}{2}&-\frac{1}{3}\\0&0&\frac{1}{3}\end{bmatrix}\begin{bmatrix}z_1\\z_2\\z_3\end{bmatrix},$$

得到标准形

$$f=2z_1^2-\frac{1}{2}z_2^2+\frac{2}{3}z_3^2.$$

这就说明，二次型的标准形不是唯一的，与所做的满秩线性变换有关.

对例 3 中的标准形若再作满秩线性变换

$$\begin{bmatrix} z_1 \\ z_2 \\ z_3 \end{bmatrix} = \begin{bmatrix} \frac{1}{\sqrt{2}} & 0 & 0 \\ 0 & 0 & \frac{1}{\sqrt{2}} \\ 0 & \frac{1}{\sqrt{6}} & 0 \end{bmatrix} \begin{bmatrix} u \\ v \\ w \end{bmatrix},$$

可把标准形化为正规形

$$f = u^2 + v^2 - w^2.$$

定理 6.2(惯性定理) 秩为 $r(r \leqslant n)$的 n 个变量的实二次型,经过两个不同的满秩线性变换 $\boldsymbol{X} = \boldsymbol{CY}, \boldsymbol{X} = \boldsymbol{PZ}$ 后,分别化为正规形

$$f = y_1^2 + \cdots + y_p^2 - y_{p+1}^2 - \cdots - y_r^2,$$

$$f = z_1^2 + \cdots + z_q^2 - z_{q+1}^2 - \cdots - z_r^2.$$

则其中正项个数 $p = q$,从而负项个数也相等.

(证明从略).

通常把二次型的正规形中正项的个数 p 称为二次型的正惯性指数,$r - p$ 称为二次型的负惯性指数,正惯性指数与负惯性指数之差

$$p - (r - p) = 2p - r$$

称为二次型的符号差.

因为实二次型与实对称矩阵是一一对应的,所以惯性定理用矩阵的语言来描述就是下述的定理 6.3.

定理 6.3 任何一个实对称矩阵 $\boldsymbol{A}$,必合同于一个对角矩阵

$$\begin{bmatrix} 1 & & & & & & & & \\ & \ddots & & & & & & & \\ & & 1 & & & & & & \\ & & & -1 & & & & & \\ & & & & \ddots & & & & \\ & & & & & -1 & & & \\ & & & & & & 0 & & \\ & & & & & & & \ddots & \\ & & & & & & & & 0 \end{bmatrix}.$$

其中主对角线上非零元素的个数等于 **A** 的秩,1 与 -1 的个数分别等于 **A** 的正惯性指数与负惯性指数.

由此可知,两个同阶数的实对称矩阵合同的充分必要条件是它们具有相同的秩与相同的正惯性指数.

6.2 正定二次型

一个实二次型 $f(x_1,x_2,\cdots,x_n)=\sum_{i=1}^{n}\sum_{j=1}^{n}a_{ij}x_ix_j\ (a_{ij}=a_{ji})$可以看成定义在实数域上 n 个变量 $x_1,x_2,\cdots,x_n$ 的二次齐次实函数.根据函数值恒为正或恒为负等情况,把二次型分为正定二次型或负定二次型等.正定二次型的应用较为广泛,本节给出它的定义,并讨论它的性质和判别方法.

定义 6.3 实二次型 $f(x_1,x_2,\cdots,x_n)=\sum_{i=1}^{n}\sum_{j=1}^{n}a_{ij}x_ix_j=\boldsymbol{X}^{\mathrm{T}}\boldsymbol{A}\boldsymbol{X}$ $(a_{ij}=a_{ji})$,若对于任意一组不全为零的实数 $x_1=c_1,x_2=c_2,\cdots,x_n=c_n$,都有 $f(c_1,c_2,\cdots,c_n)>0$,则称 $f(x_1,x_2,\cdots,x_n)$为正定二次型,它所对应的实对称矩阵 **A** 称为正定矩阵.

定理 6.4 实二次型 $f(x_1,x_2,\cdots,x_n)=\sum_{i=1}^{n}\sum_{j=1}^{n}a_{ij}x_ix_j=\boldsymbol{X}^{\mathrm{T}}\boldsymbol{A}\boldsymbol{X}$ $(a_{ij}=a_{ji})$是正定二次型的必要条件是 $a_{ii}>0\quad(i=1,2,\cdots,n)$.

证明 因为 $f(x_1,x_2,\cdots,x_n)=\boldsymbol{X}^{\mathrm{T}}\boldsymbol{A}\boldsymbol{X}$ 是正定二次型,所以对于任意不全为零的实数

$$x_1=c_1,x_2=c_2,\cdots,x_n=c_n,$$

都有 $\quad f(c_1,c_2,\cdots,c_n)>0,$

取 $\quad x_1=\cdots=x_{i-1}=x_{i+1}=\cdots=x_n=0,x_i=1,$

则 $\quad f(0,\cdots,0,1,0,\cdots,0)$

$$=[0 \ \cdots \ 0 \ 1 \ 0 \ \cdots \ 0]\begin{bmatrix} a_{11} & \cdots & a_{1i} & \cdots & a_{1n} \\ \vdots & & \vdots & & \vdots \\ a_{i1} & \cdots & a_{ii} & \cdots & a_{in} \\ \vdots & & \vdots & & \vdots \\ a_{n1} & \cdots & a_{ni} & \cdots & a_{nn} \end{bmatrix}\begin{bmatrix} 0 \\ \vdots \\ 0 \\ 1 \\ 0 \\ \vdots \\ 0 \end{bmatrix}$$

$$= a_{ii} > 0 \quad (i = 1,2,\cdots,n).$$

必须指出,定理 6.4 只是实二次型正定的必要条件,并非充分条件.例如实二次型

$$f(x_1,x_2,x_3) = x_1^2 + 2x_2^2 + 2x_3^2 - 6x_2x_3,$$

其中 $a_{11}=1>0, a_{22}=2>0, a_{33}=2>0$,但是

$$f(1,1,1) = 1^2 + 2\cdot 1^2 + 2\cdot 1^2 - 6\cdot 1\cdot 1 = -1 < 0.$$

根据定义知,$f(x_1,x_2,x_3)$不是正定二次型;

若二次型为标准形,即

$$f(x_1,x_2,\cdots,x_n) = a_{11}x_1^2 + a_{22}x_2^2 + \cdots + a_{nn}x_n^2,$$

则容易证明,$f(x_1,x_2,\cdots,x_n)$为正定二次型的充分必要条件是

$$a_{ii} > 0 \quad (i = 1,2,\cdots,n).$$

我们知道,任意一个实二次型 $f(x_1,x_2,\cdots,x_n) = \boldsymbol{X}^{\mathrm{T}}\boldsymbol{AX}$ 都可经过满秩线性变换$\boldsymbol{X} = \boldsymbol{CY}$ 化为标准形.由惯性定理可知,二次型的正规形是唯一的,所以在满秩线性变换下,二次型保持正定性不变.这就是说,我们可利用标准形或正规形的正定性来判断原二次型的正定性.

定理 6.5 设 $f = \boldsymbol{X}^{\mathrm{T}}\boldsymbol{AX}(\boldsymbol{A}^{\mathrm{T}} = \boldsymbol{A})$为实二次型,则下面的 4 个命题等价:

(1)$\boldsymbol{X}^{\mathrm{T}}\boldsymbol{AX}$ 是正定二次型(或 $\boldsymbol{A}$ 是正定矩阵);

(2)$\boldsymbol{X}^{\mathrm{T}}\boldsymbol{AX}$ 的正惯性指数 $p = n$;

(3)$\boldsymbol{A}$ 与单位矩阵 $\boldsymbol{E}$ 合同;

(4)存在满秩矩阵 $\boldsymbol{B}$,使得 $\boldsymbol{A} = \boldsymbol{B}^{\mathrm{T}}\boldsymbol{B}$.

证明 采用循环证法.

(1)⇒(2). 用反证法.

假设 $f=X^{\mathrm{T}}AX$ 的正惯性指数 $p<n$,则通过适当的满秩线性变换 $X=CY$,可将其化为正规形

$$f=y_1^2+\cdots+y_p^2-y_{p+1}^2-\cdots-y_r^2. \tag{1}$$

取 $y_1=\cdots=y_p=0, y_{p+1}=k_{p+1},\cdots,y_n=k_n$ 不全为零,即

$$Y=\begin{bmatrix} y_1 \\ \vdots \\ y_p \\ y_{p+1} \\ \vdots \\ y_n \end{bmatrix}=\begin{bmatrix} 0 \\ \vdots \\ 0 \\ k_{p+1} \\ \vdots \\ k_n \end{bmatrix}\neq \mathbf{0}.$$

由满秩线性变换 $X=CY$,可求得

$$X=\begin{bmatrix} x_1 \\ x_2 \\ \vdots \\ \vdots \\ x_n \end{bmatrix}=CY=C\begin{bmatrix} 0 \\ \vdots \\ 0 \\ k_{p+1} \\ \vdots \\ k_n \end{bmatrix}\neq \mathbf{0}.$$

将 $Y=\begin{bmatrix} 0 \\ \vdots \\ 0 \\ k_{p+1} \\ \vdots \\ k_n \end{bmatrix}$ 代入式(1),得

$$f=-k_{p+1}^2-\cdots-k_n^2<0,$$

这与 $f(x_1,x_2,\cdots,x_n)$ 是正定二次型矛盾. 所以 $p=n$,命题(2)得证.

(2)⇒(3). 由(2)可知,存在满秩矩阵 C,使得

$$C^{\mathrm{T}}AC=E,$$

即 A 与单位矩阵 E 合同,命题(3)得证.

(3)⇒(4). 由 $\boldsymbol{C}^{\mathrm{T}}\boldsymbol{AC}=\boldsymbol{E}$,其中 $\boldsymbol{C}$ 是可逆矩阵,有

$$\boldsymbol{A}=(\boldsymbol{C}^{\mathrm{T}})^{-1}\boldsymbol{E}\boldsymbol{C}^{-1}=(\boldsymbol{C}^{-1})^{\mathrm{T}}\boldsymbol{C}^{-1}.$$

令 $\boldsymbol{B}=\boldsymbol{C}^{-1}$,则

$$\boldsymbol{A}=\boldsymbol{B}^{\mathrm{T}}\boldsymbol{B}.$$

其中 $\boldsymbol{B}$ 是可逆矩阵,命题(4)得证.

(4)⇒(1). 因为 $\boldsymbol{A}=\boldsymbol{B}^{\mathrm{T}}\boldsymbol{B}$,$\boldsymbol{B}$ 是满秩矩阵,则二次型

$$f=\boldsymbol{X}^{\mathrm{T}}\boldsymbol{AX}=\boldsymbol{X}^{\mathrm{T}}\boldsymbol{B}^{\mathrm{T}}\boldsymbol{BX}=(\boldsymbol{BX})^{\mathrm{T}}(\boldsymbol{BX}).$$

作满秩线性变换 $\boldsymbol{Y}=\boldsymbol{BX}$,即 $\boldsymbol{X}=\boldsymbol{B}^{-1}\boldsymbol{Y}$,将二次型化为

$$f=\boldsymbol{Y}^{\mathrm{T}}\boldsymbol{Y}=y_1^2+y_2^2+\cdots+y_n^2.$$

对于任意的

$$\boldsymbol{X}_0=\begin{bmatrix}c_1\\c_2\\\vdots\\c_n\end{bmatrix}\neq\boldsymbol{0},$$

必有对应的

$$\boldsymbol{Y}_0=\begin{bmatrix}k_1\\k_2\\\vdots\\k_n\end{bmatrix}=\boldsymbol{B}\begin{bmatrix}c_1\\c_2\\\vdots\\c_n\end{bmatrix}\neq\boldsymbol{0},$$

从而使

$$f=\boldsymbol{X}_0^{\mathrm{T}}\boldsymbol{AX}_0=\boldsymbol{Y}_0^{\mathrm{T}}\boldsymbol{Y}_0=k_1^2+k_2^2+\cdots+k_n^2>0,$$

即实二次型 $f=\boldsymbol{X}^{\mathrm{T}}\boldsymbol{AX}$ 为正定二次型. 命题(1)得证.

定理 6.6 实二次型 $f(x_1,x_2,\cdots,x_n)=\boldsymbol{X}^{\mathrm{T}}\boldsymbol{AX}$ 是正定二次型的充分必要条件是实对称矩阵 $\boldsymbol{A}$ 的特征值 $\lambda_1,\lambda_2,\cdots,\lambda_n$ 全大于零.

证明 对于实二次型 $f(x_1,x_2,\cdots,x_n)=\boldsymbol{X}^{\mathrm{T}}\boldsymbol{AX}$,必存在正交变换 $\boldsymbol{X}=\boldsymbol{CY}$ (其中 $\boldsymbol{C}$ 是正交矩阵),将二次型化为标准形

$$f=\lambda_1y_1^2+\lambda_2y_2^2+\cdots+\lambda_ny_n^2.$$

其中 $\lambda_1,\lambda_2,\cdots,\lambda_n$ 是实对称矩阵 $\boldsymbol{A}$ 的特征值.

由定理 6.5 中的命题(2)可知,二次型

$$f=\lambda_1 y_1^2+\lambda_2 y_2^2+\cdots+\lambda_n y_n^2.$$

是正定二次型的充分必要条件是 f 的正惯性指数 $p=n$，所以，实对称矩阵 $\boldsymbol{A}$ 的特征值 $\lambda_1,\lambda_2,\cdots,\lambda_n$ 全大于零.

有时我们希望直接从二次型的矩阵 $\boldsymbol{A}$ 来判断二次型

$$f=\sum_{i=1}^{n}\sum_{j=1}^{n}a_{ij}x_i x_j=\boldsymbol{X}^{\mathrm{T}}\boldsymbol{A}\boldsymbol{X}\quad(a_{ij}=a_{ji})$$

是否正定，而不希望通过它的标准形或正规形判断. 为此，引入下面的定义和定理.

定义 6.4 设 $\boldsymbol{A}=(a_{ij})$ 为 n 阶方阵，则位于 $\boldsymbol{A}$ 的左上角的主子式

$$d_i=\begin{vmatrix} a_{11} & a_{12} & \cdots & a_{1i} \\ a_{21} & a_{22} & \cdots & a_{2i} \\ \vdots & \vdots & & \vdots \\ a_{i1} & a_{i2} & \cdots & a_{ii} \end{vmatrix}\quad(i=1,2,\cdots,n)$$

称为矩阵 $\boldsymbol{A}$ 的 i 阶顺序主子式.

定理 6.7 实二次型

$$f(x_1,x_2,\cdots,x_n)=\sum_{i=1}^{n}\sum_{j=1}^{n}a_{ij}x_i x_j=\boldsymbol{X}^{\mathrm{T}}\boldsymbol{A}\boldsymbol{X}\quad(a_{ij}=a_{ji})$$

是正定二次型的充分必要条件是实对称矩阵 $\boldsymbol{A}$ 的各阶顺序主子式 $d_i>0\quad(i=1,2,\cdots,n)$.

这个定理称为霍尔维茨定理(证明从略).

例 1 判断下列实二次型是否为正定二次型：

(1) $f(x_1,x_2,x_3)=3x_1^2-x_2^2+5x_3^2+2x_1x_2+3x_1x_3-4x_2x_3$；

(2) $f(x_1,x_2,x_3)=2x_1^2+2x_2^2+3x_3^2+2x_1x_2-4x_1x_3-2x_2x_3$；

(3) $f(x_1,x_2,x_3)=x_1^2+2x_2^2+4x_3^2+2x_1x_2+4x_2x_3$.

解 (1)因为 $a_{22}=-1$，根据定理 6.4，$f(x_1,x_2,x_3)$ 不是正定二次型；

(2)二次型的矩阵为

$$\boldsymbol{A}=\begin{bmatrix} 2 & 1 & -2 \\ 1 & 2 & -1 \\ -2 & -1 & 3 \end{bmatrix},$$

矩阵 **A** 的各阶顺序主子式

$$d_1=2>0,\quad d_2=\begin{vmatrix}2&1\\1&2\end{vmatrix}=4-1=3>0,$$

$$d_3=|\boldsymbol{A}|=\begin{vmatrix}2&1&-2\\1&2&-1\\-2&-1&3\end{vmatrix}=\begin{vmatrix}2&1&-2\\1&2&-1\\0&0&1\end{vmatrix}=3>0,$$

所以,$f(x_1,x_2,x_3)$为正定二次型;

(3)二次型的矩阵为

$$\boldsymbol{A}=\begin{bmatrix}1&1&0\\1&2&2\\0&2&4\end{bmatrix},$$

矩阵 **A** 的各阶顺序主子式

$$d_1=1>0,\quad d_2=\begin{vmatrix}1&1\\1&2\end{vmatrix}=1>0,$$

$$d_3=|\boldsymbol{A}|=\begin{vmatrix}1&1&0\\1&2&2\\0&2&4\end{vmatrix}=\begin{vmatrix}1&1&0\\0&1&2\\0&2&4\end{vmatrix}=0,$$

所以,$f(x_1,x_2,x_3)$不是正定二次型.

例 2 当 t 取何值时,实二次型

$$f(x_1,x_2,x_3)=x_1^2+2x_2^2+3x_3^2+2tx_1x_2-2x_1x_3+4x_2x_3$$

是正定二次型.

解 已给实二次型的矩阵为

$$\boldsymbol{A}=\begin{bmatrix}1&t&-1\\t&2&2\\-1&2&3\end{bmatrix},$$

为了使 $f(x_1,x_2,x_3)$正定,所以 **A** 的各阶顺序主子式都应大于零,即

$$d_1=1>0,\quad d_2=\begin{vmatrix}1&t\\t&2\end{vmatrix}=2-t^2>0,$$

$$d_3=|\boldsymbol{A}|=\begin{vmatrix}1&t&-1\\t&2&2\\-1&2&3\end{vmatrix}=\begin{vmatrix}1&t&-1\\t+2&2t+2&0\\2&3t+2&0\end{vmatrix}$$

$$=-\begin{vmatrix}t+2&2t+2\\2&3t+2\end{vmatrix}=-(3t^2+4t)>0.$$

由 $\begin{cases}2-t^2>0,\\(3t+4)t<0,\end{cases}$ 可得 $-\frac{4}{3}<t<0$,

即当 $-\frac{4}{3}<t<0$ 时,$f(x_1,x_2,x_3)$为正定二次型.

与正定二次型相仿,有以下的定义及定理.

定义 6.5 设实二次型

$$f(x_1,x_2,\cdots,x_n)=\sum_{i=1}^{n}\sum_{j=1}^{n}a_{ij}x_ix_j=\boldsymbol{X}^{\mathrm{T}}\boldsymbol{AX}\quad(a_{ij}=a_{ji}),$$

若对于任意一组不全为零的实数 $x_1=c_1,x_2=c_2,\cdots,x_n=c_n$,有

(1)$f(c_1,c_2,\cdots,c_n)\geqslant 0$,则称 $f(x_1,x_2,\cdots,x_n)$为半正定二次型,它的实对称矩阵 $\boldsymbol{A}$ 称为半正定矩阵;

(2)$f(c_1,c_2,\cdots,c_n)<0$,则称 $f(x_1,x_2,\cdots,x_n)$为负定二次型,它的实对称矩阵 $\boldsymbol{A}$ 称为负定矩阵;

(3)$f(c_1,c_2,\cdots,c_n)\leqslant 0$,则称 $f(x_1,x_2,\cdots,x_n)$为半负定二次型,它的实对称矩阵 $\boldsymbol{A}$ 称为半负定矩阵;

(4)若对于一组不全为零的实数 $x_1=c_1,x_2=c_2,\cdots,x_n=c_n$,有 $f(c_1,c_2,\cdots,c_n)\geqslant 0$,而对于另一组不全为零的实数 $x_1=d_1,x_2=d_2,\cdots,x_n=d_n$,却有 $f(d_1,d_2,\cdots,d_n)<0$,则称 $f(x_1,x_2,\cdots,x_n)$为不定二次型,它的实对称矩阵 $\boldsymbol{A}$ 称为不定矩阵.

若 $f(x_1,x_2,\cdots,x_n)$是负定二次型,则 $-f(x_1,x_2,\cdots,x_n)$就是正定二次型.利用正定二次型的充分必要条件,不难得到以下定理.

定理 6.8 设 $f=\boldsymbol{X}^{\mathrm{T}}\boldsymbol{AX}$ 是实二次型,则以下 4 个命题等价:

(1)$\boldsymbol{X}^{\mathrm{T}}\boldsymbol{AX}$ 是负定二次型(或 $\boldsymbol{A}$ 是负定矩阵);

(2)$\boldsymbol{X}^{\mathrm{T}}\boldsymbol{AX}$ 的负惯性指数等于 n;

(3)$\boldsymbol{A}$ 与 $-\boldsymbol{E}$ 合同,这里 $\boldsymbol{E}$ 为单位矩阵;

(4)存在满秩矩阵 $\boldsymbol{B}$,使得 $\boldsymbol{A}=-\boldsymbol{B}^{\mathrm{T}}\boldsymbol{B}$.

(证明从略).

与定理6.6和定理6.7类似,有下面两个定理.

定理6.9 实二次型 $f=\boldsymbol{X}^{\mathrm{T}}\boldsymbol{AX}$ 为负定二次型的充分必要条件是实对称矩阵 $\boldsymbol{A}$ 的特征值 $\lambda_1,\lambda_2,\cdots,\lambda_n$ 全都小于零.

定理6.10 实二次型

$$f(x_1,x_2,\cdots,x_n)=\sum_{i=1}^{n}\sum_{j=1}^{n}a_{ij}x_ix_j=\boldsymbol{X}^{\mathrm{T}}\boldsymbol{AX}\quad(a_{ij}=a_{ji})$$

为负定的充分必要条件是实对称矩阵 $\boldsymbol{A}$ 的各阶顺序主子式 d_i 应满足 $(-1)^i d_i>0\quad(i=1,2,\cdots,n)$.

(以上两定理的证明从略)

本章小结

一、二次型及其矩阵表示

一个关于变量 $x_1,x_2,\cdots,x_n$ 的二次齐次函数

$$f(x_1,x_2,\cdots,x_n)=\sum_{i=1}^{n}\sum_{j=1}^{n}a_{ij}x_ix_j=\boldsymbol{X}^{\mathrm{T}}\boldsymbol{AX}$$

称为 n 元二次型.这里实对称矩阵 $\boldsymbol{A}$ 与二次型是一一对应的,称 $\boldsymbol{A}$ 为二次型 f 的矩阵.

二、化二次型为标准形

二次型的标准形所对应的矩阵是对角矩阵.由于实二次型 f 与实对称矩阵 $\boldsymbol{A}$ 一一对应,而实二次型 f 化为标准形的问题实质上是讨论实对称矩阵 $\boldsymbol{A}$ 与对角矩阵合同的问题.由第5章的知识可知,对于实对称矩阵 $\boldsymbol{A}$,一定可以求得一个正交矩阵 $\boldsymbol{C}$,使得 $\boldsymbol{C}^{\mathrm{T}}\boldsymbol{AC}$ 为对角矩阵.因此,我们得到用正交变换将二次型化为标准形的方法.其次还可以用配方法将二次型化为标准形,应用这种方法时可不必写出二次型的矩阵,同时标准形的系数与该矩阵的特征值也无关.

本章所介绍的这两种方法都要求所做的线性变换为满秩线性变换.无论用哪种方法,二次型的正惯性指数不变,二次型的秩不变,从而负惯性指数也不变.

三、正定二次型

实二次型 $f(x_1,x_2,\cdots,x_n)=\sum_{i=1}^{n}\sum_{j=1}^{n}a_{ij}x_ix_j=\boldsymbol{X}^{\mathrm{T}}\boldsymbol{AX}$ 是关于变量 $x_1,x_2,\cdots,x_n$ 的二次齐次函数,根据函数值是否恒大于零,将二次型分为正定二次型及其他.

由于正定二次型有着广泛应用,所以本章做了较详细的讨论.

习 题 6

1. 写出下列二次型的矩阵表达形式:

(1) $f(x_1,x_2,x_3)=x_1^2+2x_2^2-3x_3^2-4x_1x_2+2x_2x_3$;

(2) $f(x_1,x_2,x_3,x_4)=x_1x_2+x_2x_3+x_3x_4$.

2. 设 $\boldsymbol{A},\boldsymbol{B},\boldsymbol{C},\boldsymbol{D}$ 都是 n 阶实对称矩阵,且 $\boldsymbol{A}$ 与 $\boldsymbol{B}$ 合同,$\boldsymbol{C}$ 与 $\boldsymbol{D}$ 合同,问下列说法是否成立? 若成立,则证明之.

(1) $\boldsymbol{A}+\boldsymbol{C}$ 与 $\boldsymbol{B}+\boldsymbol{D}$ 合同;

(2) $\begin{pmatrix}\boldsymbol{A} & \boldsymbol{0}\\ \boldsymbol{0} & \boldsymbol{C}\end{pmatrix}$ 与 $\begin{pmatrix}\boldsymbol{B} & \boldsymbol{0}\\ \boldsymbol{0} & \boldsymbol{D}\end{pmatrix}$ 合同.

3. 用正交变换将下列二次型化为标准形,并求出所用的正交变换式:

(1) $f(x_1,x_2,x_3)=3x_1^2+3x_2^2+6x_3^2+8x_1x_2-4x_1x_3+4x_2x_3$;

(2) $f(x_1,x_2,x_3)=x_1^2+4x_2^2+x_3^2-4x_1x_2-8x_1x_3-4x_2x_3$;

(3) $f(x_1,x_2,x_3,x_4)=2x_1x_2-2x_3x_4$;

(4) $f(x_1,x_2,x_3,x_4)=x_1^2+x_2^2+x_3^2+x_4^2+2x_1x_2-2x_1x_4-2x_2x_3+2x_3x_4$.

4. 用配方法将下列二次型化为标准形,并求出所用的满秩线性变换式:

(1) $f(x_1,x_2,x_3)=x_1^2+5x_2^2-4x_3^2+2x_1x_2-4x_1x_3$;

(2) $f(x_1,x_2,x_3)=x_1x_2+2x_1x_3-4x_2x_3$;

(3) $f(x_1,x_2,x_3,x_4)=x_1x_2+x_2x_3+x_3x_4$;

(4) $f(x_1,x_2,x_3,x_4,x_5,x_6)=x_1x_2+x_3x_4+x_5x_6$.

5. 判断下列二次型是否为正定二次型：

(1) $f(x_1,x_2,x_3)=2x_1^2+3x_2^2+4x_3^2-2x_1x_2+4x_1x_3-3x_2x_3$；

(2) $f(x_1,x_2,x_3)=3x_1^2+x_2^2+2x_3^2+2x_1x_2-6x_1x_3-2x_2x_3$；

(3) $f(x_1,x_2,x_3)=3x_1^2+4x_2^2+5x_3^2+4x_1x_2-4x_2x_3$；

(4) $f(x_1,x_2,x_3,x_4)=\frac{1}{2}x_1^2+2x_2^2+3x_3^2-x_1x_2+x_2x_3-x_3x_4$.

6. 当参数 t 取何值时，下列二次型为正定二次型：

(1) $f(x_1,x_2,x_3)=x_1^2+x_2^2+5x_3^2+2tx_1x_2-2x_1x_3+4x_2x_3$；

(2) $f(x_1,x_2,x_3)=3x_1^2+2x_2^2+tx_3^2+4x_1x_2-2x_1x_3-2x_2x_3$.

7. 对于任意全不为零的实数 $x_1,x_2,\cdots,x_n$，恒有实二次型 $f(x_1,x_2,\cdots,x_n)>0$，问 f 是否为正定二次型？

8. 设 $\boldsymbol{A}$ 是正定矩阵，则 $\boldsymbol{A}^{\mathrm{T}},\boldsymbol{A}^{-1},\boldsymbol{A}^{*}$ 也是正定矩阵.

9. 设 $\boldsymbol{A},\boldsymbol{B}$ 都是 n 阶正定矩阵，则 $\boldsymbol{A}+\boldsymbol{B}$ 也是正定矩阵.

10. 设 n 阶实对称矩阵 $\boldsymbol{A}=(a_{ij})$ 是正定矩阵，又 $b_i\neq 0(i=1,2,\cdots,n)$，则 n 阶实对称矩阵 $\boldsymbol{B}=(a_{ij}b_ib_j)$ 也是正定矩阵.

11. 设 $\boldsymbol{A}$ 是 n 阶实对称矩阵，且 $r(\boldsymbol{A})=n$，则 $\boldsymbol{A}^2$ 是正定矩阵.

12. 设 $\boldsymbol{A},\boldsymbol{B}$ 都是 n 阶正定矩阵，则 $\boldsymbol{AB}$ 的特征值都大于零.

习 题 解 答

习 题 1

1. (1)4; (2)6; (3)9; (4)5.

2. $a_{11}a_{24}a_{32}a_{43}$, $a_{11}a_{24}a_{33}a_{42}$.

3. (1)$D=160$; (2)$D=1$; (3)$D=-294\times 10^5$;

(4)$D=4abcdef$; (5)$D=-2(x^3+y^3)$; (6)$D=a(a-b)^3$;

(7)$D=a^2b^2$.

4. (1)$D_n=-2(n-2)!$; (2)$D_n=a^n-a^{n-2}$;

(3)$D_{n+1}=(-1)^n(n+1)a_1a_2\cdots a_n$;

(4)$D_{n+1}=1$; (5)$D_n=1+\sum\limits_{i=1}^{n}a_i$;

(6)$D_n=\prod\limits_{i=1}^{n}(a_i-x)\left[1+\sum\limits_{i=1}^{n}\frac{x}{a_i-x}\right]$;

(7)$D_n=(-1)^{n-1}\frac{(n+1)!}{2}$;

(8)$D_n=\prod\limits_{i=1}^{n}a_i^{n-1}\prod\limits_{1\leqslant j<i\leqslant n}\left(\frac{b_i}{a_i}-\frac{b_j}{a_j}\right)$; (9)$D_6=55$.

5. (1)$x=-1,2,5$; (2)$x=-1,1,2,-2$.

6. (1)$D=324,D_1=324,D_2=648,D_3=-324,D_4=-648$, 所以 $x_1=1,x_2=2,x_3=-1,x_4=-2$;

(2)$D=16,D_1=16,D_2=-16,D_3=16,D_4=-16,D_5=16$, 所以 $x_1=1,x_2=-1,x_3=1,x_4=-1,x_5=1$.

7. 略.

8. $\lambda=0$ 或 -2 或 1.

习题 2

1. (1) $3\boldsymbol{AB}-2\boldsymbol{BA}=\begin{bmatrix}-1 & 7 & 13\\ -5 & -7 & 5\\ -3 & 7 & 1\end{bmatrix}$;

(2) $\boldsymbol{A}^{\mathrm{T}}\boldsymbol{B}+\boldsymbol{A}\boldsymbol{B}^{\mathrm{T}}=\begin{bmatrix}3 & 2 & 13\\ -3 & -14 & 9\\ 7 & 10 & -3\end{bmatrix}$.

2. (1) 7; (2) $\begin{bmatrix}-3 & 9\\ -2 & 6\\ -1 & 3\end{bmatrix}$; (3) $\begin{pmatrix}19 & -18\\ 18 & -44\end{pmatrix}$; (4) $\begin{bmatrix}0 & -3 & 2\\ 6 & -3 & 10\\ 2 & -5 & 8\end{bmatrix}$;

(5) $\begin{bmatrix}12\\ 1\\ 13\end{bmatrix}$;

(6) $a_{11}x^2+a_{22}y^2+a_{33}z^2+2a_{12}xy+2a_{13}xz+2a_{23}yz$.

3. (1) $f(\boldsymbol{A})=\begin{bmatrix}2 & 1 & 1\\ 0 & 2 & 3\\ 3 & 0 & -1\end{bmatrix}$; (2) $f(\boldsymbol{A})=\begin{pmatrix}0 & 0\\ 0 & 0\end{pmatrix}$.

4. 略. **5.** 略. **6.** 略. **7.** 略. **8.** 略.

9. (1) $\boldsymbol{A}^{-1}=\begin{pmatrix}7 & -3\\ -2 & 1\end{pmatrix}$; (2) $\boldsymbol{A}^{-1}=\begin{pmatrix}\cos\theta & \sin\theta\\ -\sin\theta & \cos\theta\end{pmatrix}$;

(3) $\boldsymbol{A}^{-1}=\begin{bmatrix}-2 & 1 & 0\\ -13 & 6 & -1\\ -29 & 13 & -2\end{bmatrix}$; (4) $\boldsymbol{A}^{-1}=\begin{bmatrix}1 & -1 & 1\\ -38 & 41 & -34\\ 27 & -29 & 24\end{bmatrix}$;

(5) $\boldsymbol{A}^{-1}=\begin{bmatrix}-8 & 29 & -11\\ -5 & 18 & -7\\ 1 & -3 & 1\end{bmatrix}$;

(6) $\boldsymbol{A}^{-1}=\dfrac{1}{24}\begin{bmatrix}24 & 0 & 0 & 0\\ -12 & 12 & 0 & 0\\ -12 & -4 & 8 & 0\\ 3 & -5 & -2 & 6\end{bmatrix}$;

(7) $\boldsymbol{A}^{-1}=\begin{bmatrix}1&1&-1&0\\0&1&1&-1\\0&0&1&1\\0&0&0&1\end{bmatrix}$.

10. 略.

11. $\boldsymbol{A}^{-1}=\frac{1}{2}(\boldsymbol{A}-\boldsymbol{E})$;　$(\boldsymbol{A}+2\boldsymbol{E})^{-1}=\frac{1}{4}(3\boldsymbol{E}-\boldsymbol{A})$.

12. 略.　**13.** 略.　**14.** 略.

15. (1) $\left[\begin{array}{cc:cc}7&2&0&0\\7&6&0&0\\ \hdashline 0&0&8&9\\0&0&19&22\end{array}\right]$;　(2) $\left[\begin{array}{cc:cc}1&2&5&2\\2&5&16&-6\\ \hdashline 0&0&-4&3\\0&0&0&-9\end{array}\right]$;

(3) $\left[\begin{array}{cc:ccc}3&1&0&0&0\\4&-3&0&0&0\\ \hdashline 2&1&-2&-1&1\\-1&-3&4&2&4\\3&4&4&-1&1\end{array}\right]$;　(4) $\left[\begin{array}{c:ccc}3&0&0&0\\-4&0&0&0\\-2&0&0&0\\ \hdashline 0&19&14&17\end{array}\right]$.

16. (1) $\boldsymbol{A}^{-1}=\begin{bmatrix}1&-2&0&0\\-2&5&0&0\\0&0&8&-5\\0&0&-3&2\end{bmatrix}$;　(2) $\boldsymbol{A}^{-1}=\begin{bmatrix}2&1&0&0\\3&2&0&0\\1&1&3&4\\2&-1&2&3\end{bmatrix}$;

(3) $\boldsymbol{A}^{-1}=\left[\begin{array}{cccc:c}0&0&\cdots&0&a_n^{-1}\\ \hdashline a_1^{-1}&0&\cdots&0&0\\ &\ddots&&&\vdots\\ &&\ddots&&\vdots\\ &&&a_{n-1}^{-1}&0\end{array}\right]$;

$$(4)\boldsymbol{A}^{-1}=\left[\begin{array}{c|ccc} 1 & 0 & \cdots & 0 \\ \hline -1 & 1 & & \\ \vdots & & \ddots & 0 \\ -1 & 0 & & 1 \end{array}\right].$$

17. (1) $\boldsymbol{X}=\begin{bmatrix} \frac{11}{6} & \frac{1}{2} & 1 \\ -\frac{1}{6} & -\frac{1}{2} & 0 \\ \frac{2}{3} & 1 & 0 \end{bmatrix}$； (2) $\boldsymbol{X}=\begin{bmatrix} -2 & 2 & 1 \\ -\frac{8}{3} & 5 & -\frac{2}{3} \end{bmatrix}$；

(3) $\boldsymbol{X}=\begin{bmatrix} \frac{3}{4} & \frac{1}{2} \\ \frac{1}{4} & 0 \end{bmatrix}$.

18. $\boldsymbol{X}=(\boldsymbol{A}-2\boldsymbol{E})^{-1}\boldsymbol{B}=\begin{bmatrix} 4 & -5 \\ -2 & 2 \\ -1 & 1 \end{bmatrix}$.

19. (1) $r(\boldsymbol{A})=2$； (2) $r(\boldsymbol{A})=3$； (3) $r(\boldsymbol{A})=3$； (4) $r(\boldsymbol{A})=5$.

20. 略. **21.** 略. **22.** 略. **23.** 略.

习题 3

1. (1)否； (2)否； (3)是； (4)是； (5)否； (6)否.

2. $\boldsymbol{\alpha}=\begin{bmatrix} 1 \\ 2 \\ 3 \\ 4 \end{bmatrix}$.

3. (1)线性相关； (2)线性无关； (3)线性无关； (4)线性相关.

4. 略. **5.** 线性相关. **6.** 略.

7. (1)秩为 3,极大无关组为 $\boldsymbol{\alpha}_1,\boldsymbol{\alpha}_2,\boldsymbol{\alpha}_4$；

(2)秩为 3,极大无关组为 $\boldsymbol{\alpha}_1,\boldsymbol{\alpha}_2,\boldsymbol{\alpha}_4$；

(3)秩为 3,极大无关组为自身；

(4)秩为 4,极大无关组为自身.

8. 略. **9.** 略.

10. $\boldsymbol{X}=\begin{bmatrix}14\\-11\\9\end{bmatrix}$.

11. (1)是； (2)是； (3)否； (4)否.

12. $\boldsymbol{\beta}_1=\begin{bmatrix}1\\1\\-1\\-1\end{bmatrix}$， $\boldsymbol{\beta}_2=\begin{bmatrix}1\\0\\1\\0\end{bmatrix}$， $\boldsymbol{\beta}_3=\begin{bmatrix}\frac{1}{4}\\\frac{1}{4}\\-\frac{1}{4}\\\frac{3}{4}\end{bmatrix}$， $\boldsymbol{\beta}_4=\begin{bmatrix}-\frac{1}{6}\\\frac{2}{6}\\\frac{1}{6}\\0\end{bmatrix}$；

$$\boldsymbol{\gamma}_1=\frac{1}{2}\boldsymbol{\beta}_1,\quad \boldsymbol{\gamma}_2=\frac{1}{\sqrt{2}}\boldsymbol{\beta}_2,\quad \boldsymbol{\gamma}_3=\frac{2}{\sqrt{3}}\boldsymbol{\beta}_3,\quad \boldsymbol{\gamma}_4=\frac{6}{\sqrt{6}}\boldsymbol{\beta}_4.$$

13. 略. **14.** 略. **15.** 略. **16.** $a=b=d=-\frac{6}{7},c=-\frac{3}{7}$.

习 题 4

1. (1) $\boldsymbol{X}=k\begin{bmatrix}4\\-9\\4\\3\end{bmatrix}$， k 为任意常数；

(2) $\boldsymbol{X}=k_1\begin{bmatrix}-2\\1\\0\\0\end{bmatrix}+k_2\begin{bmatrix}1\\0\\0\\1\end{bmatrix}$， k_1,k_2 为任意常数；

(3) $\boldsymbol{X}=k_1\begin{bmatrix}1\\-2\\1\\0\\0\end{bmatrix}+k_2\begin{bmatrix}1\\-2\\0\\1\\0\end{bmatrix}+k_3\begin{bmatrix}5\\-6\\0\\0\\1\end{bmatrix}$， k_1,k_2,k_3 为任意常数；

(4) $\boldsymbol{X}=\begin{bmatrix}0\\0\\0\\0\end{bmatrix}$.

2. (1)无解；

(2) $\boldsymbol{X}=\begin{bmatrix}-1\\2\\0\end{bmatrix}+k\begin{bmatrix}-2\\1\\1\end{bmatrix}$， k 为任意常数；

(3) $\boldsymbol{X}=\begin{bmatrix}1\\0\\1\\0\end{bmatrix}+k_1\begin{bmatrix}1\\5\\7\\0\end{bmatrix}+k_2\begin{bmatrix}0\\-2\\-1\\1\end{bmatrix}$， k_1,k_2 为任意常数；

(4) $\boldsymbol{X}=\begin{bmatrix}0\\0\\-1\\0\end{bmatrix}+k_1\begin{bmatrix}1\\0\\2\\0\end{bmatrix}+k_2\begin{bmatrix}0\\1\\1\\0\end{bmatrix}$， k_1,k_2 为任意常数.

3. $\lambda=1$ 时，$\boldsymbol{X}=\begin{bmatrix}1\\0\\0\end{bmatrix}+k\begin{bmatrix}1\\1\\1\end{bmatrix}$， k 为任意常数；

$\lambda=-2$ 时，$\boldsymbol{X}=\begin{bmatrix}0\\0\\-2\end{bmatrix}+k\begin{bmatrix}1\\1\\1\end{bmatrix}$， k 为任意常数.

4. 当 $\lambda\neq1$ 且 $\lambda\neq10$ 时，方程组有唯一解；

当 $\lambda=10$ 时，方程组无解；

当 $\lambda=1$ 时，方程组有无穷多解，其全部解为

$$\boldsymbol{X}=\begin{bmatrix}1\\0\\0\end{bmatrix}+k_1\begin{bmatrix}-2\\1\\0\end{bmatrix}+k_2\begin{bmatrix}2\\0\\1\end{bmatrix},\quad k_1,k_2\text{ 为任意常数}.$$

5. $\boldsymbol{X}=\begin{bmatrix}2\\0\\5\\-1\end{bmatrix}+k\begin{bmatrix}-3\\9\\-2\\10\end{bmatrix}$， k 为任意常数.

6. $\begin{bmatrix}-\frac{1}{\sqrt{2}}\\\frac{1}{\sqrt{2}}\\0\\0\end{bmatrix},\begin{bmatrix}-\frac{1}{\sqrt{6}}\\-\frac{1}{\sqrt{6}}\\\frac{2}{\sqrt{6}}\\0\end{bmatrix},\begin{bmatrix}-\frac{1}{2\sqrt{3}}\\-\frac{1}{2\sqrt{3}}\\-\frac{1}{2\sqrt{3}}\\\frac{3}{2\sqrt{3}}\end{bmatrix}$.

7. 略． **8.** 略． **9.** 略．

习 题 5

1. (1)否； (2)否； (3)否.

2. (1) $\lambda=2$ 时，$\boldsymbol{X}=k\begin{pmatrix}1\\-1\end{pmatrix}$， $k\neq0$，

$\lambda=3$ 时，$\boldsymbol{X}=k\begin{pmatrix}1\\-2\end{pmatrix}$， $k\neq0$；

(2) $\lambda_1=\lambda_2=\lambda_3=2$，

$\boldsymbol{X}=k_1\begin{bmatrix}1\\0\\1\end{bmatrix}+k_2\begin{bmatrix}-2\\1\\0\end{bmatrix}$， $k_1^2+k_2^2\neq0$；

(3) $\lambda_1=3$，$\boldsymbol{X}=k_1\begin{bmatrix}0\\0\\1\end{bmatrix}$，$k_1\neq0$；$\lambda_2=\lambda_3=1$，$\boldsymbol{X}=k_2\begin{bmatrix}-1\\-1\\1\end{bmatrix}$，$k_2\neq0$；

(4) $\lambda_1=\lambda_2=2$，$\boldsymbol{X}=k_1\begin{bmatrix}-2\\1\\0\end{bmatrix}+k_2\begin{bmatrix}2\\0\\1\end{bmatrix}$， $k_1^2+k_2^2\neq0$，

$$\lambda_3=-7,\boldsymbol{X}=k_3\begin{bmatrix}1\\2\\-2\end{bmatrix},\quad k_3\neq0.$$

3. 略. **4.** 略. **5.** 略. **6.** 略.

7. (1) $\lambda_1=1,\lambda_2=0,\lambda_3=4$，特征值互不相同，所以可以对角化；

(2) $\lambda_1=2,\boldsymbol{X}_1=\begin{bmatrix}0\\0\\1\end{bmatrix},\lambda_2=\lambda_3=1,\boldsymbol{X}_2=\begin{bmatrix}1\\2\\-1\end{bmatrix}$，不能对角化.

8. (1) $x=4,y=5$；

(2) $\boldsymbol{C}=\begin{bmatrix}1&-1&2\\0&2&1\\-1&0&2\end{bmatrix}$.

9. $\boldsymbol{A}=\dfrac{1}{9}\begin{bmatrix}-3&0&6\\0&3&6\\6&6&0\end{bmatrix}$.

10. 略.

11. (1) $\boldsymbol{C}=\begin{bmatrix}-\frac{2}{3}&\frac{2}{3}&\frac{1}{3}\\-\frac{1}{3}&-\frac{2}{3}&\frac{2}{3}\\\frac{2}{3}&\frac{1}{3}&\frac{2}{3}\end{bmatrix},\boldsymbol{C}^{-1}\boldsymbol{AC}=\boldsymbol{C}^{\mathrm{T}}\boldsymbol{AC}=\begin{bmatrix}1&&\\&4&\\&&-2\end{bmatrix}$；

(2) $\boldsymbol{C}=\begin{bmatrix}\frac{1}{\sqrt{2}}&\frac{1}{3\sqrt{2}}&\frac{2}{3}\\\frac{1}{\sqrt{2}}&-\frac{1}{3\sqrt{2}}&-\frac{2}{3}\\0&-\frac{4}{3\sqrt{2}}&\frac{1}{3}\end{bmatrix}$,

$$\boldsymbol{C}^{-1}\boldsymbol{AC}=\boldsymbol{C}^{\mathrm{T}}\boldsymbol{AC}=\begin{bmatrix}7&&\\&7&\\&&-2\end{bmatrix};$$

$$(3)\boldsymbol{C}=\begin{bmatrix}\frac{1}{\sqrt{2}} & 0 & -\frac{1}{2} & \frac{1}{2}\\ 0 & \frac{1}{\sqrt{2}} & -\frac{1}{2} & -\frac{1}{2}\\ \frac{1}{\sqrt{2}} & 0 & \frac{1}{2} & -\frac{1}{2}\\ 0 & \frac{1}{\sqrt{2}} & \frac{1}{2} & \frac{1}{2}\end{bmatrix},$$

$$\boldsymbol{C}^{-1}\boldsymbol{AC}=\boldsymbol{C}^{\mathrm{T}}\boldsymbol{AC}=\begin{bmatrix}3 & & & \\ & 3 & & \\ & & 5 & \\ & & & 1\end{bmatrix}.$$

习 题 6

1. (1) $f(x_1,x_2,x_3)=[x_1,x_2,x_3]\begin{bmatrix}1 & -2 & 0\\ -2 & 2 & 1\\ 0 & 1 & -3\end{bmatrix}\begin{bmatrix}x_1\\ x_2\\ x_3\end{bmatrix}$;

(2) $f(x_1,x_2,x_3,x_4)$

$$=[x_1,x_2,x_3,x_4]\begin{bmatrix}0 & \frac{1}{2} & 0 & 0\\ \frac{1}{2} & 0 & \frac{1}{2} & 0\\ 0 & \frac{1}{2} & 0 & \frac{1}{2}\\ 0 & 0 & \frac{1}{2} & 0\end{bmatrix}\begin{bmatrix}x_1\\ x_2\\ x_3\\ x_4\end{bmatrix}.$$

2. 略.

3. (1) $\begin{pmatrix} x_1 \\ x_2 \\ x_3 \end{pmatrix} = \begin{pmatrix} \frac{1}{\sqrt{2}} & \frac{1}{3\sqrt{2}} & -\frac{2}{3} \\ \frac{1}{\sqrt{2}} & -\frac{1}{3\sqrt{2}} & \frac{2}{3} \\ 0 & -\frac{4}{3\sqrt{2}} & -\frac{1}{3} \end{pmatrix} \begin{pmatrix} y_1 \\ y_2 \\ y_3 \end{pmatrix}$, $f = 7y_1^2 + 7y_2^2 - 2y_3^2$;

(2) $\begin{pmatrix} x_1 \\ x_2 \\ x_3 \end{pmatrix} = \begin{pmatrix} \frac{1}{\sqrt{2}} & -\frac{1}{\sqrt{3}} & \frac{2}{3} \\ 0 & \frac{1}{\sqrt{3}} & \frac{1}{3} \\ -\frac{1}{\sqrt{2}} & -\frac{1}{\sqrt{3}} & \frac{2}{3} \end{pmatrix} \begin{pmatrix} y_1 \\ y_2 \\ y_3 \end{pmatrix}$, $f = 5y_1^2 + 5y_2^2 - 4y_3^2$;

(3) $\begin{pmatrix} x_1 \\ x_2 \\ x_3 \\ x_4 \end{pmatrix} = \begin{pmatrix} \frac{1}{\sqrt{2}} & 0 & \frac{1}{\sqrt{2}} & 0 \\ \frac{1}{\sqrt{2}} & 0 & -\frac{1}{\sqrt{2}} & 0 \\ 0 & -\frac{1}{\sqrt{2}} & 0 & \frac{1}{\sqrt{2}} \\ 0 & \frac{1}{\sqrt{2}} & 0 & \frac{1}{\sqrt{2}} \end{pmatrix} \begin{pmatrix} y_1 \\ y_2 \\ y_3 \\ y_4 \end{pmatrix}$,

$f = y_1^2 + y_2^2 - y_3^2 - y_4^2$;

(4) $\begin{pmatrix} x_1 \\ x_2 \\ x_3 \\ x_4 \end{pmatrix} = \begin{pmatrix} \frac{1}{\sqrt{2}} & 0 & -\frac{1}{2} & \frac{1}{2} \\ 0 & \frac{1}{\sqrt{2}} & -\frac{1}{2} & -\frac{1}{2} \\ \frac{1}{\sqrt{2}} & 0 & \frac{1}{2} & -\frac{1}{2} \\ 0 & \frac{1}{\sqrt{2}} & \frac{1}{2} & \frac{1}{2} \end{pmatrix} \begin{pmatrix} y_1 \\ y_2 \\ y_3 \\ y_4 \end{pmatrix}$,

$f = y_1^2 + y_2^2 + 3y_3^2 - y_4^2$.

4.(1) $\begin{bmatrix} x_1 \\ x_2 \\ x_3 \end{bmatrix} = \begin{bmatrix} 1 & -1 & \frac{5}{2} \\ 0 & 1 & -\frac{1}{2} \\ 0 & 0 & 1 \end{bmatrix} \begin{bmatrix} y_1 \\ y_2 \\ y_3 \end{bmatrix}$, $f = y_1^2 + 4y_2^2 - 9y_3^2$;

(2) $\begin{bmatrix} x_1 \\ x_2 \\ x_3 \end{bmatrix} = \begin{bmatrix} 1 & 1 & 4 \\ 1 & -1 & -2 \\ 0 & 0 & 1 \end{bmatrix} \begin{bmatrix} z_1 \\ z_2 \\ z_3 \end{bmatrix}$, $f = z_1^2 - z_2^2 + 8z_3^2$;

(3) $\begin{bmatrix} x_1 \\ x_2 \\ x_3 \\ x_4 \end{bmatrix} = \begin{bmatrix} 1 & 1 & -1 & -1 \\ 1 & -1 & 0 & 0 \\ 0 & 0 & 1 & 1 \\ 0 & 0 & 1 & -1 \end{bmatrix} \begin{bmatrix} z_1 \\ z_2 \\ z_3 \\ z_4 \end{bmatrix}$, $f = z_1^2 - z_2^2 + z_3^2 - z_4^2$;

(4) $\begin{bmatrix} x_1 \\ x_2 \\ x_3 \\ x_4 \\ x_5 \\ x_6 \end{bmatrix} = \begin{bmatrix} 1 & 1 & 0 & 0 & 0 & 0 \\ 1 & -1 & 0 & 0 & 0 & 0 \\ 0 & 0 & 1 & 1 & 0 & 0 \\ 0 & 0 & 1 & -1 & 0 & 0 \\ 0 & 0 & 0 & 0 & 1 & 1 \\ 0 & 0 & 0 & 0 & 1 & -1 \end{bmatrix} \begin{bmatrix} y_1 \\ y_2 \\ y_3 \\ y_4 \\ y_5 \\ y_6 \end{bmatrix}$,

$f = y_1^2 - y_2^2 + y_3^2 - y_4^2 + y_5^2 - y_6^2$.

5.(1)正定； (2)不正定； (3)正定； (4)不正定.

6.(1) $-\frac{4}{5} < t < 0$； (2) $t > \frac{1}{2}$.

7.不一定. 8.略. 9.略. 10.略. 11.略. 12.略.